도면으로 보는
전원주택 홈플랜 100

도면으로 보는 **전원주택 홈플랜100**

초판 발행 2011년 9월 1일 | **5판 발행** 2016년 3월 2일

저자 류명
발행인 이인구
편집인 손정미
디자인 고스트 에이젼시
출력 (주)삼보프로세스
종이 영은페이퍼(주)
인쇄 영프린팅
제본 신안제책사

펴낸곳 한문화사
주소 경기도 고양시 일산서구 강선로 9, 1906-2502
전화 070-8269-0860 **팩스** 031-913-0867
전자우편 hanok21@naver.com
등록번호 제410-2010-000002호

ISBN 978-89-94997-15-5-13540

가격 34,500원

이 책은 한문화사가 저작권자와의 계약에 따라 발행한 것이므로
이 책의 내용을 이용하시려면 반드시 저자와 본사의 서면동의를 받아야 합니다.
잘못된 책은 구입처에서 바꾸어 드립니다.

도면으로 보는
전원주택 홈플랜 100

한문화사

∷ 꽃사과

장미과 사과나무 속에 속하는 몇몇 소교목류로 봄에 흰색·분홍색·진홍색·자주색 등을 띠는 꽃과 열매가 보기에 좋아 널리 심고 있다. 열매는 흔히 심는 사과나무보다는 훨씬 작고 맛도 시큼하지만 젤리·통조림·사과주로 만들어 먹기에 적당하다.

자연, 인간, 공간이 아우러진 전원주택

전원주택은 좋은 기술력과 목수의 정성만으로 완성되는 것이 아니라 건축주 개개인의 선택에 의한 창조적 콘텐츠입니다. 선택을 통해 만족함으로써 좋은 결과로 이어질 수 있습니다. '백문百聞이 불여일견不如一見'이라는 말이 있듯이 직접 보지 않고는 알 수 없습니다.

요즘은 건축주들이 더 많이 공부해야 하는 때입니다. 왜냐하면, 전원주택은 만들어진 제품을 사는 것이 아닌 없는 것을 만들어 내는 것이니까요. 모든 시공은 눈에 보이지 않는 골조부터 눈에 보이는 디자인까지 설계도면대로 시공됩니다. 그러므로 꿈을 실현하는 지침이자 내 마음속의 북극성과도 같은 설계, 꿈의 길을 안내해주는 길라잡이가 될 설계가 그 무엇보다도 중요한 것입니다.

어릴 적 우리는 위인전의 인물을 동경하고 그 덕분에 꿈을 키웠습니다. 『전원주택 홈플랜100』은 여러분이 전원주택 꿈을 잘 가꾸고 그 꿈을 이룰 수 있도록 안내해 주는 북극성이 되어 드릴 것입니다. 여러 가지 많은 길 중 가장 효율적인 지름길을 선택할 수 있게 최상의 콘텐츠가 되어 드릴 것입니다.

'꿈은 이루어진다.'라는 말은 꿈을 꾸는 자에게 해당하는 말입니다. 여러분 꿈을 꾸십시오!
여러분의 꿈을 향한 길의 동반자가 되겠습니다.

노블종합건설(주)
대표이사 류 명

전원주택 전문 브랜드
 노블종합건설

노블종합건설이 고객님의 꿈을 지어드립니다.

 노블종합건설(주)

🌿 노블종합건설(주)
Ⓝ 엔 건축사사무소(주)

본사 및 건축사사무소
서울시 서초구 서초동 1449-1 아트빌딩 2층
건축상담 및 문의 **1544-6455**   www.nouse.co.kr

 NAVER [노블종합건설 ▼] 검색

행복한 꿈을 짓는 기업

전원주택 업계 최초로 원스톱시스템을 구축하고 친환경 자재의 적용으로 '선진국형 웰빙주택'을 추구하고 있는 노블종합건설(주)는 건축주의 건강과 편안함을 고려한 섬세하면서도 품격 높은 설계와 최고의 기술력으로 국내 전원주택 문화를 선도하고 있습니다.

20여 년간 다져 온 건축 노하우와 오랜 현장경험의 축적에서 나온 장인정신으로 고객이 편안하면서도 행복한 주거생활을 영위할 수 있도록, 설계부터 시공까지 원스톱시스템으로 해결하여 건축주가 집 짓는 과정에서 스트레스를 받지 않도록 즐겁고 행복한 집짓기를 위해 노력하고 있습니다.

이를 위해 노블그룹은 주거건축 전문가로 구성된 엔건축사사무소(주)와 건강한 환경을 조성하는 엔조경, 중대형 건설사업과 토목사업에 주력하고 있는 노블종합건설 등의 계열사를 두고 업무의 시너지 효과를 극대화하고 있습니다. 토지 매입에서 토목, 조경, 건축설계와 시공에 이르기까지 업무의 연속성을 확보할 수 있어 불필요한 시간을 최소화하고, 건축주의 의견을 최대한 반영하여 가장 이상적인 설계와 시공으로 행복하고 쾌적한 주거공간 만들기에 앞장서고 있습니다.

또한, 신新 건축문화 창달에도 앞장서는 트렌드리더 노블종합건설은 고객의 요구에 바탕을 둔 건강하고 행복한 주거공간 창출을 위해 최대의 노력을 기울이고 있으며, 최근 이슈로 떠오르고 있는 환경 측면을 강화하고 에너지 비용도 절감할 수 있는 패시브하우스 개발에도 한 층 더 박차를 가하고 있습니다. 설계단계에서부터 창의 크기와 배치, 신개념 내·외장 마감재의 적용 등을 통해 효율적인 에너지 운용계획을 수립하고, 태양열·태양광 발전시스템과 양단열공법, 바닥미장공법 등의 적용을 통해 냉난방비용을 최소화할 수 있는 에너지 세이빙 아이템을 모듈화하고 있습니다. 또한, 우수雨水 재활용 시스템으로 불필요한 에너지자원의 소비를 막는 신개념 건강주택의 개발보급에도 앞장서고 있습니다.

아울러 기존의 공동주택에서 탈피한 코하우징(Co-housing) 개념의 새로운 주거문화를 창출하는 주택유형 개발을 통해, 도시를 중심으로 심화하고 있는 핵가족화 현상의 새로운 해결방안을 제시하는 등, 단순한 건축에서 한발 더 나아가 고객 한 분, 한 분의 가정이 모두 행복해 질 수 있는 주거공간 구현을 위해 전사적으로 노력을 기울이고 있습니다.

노블종합건설(주)는 앞으로도 신新 선진국형 웰빙주택의 업계 선두주자로서 내 집을 마련하고자 하는 예비건축주분들의 행복한 꿈을 짓는 성실한 동반자가 될 것입니다.

노블종합건설(주)

CONTENTS

I. 전원주택 정보

1. 전원주택 터잡기와 집짓기 · 14
2. 전원주택 공정별 점검사항 · 20
3. 건강과 환경에 경제성까지 더한 목조주택 · · · · · · · · · · · · · · 24
4. 스틸하우스 · 30
5. ALC 주택 · 32
6. 노출콘크리트 주택 · 36
7. 패시브하우스 · 40
8. 전원주택의 궁금증을 풀어보자 · 46
9. 알기 쉬운 건축용어 해설 · 50
10. 설계개요 바로 알기 · 56

II. 행복한 집짓기

1. 자연과 함께하는 삶 · 64
2. 바다와 어우러진 솔밭 펜션 · 70
3. 행복 가득한 전원생활 · 76

III. 모던설계 25선

1. 모던하면서 전원에 어울리는 집 – 세미모던(Semi-modern) · · · · · · · · 82
2. 안정감 있는 단층집 – 스태빌(Stabile) · · · · · · · · · · · · · · · · 84
3. 작지만 넓게 펼쳐진 집 – 갤러리(Gallery) · · · · · · · · · · · · · 86

4. 아담하고 말끔하게 설계된 집 – 스트레잇(Straight) · · · · · · · · 88
5. 단정하고 이국적인 집 – 엑소딕(Exotic) · · · · · · · · 90
6. 한쪽으로 경사진 지붕의 집 – 쉐드루프(Shed-roof) · · · · · · · · 92
7. 안정감 있고 산뜻한 집 – 프레쉬(Fresh) · · · · · · · · 94
8. 높은 거실이 있는 집 – 하이리빙(Hi-living) · · · · · · · · 96
9. 전망 좋은 카페 같은 집 – 위드뷰(with a View) · · · · · · · · 98
10. 모던하고 고급스러운 주택 – 커르시(Courtesy) · · · · · · · · 100
11. 남성적 이미지를 강조한 집 – 포맨(for Man) · · · · · · · · 102
12. 간결하면서도 짜임새 있는 집 – 컨시스(Concise) · · · · · · · · 104
13. 2층에 넓은 옥외공간이 있는 집 – 테라스하우스(Terrace house) · · · · · · · · 106
14. 별개의 공간으로 나누어진 집 – 스플릿(Split) · · · · · · · · 108
15. 가로로 길게 펼친 집 – 와이든(Widen) · · · · · · · · 110
16. 바다에 떠 있는 듯한 집 – 크루즈(Cruise) · · · · · · · · 112
17. 파랑새의 날갯짓을 형상화한 집 – 블루버드(Blue bird) · · · · · · · · 114
18. 외부동선이 자연스럽게 연결된 집 – 스트림(Stream) · · · · · · · · 116
19. 크고 작은 매스가 모여 만들어진 집 – 큐브(Cube) · · · · · · · · 118
20. 역동적인 공간구성을 꾀한 집 – 자운당(紫蕓堂) · · · · · · · · 120
21. 변화하는 평면구성이 재밌는 집 – 큐빅(Cubic) · · · · · · · · 122
22. 지붕디자인이 현대적인 집 – 모던A (Modern.A) · · · · · · · · 124
23. 전원에 어울리는 현대적인 집 – 모던B (Modern.B) · · · · · · · · 125
24. 경사지붕으로 연출한 현대적인 집 – 모던C(Modern.C) · · · · · · · · 126
25. 아연도강판을 잘 활용한 현대적인 집 – 모던D(Modern.D) · · · · · · · · 127

IV 전원주택 사례 75선

20~30평형대 ▶▶
1. 농촌생활을 배려한 편리한 농가주택 · · · · · · · · 130
2. 프로방스 분위기의 주택 · · · · · · · · 132
3. 실용성 살린 전형적인 전원주택 · · · · · · · · 134
4. 적삼목과 벽돌이 어우러진 주택 · · · · · · · · 136
5. 전통미가 살아 있는 전원주택 · · · · · · · · 138
6. 은퇴 후를 위해 준비한 전원주택 · · · · · · · · 140
7. 자연과 어우러진 전원주택 · · · · · · · · 142

8. 도시 내외 어디서도 어울리는 모던하우스 · · · · · · · 144
9. 아이들을 위한 로맨틱한 주택 · · · · · · · · · 146

40평형대 ▶▶▶▶

10. 여행지의 펜션 같은 전원주택 · · · · · · · · · 148
11. 옥외공간을 잘 활용한 전원주택 · · · · · · · · 150
12. 채 나눔으로 독립성을 강조한 전원주택 · · · · · · 152
13. 스마트하고 현대적인 개성을 표현한 주택 · · · · · 154
14. 모임지붕이 잘 어울리는 전원주택 · · · · · · · 156
15. 중후함이 느껴지는 전원주택 · · · · · · · · · 158
16. 넓은 포치가 인상적인 지중해풍 주택 · · · · · · 160
17. 시선을 사로잡는 단아한 전원주택 · · · · · · · 162
18. 직선과 예각으로 구성된 전원주택 · · · · · · · 164
19. 외관이 균형 잡힌 대칭을 이룬 집 · · · · · · · 166
20. 산을 형상화한 주택 · · · · · · · · · · · · 168
21. 입체감 있는 평면배치가 조화로운 집 · · · · · · 170
22. 4인 가족의 맞춤 주택 · · · · · · · · · · · 172
23. 3대가 오순도순 모여 사는 전원주택 · · · · · · 174
24. 뜨끈뜨끈한 구들방이 있는 집 · · · · · · · · 176
25. 따스한 햇살이 복도를 비치는 집 · · · · · · · 178

50평형대 ▶▶▶▶

26. 두 세대가 살기에 적합한 단독주택 · · · · · · 180
27. 유럽풍 디자인의 카페를 겸한 별장 · · · · · · 182
28. 돛단배를 연상케 하는 내부의 전원주택 · · · · · 184
29. 카페의 홈바를 연상케 하는 집 · · · · · · · · 186
30. 정육면체가 모인 도심형 전원주택 · · · · · · · 188
31. 친척들을 배려한 전원주택 · · · · · · · · · 190
32. 개인과 공용공간의 경계를 명확히 한 집 · · · · · 192
33. 평면구성을 달리해 입면이 다양한 집 · · · · · · 194
34. 짜임새 있는 지붕구조가 돋보이는 전원주택 · · · · 196
35. 넓은 2층 테라스가 있는 전원주택 · · · · · · · 198
36. 안정적인 외부, 모던한 내부의 주택 · · · · · · 200
37. 도심 속 경사지를 잘 활용한 주택 · · · · · · · 202
38. 대지모양에 맞게 설계한 3세대 도시형 주택 · · · · 204
39. 클래식한 전원주택 · · · · · · · · · · · · 206
40. 천상의 화원 같은 집 · · · · · · · · · · · · 208
41. 산과 호수를 끼고 자리 잡은 펜션 · · · · · · · 210

42. 해변 휴양시설 같은 전원주택 · · · · · · · · · · · 212
43. 넓은 들에 자리한 목조주택 · · · · · · · · · · · 214
44. 가족의 심신 건강을 위한 전원주택 · · · · · · · · 216
45. 휴식이 있는 별장 · · · · · · · · · · · · · · 218
46. 실용성과 편의성을 강조한 모던주택 · · · · · · · 220
47. 고풍스러운 단독주택 · · · · · · · · · · · · 222

60평형대 ▶▶▶▶
48. 자연채광을 마음껏 누릴 수 있게 설계된 주택 · · · · 224
49. 4인 가족을 위한 행복한 집 · · · · · · · · · · · 226
50. 주부와 아이들이 중심이 된 내부구조의 단독주택 · · · 228
51. 모던한 노출콘크리트주택 · · · · · · · · · · · 230
52. 휴양지 같은 전원주택 · · · · · · · · · · · · 232
53. 산책로가 있는 전원주택 · · · · · · · · · · · 234
54. 배산임수의 터에 자리 잡은 전원주택 · · · · · · · 236
55. 구조, 기능, 미美의 삼박자를 갖춘 목조주택 · · · · · 238
56. 좌우 대칭의 모던한 주택 · · · · · · · · · · · 240
57. 도시에 어울리는 상가주택 · · · · · · · · · · 242
58. 바다와 솔밭이 있는 경사지 펜션 · · · · · · · · 244
59. 지붕 속에 지붕이 있는 집 · · · · · · · · · · · 246
60. 도심 속 편안한 단독주택 · · · · · · · · · · · 248
61. 대가족을 위해 설계된 집 · · · · · · · · · · · 250
62. 독립성을 강조한 주택 · · · · · · · · · · · · 252

70 평형대이상 ▶▶
63. 차고가 있는 도심형 주택 · · · · · · · · · · · 254
64. 패션디자이너 감각의 모던하우스 · · · · · · · · 256
65. 잘 가꾸어진 정원의 전원주택 · · · · · · · · · 258
66. 날개형 지붕선으로 대칭을 이룬 주택 · · · · · · · 260
67. 외관 설계가 안정감 있는 주택 · · · · · · · · · 262
68. 새와 함께하는 생기가 넘치는 집 · · · · · · · · 264
69. 한옥스타일의 현대식 주택 · · · · · · · · · · · 266
70. 기존의 틀에서 벗어난 개성 넘치는 집 · · · · · · · 268
71. 주변 환경과 잘 어울리는 전원주택 · · · · · · · 270
72. 군더더기없는 플랫한 스타일의 주택 · · · · · · · 272
73. 사원들을 위한 회사 별장 · · · · · · · · · · · 274
74. 3층 도심형 어린이집 · · · · · · · · · · · · 276
75. 모던한 스타일의 펜션 · · · · · · · · · · · · 278

:: 홍매화

장미과의 낙엽소교목으로 꽃을 매화라고 하며 열매를 매실梅實이라고 한다. 흰색 꽃이 피는 것을 흰매화, 붉은 꽃이 피는 것을 만첩홍매화라고 한다. 만물이 추위에 떨고 있을 때, 꽃을 피워 봄을 가장 먼저 알려줌으로써 불의에 굴하지 않는 선비정신의 표상으로 삼았다.

I

전원주택 정보

1. 전원주택 터잡기와 집짓기
2. 전원주택 공정별 점검사항
3. 건강과 환경에 경제성까지 더한 목조주택
4. 스틸하우스
5. ALC 주택
6. 노출콘크리트 주택
7. 패시브하우스
8. 전원주택의 궁금증을 풀어보자
9. 알기 쉬운 건축용어 해설
10. 설계개요 바로 알기

1. 전원주택 터잡기와 집짓기

"터잡기는 집짓기의 반"이라는 말을 쓰더라도 부족함이 없을 것이다. 자신의 생활을 고려하여 몇십 년을 내다보고 결심하여야 할 매우 어려운 일임이 틀림없다. 터잡기는 전통적으로 "배산, 임수, 남향"이라는 공통적인 조건은 절대 무시할 수 없는 요소이지만, 모든 것이 맞아 떨어지는 명당은 없다는 생각으로 열심히 정보 수집과 발품을 들일 수밖에 다른 대안은 없다. 전원주택을 준비하는 과정에서 겪게 되는 터잡기와 설계를 포함한 집짓기에 대한 정보를 소개하여 예비건축주에게 조금이나마 도움이 되었으면 하는 바람이다.

터잡기는 가족의 생활을 고려하고 어떤 목적의 터를 잡을지를 분명히 한 후 앞을 내다보고 판단해야 한다.

1) 예산 세우기

전원생활을 준비하는 과정에서 예산을 초과하는 경우가 많다. 땅을 구입해 개발하고 집을 짓는 과정에서 예상치 못한 예산 범위를 초과하는 일들이 많이 발생하기 때문이다. 그러므로 여유자금을 충분히 확보하는 것이 필요하다.

예를 들어 터를 닦을 때 암반을 만나면 암반도 처리해야 하고 공사 중 장마철에는 토사가 흘러내리는 것도 처리해야 한다. 또 지역주민과의 민원이 생겼을 때도 해결하기 위해서는 비용이 들게 된다. 집을 짓기 전 계획했던 것보다 욕심이 생기고 좀 더 완벽한 집을 원하게 돼 예산이 모자라게 된다. 이런 이유로 충분한 예산을 확보해 두어야 한다.

■ **예산수립 사례** (대지면적 150평, 건축면적 40평 기준)

	세 부 내 역		산 출 근 거	금액(원)	비 고
예 산 수 립 사 례	토지 비용	토지구입비	150평 × 400,000	60,000,000	
	전용 비용	전용부담금		10,000,000	
		대체농지조성비		2,000,000	
		지역개발공채		200,000	
		토목설계비		3,000,000	
		경계측량비		500,000	
	세 금	취득세		500,000	
		등록세		1,000,000	
		교육세		200,000	
		농어촌특별세		100,000	
	소 계			77,500,000	
	설계용역비		60평 × 100,000	6,000,000	인테리어, 투시도 포함
	감리용역비		설계비의 33%	2,000,000	
	허가 관련 비용		허가수수료, 채권, 면허세	200,000	
	도로점용료			500,000	
	소 계			8,700,000	
	공사비		40평 × 3,500,000	140,000,000	
	부가세		10%	14,000,000	
	부대공사비		5%	7,000,000	
	소 계			161,000,000	
	취득세			4,000,000	
	등록세			1,500,000	
	교육세			200,000	
	농어촌특별세			300,000	
	보전등기비			1,000,000	
	소 계			7,000,000	
	합 계		토지 + 건물	254,200,000	

2) 부지선택 시 고려사항

주택을 짓기 위해서 가장 우선하여 준비해야 할 것이 땅이다. 터를 정하는 조건들은 배산임수, 남향이라는 조건 외에도 급수, 배수, 지반, 접도, 이웃, 근린생활시설 등이 있다. 터를 검토할 때에는 기본적인 문서(지적도, 토지(임야)대장, 국토(도시)이용계획 확인원, 등기부등본)를 준비하여 전문가에게 검토를 의뢰하거나 관할 관청 민원실에 문의하여 목적물을 지을 수 있는 땅인지, 어떠한 절차를 거쳐야 하는지 직접 확인해 두는 것이 좋다. 부지를 구매할 때 고려할 사항들을 살펴보자.

1 부지선택 시 고려사항은 배산, 임수, 남향이라는 조건 외에도 급수, 배수, 지반, 접도, 이웃, 근린생활시설 등이 있다.
2 경사가 급한 땅은 좋은 조망감을 얻을 수 있으나 집을 지을 때 토목공사 비용이 많이 드는 점에 유의해야 한다.

(1) 도로
땅을 살 때는 여러 가지 고려사항이 있지만 가장 중요한 것은 진입로다. 부지에 닿는 도로가 있는가를 확인해야 하는데 지적도에 도로를 접하면 문제가 없지만, 도시 외 지역은 지적도 상에 도로가 없어 현황도로 대치하거나, 도로 인근 대지사용승낙을 얻어 진행할 수 있다.

(2) 물
일반적으로 상수도가 인입이 가능한 지역은 급수공사신청서를 관청에 제출하면 되지만, 그렇지 않다면 지하수를 개발해서 사용해야 한다. 지하수는 생활용수, 농업용수, 음용수로 나뉘는데, 단독주택으로 사용승인을 받으려면 음용수로 수질검사를 받아야 한다.

(3) 전기
전기에 대한 고려 사항도 필수다. 도시지역은 공사 전 한전에 가설전기를 신청해서 사용하고 준공 후 계량기를 두어 전기 공급에 문제가 없다. 그러나 기존마을과 많이 떨어져 있는 오지의 땅을 살 때는 자가 발전기를 사용해서 공사는 문제가 없지만, 본 전기를 끌어오는 데 문제가 없는지에 대한 확인이 필요하다.

(4) 민원
민원사항에 대한 고려 사항도 필수다. 전원생활을 목적으로 마을에 들어가면 원주민들이 가만히 있지 않는다. 마을기금을 요구할 때도 있고 그것이 여의치 않을 때는 도로를 막고 길을 내주지 않아 주민과 마찰이 생기는 일도 있다. 이런 것들을 원만히 해결하지 못하면 매사에 주민과 분쟁이 발생할 수 있다.

(5) 토목공사
토목공사비에 문제가 없는지도 알아보아야 한다. 경관만 보고 경사가 급한 땅을 사거나, 또 움푹 꺼진 땅을 살 수도 있는데 이러면 집을 지을 때 토목공사 비용이 많이 들 수밖에 없으므로 주의해야 한다.

(6) 법규상의 규제
아무리 좋은 땅을 만났다 하더라도 법률적으로 사용제한이 있고 행정적으로 문제가 있는 땅은 쓸모가 없다. 서류를 통해 행정적인 여건을 챙겨보아야 한다. 땅을 사들이기 전에는 토지이용계획확인원과 지적도, 토지대장, 등기부등본 등을 반드시 확인해 집을 짓는 데에 문제가 없는지를 확인해야 한다.

(7) 지목
지목이란 토지이용 상황을 표시하는 것으로 토지대장과 지적도 또는 임야도에서 확인할 수 있다. 하지만, 지적공부에 등재된 지목은 공부상 지목이고 실제로 이용하고 있는 사실상의 지목과는 다를 수 있으므로 반드시 공부상에서 확인해야 문제가 없다.

(8) 특별규제
지역마다 적용되는 특별한 규제가 있다. 토지거래허가구역, 수질보전대책 특별지역, 상수원보호구역이나 군사시설보호구역, 문화재보전구역, 수변구역, 공원보호구역 등 다양한 규제가 있으므로 꼼꼼히 챙겨 토지의 구매목적에 맞게 이용할 수 있는지를 살펴보아야 한다.

(9) 농지 및 산지전용
대지를 구매하면 곧바로 건축행위를 할 수 있으므로 일반농지나 임야와 같이 전용이란 복잡한 절차를 거치지 않아도 된다. 하지만, 대지를 찾기가 쉽지 않고 가격도 비싸므로 농지나 임야를 구매해 전용을 받아 집을 짓는 것이 일반적이다. 농지나 임야를 구매해 대지를 만드는 것을 전용이라 하는데 농지는 농지전용, 임야는 산지전용이란 말을 쓴다. 전용할 수 있는 땅은 일반적으로 관리지역 내의 토지다. 전용을 받기 위해서는 경계 및 분할 측량을 하여 대지의 경계를 결정짓고 농지보전부담금을 내야 한다.

3) 설계하기

집 지을 터를 잡았다면 그다음 가장 먼저 해야 할 일은 설계다. 설계하기 전에는 부지에 지을 수 있는 건물의 평수를 관공서 등을 찾아가 정확히 알아보아야 한다. 그리고 어떤 모양, 어떤 자재로 집을 지을 것인가를 머릿속에 정확히 그려놓은 후 설계에 들어가야 한다. 건축설계를 할 때는 집의 용도와 가족 수에 따라 규모와 방의 수, 면적 등을 정하되 필요 이상으로 넓게 하면 청소와 관리비 문제가 생길 수 있으므로 염두에 두어야 한다. 방향에 따른 각 실의 배치 및 출입문, 창의 배치, 부속실의 배치에 신경 써야 한다. 설계의 중요성은 시공까지 이어지므로 전문건축사를 잘 선정하여야 한다.

주택설계 시에 대지의 성격과 가족구성원의 주생활을 고려하여 이미지 스케치, 입면도를 작성하면서 각 공간의 위치와 규모, 형태, 구조, 재료 등을 결정한다.

■ **주택설계 20단계 노블종합건설(주)**

01. 타당성 검토 및 **현장방문**	11. 건축인허가 처리문제 협의
02. 자료수집, **일정표** 작성	12. 기계설비 및 전기 설비설계 외주처리
03. 규모검토 및 토지이용계획 **마스터플랜** 작성	13. 계획설계 최종확정
04. 건축주보고, **기획설계**(배치, 평면) 납품	14. 실시설계 작성
05. 이미지 **스케치**, 입면도 작성	15. 실시설계 검토, 보완
06. 규모, 형태, 구조, 재료, 설비시스템, **예산선정**	16. 구조도면 작성
07. **설계도서** 작성	17. 허가도면 납품
08. 건축주협의, **계획설계**(배치, 평면, 입면, 단면) 1,2안 납품	18. 건축시공사 협의
	19. 샵드로잉 작성
09. 계획설계 검토, 보완	20. 최종실시설계도면 납품
10. **상세도**작성	

4) 건축시공

사실 부지마련은 개인이 쫓아다니며 할 수 있다 하더라도 건축은 개인이 하기에는 무리함이 많다. 그래서 보통 시공업체들에 맡겨 하게 되는데 그렇다고 무작정 맡겨둘 수는 없다. 잘못하면 원하는 집이 안될 수도 있고 부실공사가 발생할 수도 있다. 실제 이런 문제로 시공업자와 건축주의 갈등이 끊이지 않는다. 집을 지으려면 우선 목조주택이나 스틸하우스, 황토주택, 통나무집 등 어떤 집을 지을 것인가를 정해야 한다. 종류에 따라 특징이 다르고 시공비, 관리하는 방법 등에 차이가 있으므로 자신의 여건과 취향에 따라 꼼꼼히 체크를 한 후 선택을 해야 한다. 집을 짓는 일은 사람이 하는 일인지라 하자가 발생할 가능성이 있다. 하자 기간은 일반적으로 구조는 건축법률상 5년으로 되어 있기 때문에 건실한 시공업체를 찾는 것이 중요하다.

목조주택. 집을 지으려면 목조주택이나 스틸하우스, 황토주택, 통나무집 등 어떤 형태의 집을 지을 것인가를 정해야 한다. 건물 형태에 따라 시공비, 관리하는 방법 등에 차이가 있으므로 꼼꼼히 체크를 한 후 선택해야 한다.

■ 공사예정표

- 설계공정표 -

| 기획설계 3~7일 | → 계약 | 계획설계 14~20일 | → 건축주승인 | 기본설계 7~10일 | → 인허가신청 | 실시 설계 7~10일 |

구분	건축설계행위의 기초단계	프로젝트의 근본성격결정	실시설계단계준비 및 건축주와 최종합의	시공 도면 작성
주요업무내용	· 타당성 분석 · 대지분석 · 매스 및 공간 구성 · 기능 분석	· 배치도 · 평면도 · 입면도 · 스케치/이미지	· 건축/계획설계 보완 · 구조/방식 결정 · 설비, 전기/방식 결정 · 재료/선정	· 기계설계 보완 · 기초도 작성 · 상세도 작성 · 설비, 전기 등 시공도면 작성
세부업무내용	· 요구사항검토 · 자료수집 분석 · 공정표 작성 · 규모검토 및 토지이용계획 · SPACE PROGRAM · 기능 및 공간분석	· 규모 및 기능 선정 · 형태, 구조, 재료 선정 · 설비시스템 선정 · 설계일정 검토 · 실행예산 검토 · 이미지 스케치	· 대지종합 단면도 · 법규 체크리스트 · 설계개요 · 계획설계 수정 보완 · 기계, 전기계획서/계통도	· 시방서 · 건축시공도 작성 · 각 분야별 시공도 작성 · 전 단계지적사항 반영여부 확인
작업범위	· 기초자료 및 분석 · 기본개념 구상 · 건축주 협의 · 마스터플랜 작성 · 건축주 보고 · 기획설계 납품(FAX/WEB)	· 개념계획 구상 · 건축주 협의 · 종합계획 (배치, 평면, 입면, 단면, 스케치) · 계획설계도서 작성 · 건축주 보고 · 계획설계 납품	· 업무시행계획 점검 · 계획설계리뷰 · 협력사 협의 · 기본설계도서 작성 · 건축주 보고 · 인허가 신청	· 기본설계 REVIEW · 시공사 선정 · 실시설계도서 작성 · 실시설계도서 납품

집이 다 지어지면 입주하기 전에 준공검사를 신청하여 사용승인을 얻어야 한다.

5) 건축 준공

집이 다 지어지면 도시지역 외의 60평 미만의 건물은 건축물 준공서류만 작성해서 면사무소에 준공검사를 신청하여 사용승인을 얻으면 된다.

건축 준공(건축물대장 발급)이 완료되면 한 달 내에 건축물 보존등기를 마쳐야 한다. 건축물 보존등기는 건축물의 법정 공사비에 따라 등록세, 취득세를 내고, 등기부등본에 등재한다. 등록세는 등기 접수 시, 취득세는 건축 준공 후 한 달 내에 낸다.

■ **사용승인 신청 준비서류**

1. 건축주		3. 대지주소	
2. 주민등록번호		4. 허가번호	
5. 현장소장			

순번	내 용	비 고	
1	기반시설 부담금 납부 후 영수증 첨부	☐ 해당 있음	☐ 해당 없음
2	보도블록 사진(도면대로 설치할 것)	☐ 해당 있음	☐ 해당 없음
3	정화조 준공필증	☐ 해당 있음	☐ 해당 없음
4	개발행위허가 준공필증	☐ 해당 있음	☐ 해당 없음
5	배수 준공검사필증 – 반드시 PE관으로 시공할 것 – 공정별 시공 전, 중, 후 사진 필요 – 최종맨홀 이중스크린망 설치할 것 – 공공하수관 접합 시 면허업체에서 시공할 것	☐ 해당 있음	☐ 해당 없음
6	정보통신필증	☐ 해당 있음	☐ 해당 없음
7	소방필증	☐ 해당 있음	☐ 해당 없음
8	전기사용 확인서(용량확인)	☐ 해당 있음	☐ 해당 없음
9	가스 *LPG 사용 시 가스안전공사에서 안전검사 득할 것	☐ 해당 있음	☐ 해당 없음
10	보일러설치 확인	☐ 해당 있음	☐ 해당 없음
11	주차사진	☐ 해당 있음	☐ 해당 없음
12	조경사진(면적, 위치, 수량 등 확인)	☐ 해당 있음	☐ 해당 없음
13	건물 번호판 사진	☐ 해당 있음	☐ 해당 없음
14	분할측량성과도 or 건축물현황도	☐ 해당 있음	☐ 해당 없음
15	토지분할신청서	☐ 해당 있음	☐ 해당 없음
16	지목변경신청서	☐ 해당 있음	☐ 해당 없음
17	사전검사	☐ 해당 있음	☐ 해당 없음
18	건물현황사진	☐ 해당 있음	☐ 해당 없음
19	급수시설 증빙서류–절수기기설치확인서	☐ 해당 있음	☐ 해당 없음

2. 전원주택 공정별 점검사항

전원주택을 짓는다는 것은 결코 쉬운 일이 아니다. 무엇을 어디서부터 어떻게 준비해야 할지 무척 고심하게 된다. 집을 지을 때 주의해서 점검할 점을 제시해 본다. 합리적인 전원주택을 짓기 위해서는 먼저 가족의 나이, 학교, 직장 등을 고려하여 형편에 맞는 택지를 사야 한다. 이때 대지환경 및 주변여건도 세심하게 검토해 볼 필요가 있다. 내 집 지을 택지가 준비되면 건축 설계사무소에 설계를 의뢰한다. (건축주 요구사항 체크리스트 참조)

기본설계안이 결정되면 꿈에 그리던 내 집이 이미 절반은 완성된 셈이다. 나만의 집을 꿈꾸는 건축주의 요구사항을 참고하여 건축가의 철학이 담긴 작품을 탄생시키는 과정이며, 또한, 원가의 80%가 결정되는 단계이므로 설계가 차지하는 비중이 그만큼 크다는 것을 알 수 있다. 설계에 대한 비중보다 시공의 비중을 더 크고 중요하게 생각하고 있는 사람들이 대다수이지만 이는 잘못된 생각이다. 설계가 완료되면 이제는 설계안대로 시공하는 단계만 남아 있다. 사실 건축주의 측면에서 보면 평생에 한 번 내 집을 짓는 경우가 대부분이기 때문에 착공하는 날부터 준공 시까지 관심을 두지 않을 수 없다. 그러다 보면 건축주와 시공업체 간에 마찰이 생기는 경우를 종종 보게 된다.

이는 사전에 철저히 준비하지 못한 설계와 불충분한 자료 등 여러 가지 원인이 있을 수 있다. 완벽하지 못한 설계는 잦은 설계변경을 요하게 되며, 그 때문에 공기의 지연뿐만 아니라 시공비 상승을 불러오게 된다. 설계사무소는 완벽한 설계를, 시공회사는 철저한 시공관리를 바탕으로 충실히 하자 없이 시공해야 할 것이다.

1 전원주택을 짓기 위해서는 진입로, 경사도, 일조권 등 대지환경 및 주변여건을 세심하게 검토해야 한다.
2 배산, 임수, 남향에 조망권을 고려한 배치의 전원주택 단지

1) 대지분석 체크리스트

항목	체 크 사 항
진입로	차량(자가용, 이삿짐 차량)진입의 용이성, 주차차량 동선, 진입로 포장방식
경사도	절토, 성토, 옹벽의 설치규모, 배수로 작업, 부대토목공사 계획검토
일조권	남향의 방위 축을 기본으로 본 건물의 방향설정, 최소 일조량 확보방안
조망권	각 실의 조망권을 고려한 평면배치 및 창문계획
풍향	주택의 자연환기, 통풍의 극대화, 굴뚝 위 배연
토지이용계획	주택의 배치, 조경계획, 담장, 우수관로, 오·배수 관로, 맨홀, 정화조 위치
주변여건	교통, 교육, 주민의 성향, 지역 내 공사 장애물, 민원발생 소지의 요인

2) 건축주 요구사항 체크리스트

항목	체 크 사 항
주택의 용도	1차 주거용도(상시), 2차 주거용도(주말주택, 별장)
가족구성원 수	각 실(침실, 욕실, 거실, 주방, 다용도실, 기타)의 개수, 규모, 배치, 동선, 거실의 크기, 안방의 형태, 화장실 개수, 품질의 수준
건축구조	목조주택, 스틸하우스, 철근콘크리트구조 등 상황에 맞는 장단점 분석
가구배치	붙박이장의 설치, 가구에 적합한 방의 규모, 효율적인 가구배치, 창고
주요마감재	외장재(지붕재, 벽, 마감재), 내장재(바닥재, 벽, 마감재), 창호 자재, 수전 금구류, 조명, 가구 등에 대한 다양한 사양검토
난방방식	기름보일러, 심야 전기보일러, 가스난방 등 주택규모와 열효율의 적합성
급수설비방식	상수도, 자가 지하수, 마을 공동우물, 고가수조 방식, 가압펌프방식
전기설비	적재적소에 배관배선, 소요 인입 전력 수, 인터넷 통신, TV, 전화
예상 공사비	건축주 능력에 맞는 공사비 규모와 자금지원 시점

1 상시 주거용도의 목조주택으로 외장재를 시멘트사이딩으로 마감했다.
2 아이보리톤의 스타코 벽에 비정형화된 문양의 인조석으로 포인트를 주었다.

3) 건축법규 체크리스트

   (1) 건폐율 : 해당 지역, 지구별 관련사항 확인
   (2) 용적율 : 해당 지역, 지구별 관련사항 확인
   (3) 제한사항 : 높이, 일조권 사선제한, 도로사선제한, 대지 안의 공지, 건축선, 조경 등
   (4) 환경관련 규제사항 : 오·배수계획, 정화조 시설에 대한 특별 규제사항 확인

4) 실시설계 체크리스트

(1) 평면 및 입면설계

   01. 실별(현관, 거실, 침실, 화장실, 욕실, 주방, 식당, 창고, 기타) 동선은 원활한가?
   02. 계획설계에 따른 실별 규모, 기능은 좋은가?
   03. 건물의 형태미는 좋은가? (지붕 모양, 창호 모양, 발코니 모양 등)
   04. 동선이 짧고 편안한가?

(2) 구조설계
01. 구조전문가에 의한 구조계획 및 구조계산
02. 구조전문가의 최적 설계 (경제성, 안전성 측면)

(3) 기계설비 및 전기설비
01. 설비 전문가에 의한 설비계획 및 설비 관련용량, 열량계산
02. 설비 전문가에 의한 최적 설계(경제성, 효율성 측면)
03. 설비공사 설계도서(설계도, 시방서)에 의한 시공지침

(4) 조경설계
01. 해당 지역여건에 맞는 조경수 선정 및 배치
02. 신축건물과 조화를 이루는 분위기 연출 (미니동산, 산책로, 연못, 조경석의 배치 등)

1 차경을 끌어들여 주택과 어울리는 자연스러운 분위기를 연출했다.
2 지역여건에 맞는 꽃과 나무를 선택, 지형과 배치, 조망, 향 등의 주변환경을 이용하여 조형적 균형을 이루고 있다.

5) 건축공사 체크리스트

(1) 균열(Crack)방지
벽체의 균열은 구조상 결함뿐만 아니라 마감재까지 영향을 끼쳐 사후 하자가 발생할 때는 비용 증대는 물론 완전한 보수가 어려워 사전예방에 철저한 품질관리가 이루어져야 한다.

(2) 누수방지(방수)
방수공법의 채택, 점검미비로 하자가 발생하면 보수를 하기 전에 여러 면으로 심적, 물적 피해가 발생하게 된다. 그러므로 설계 시 적절한 방수공법 선정과 철저한 품질관리가 무엇보다 중요하며 시공에서 작업원의 정성스런 정밀한 시공이 생명이다.

(3) 결로방지
건축물의 실내와 실외의 온도 차에 의해 표면에 수증기가 응결되는 현상으로써 오염, 박리, 곰팡이, 부식, 습윤, 결빙, 신축, 휨 등의 피해를 가져온다.

(4) 단열처리
단열은 난방 및 냉방부하를 감소시켜 에너지절약을 꾀하고, 표면 결로를 방지하며 실내의 쾌적한 조성을 목적으로 한다.

(5) 차음기능

최근 생활수준이 향상됨에 따라 주거환경과 생활환경도 점점 쾌적한 실내공간을 요구하고 있고, 개인의 프라이버시 또한 중요시되므로 소음의 문제를 해결하기 위해서는 더욱 좋은 양질의 건축물을 설계, 시공해야 한다.

6) 준공검사 체크리스트

■ 준공검사결과보고서

사업명	노블종합건설 OO시 단독주택 신축공사		
위 치	OO도 OO군 OO읍 OO리 OO번지		
예비준공검사일	년 월 일		
공정별	점검내용	결과	비고
가설공사	비계, 현장정리정돈	적정	
토공사	터파기, 되메우기	적정	
철근콘크리트공사	철근콘크리트 기초	적정	
구조체 공사	글루렘, 방부목, 경량목구조	적정	
단열공사	인슐레이션 충전	적정	
외장공사	목재사이딩, 아스팔트슁글	적정	
창호공사	시스템 창호, 내·외부 도어	적정	
수장공사	벽지, 강화마루 시공	적정	
방수·미장공사	탄성 방수	적정	
목공사	규격 및 이음부 검사	적정	
타일공사	규격 및 몰탈 충전	적정	
도장공사	오일스테인	적정	
설비공사	배관 규격 및 도기류 규격, 부속품 규격	적정	
감리의견	전반적으로 설계도서에 따라 양호하게 시공되었기에 준공처리 하여도 된다고 사료됨.		

준공검사보고서를 제출합니다.

년 월 일

계약자 노블종합건설(주)

(인)

건축주 귀하

3. 건강과 환경에 경제성까지 더한 목조주택

목구조주택은 나무를 구조체로 하여 지어진 건축물을 말하며 구조재로 사용된 목재의 규격, 크기 및 시공방법에 따라 통나무주택, 기둥-보 주택, 경량목조주택 등으로 분류된다. 경량목조주택은 말 그대로 사용된 구조용 목재 단면이 2인치×4인치(혹은 6인치)로서 다른 구조보다 가벼운 목재를 사용하기 때문에 붙여진 이름이지만, 오늘날 가장 과학적으로 발전된 건축양식이라 할 수 있다. 실제로 미국과 캐나다 등 북미지역에서는 주택 대부분이 이 방식으로 진행되고 있다. 일본에서는 일본 전통식 기둥-보 구조와 구분하기 위하여 '2×4주택'으로 부르고 있다.

유럽의 낭만을 담은 붉은색 스페니쉬 기와와 푸른 하늘과 초록빛 숲이 어울려 강한 표정으로 여행지의 리조트 같은 목조주택이다.

1) 이것이 목조주택 인기 비결

쾌적한 실내환경 유지와 목재의 자동습도조절기능, 즉 실내가 건조하면 습기를 방출하고 반대로 우기에는 수분을 흡수하여 쾌적한 실내습도를 유지하는 능력과 적당한 탄성 그리고 소음을 차단하고 편안함을 주는 소리만 전달한다. 그래서 안락함과 더불어 정서적인 안정감을 더해 준다. 가변성과 응용성, 설계상 어떠한 형태의 건축물에서도 쉽게 조립되어 구조체를 형성할 수 있다. 구조 부재가 차지하는 면적이 작아 내부공간이 다른 구조에 비해 상대적으로 넓다. 공인된 내화성 경량 목구조의 내화성능은 일차적으로 내장 석고보드에 의존한다. 벽과 천정에 시공되는 석고보드는 최대 2시간의 내화성능을 지니므로 화재 시 대피 및 소화작업에 필요한 시간 여유를 주고 유독가스의 발생이 적어 인명, 재산의 피해가 작다.

에너지효율 그리고 내구성 목재의 단열성은 콘크리트의 7배, 철의 175배로 뛰어나다. 또한, 건축 시 벽, 천장 등에 단열재를 추가로 매워 높은 단열성능을 발휘하게 된다. 경량목조주택의 평균수명은 100년 이상이며 양질의 자재와 정확한 설계, 그리고 철저한 시공과 유지관리가 될 때 200년 이상 사용할 수 있다. 또 기초의 부동침하를 방지하고 방수와 방충처리에 주의를 기울인다면 더욱 안전한 주택이 될 수 있다.

차음효과 설비 덕트나 전기배선 같은 불량소음 발생원의 배치를 적절히 조절한다. 또한, 두 줄의 스터드를 엇갈리게 배치하거나 공기층을 둔 채 두 겹으로 배치하여 소음을 차단하는 방법으로 시공한다면 완벽한 차음효과를 얻을 수 있다.

높은 경제성의 건식공법 때문에 공기를 획기적으로 단축할 수 있으며 구조재뿐만 아니라 창, 문, 기타 마감재들이 표준화, 규격화, 시스템화되어 있기 때문에 소수 숙련공만 있으면 시공할 수 있다. 결국, 현장운영에 소요되는 경비와 전체 비용의 상당한 부분을 차지하는 인건비를 줄일 수 있다.

1 평지붕을 얹어 도시적인 이미지를 끌어낸 모던한 스타일로 도시 내외 어디서도 어울리는 목조주택이다.
2 건축주는 자연과 접할 수 있는 전원생활을 하면서 아이들에게 좋은 추억을 만들어 주고, 가족의 심신건강을 위해 준비한 전원주택이다.

2) 국내 목조건축 어디까지 왔나?

(1) 2002년 9월, 최초로 목구조 내화성능 표준안 제정되다

미국임산물협회 한국사무소의 노력 끝에 국내 처음으로 'KS F1611-1(건축구조 부재의 내화성능표준-제1부: 경골 목구조 벽 및 바닥/천장)이 제정' 되었다. 당시만 해도 목재는 가연성 재료로만 취급되어 내화가 요구되는 건축물 구조부재로는 사용이 제한되고 있었다. 경량목구조는 국토해양부령 내화구조 예시에도 빠져 있었다.

(2) 2004년 5월, 내화구조 KS F1611-1 품질시험 생략한다.

건축물의 피난 및 방화구조 등의 기준에 관한 규칙 중 개정안이 입법 예고되었다. 제3조 제1장 8호의 내화구조 인정범위 산업표준화법에 따라 한국산업규격으로 제정된 내화구조 KS F1611-1에 대해서는 한국건설시험연구원의 내화구조인정 절차상 요구되는 품질시험을 생략할 수 있도록 허용되었다. 서류검토 등 종전 내화구조 인정절차는 그대로 거치되 '내화시험'을 한국산업규격으로 제정된 것에 한해 생략할 수 있다는 내용이었다. 이로써 제조업자, 공급자, 사용자는 전보다 비용이나 시간을 절감할 수 있게 되었다.

(3) 2004년 8월 3일, 높이 18m, 바닥면적 6,000㎡까지 지을 수 있다.

전 건설교통부는 또한 건축물의 구조적인 안정성을 확보하기 위해 현행 구조기준 체계의 정비, 소비규모 건축물의 구조안전기준 규정 및 단위체계의 개선 등을 주요 골자로 하는 '건축물의 구조 기준 등에 관한 규칙' 개정령(안)을 이어서 입법 예고했다. 이에 따라 목구조 건물의 지붕높이는 종전 높이 13m에서 18m에 상향 조정되었고 바닥면적도 종전 3,000㎡에서 전 층에 스프링쿨러를 설치하면 6,000㎡까지도 가능해 규모 면에서는 5층까지도 설계할 수 있게 되었다. 2008년 3월, 내력벽 3종·KS F1611-1 내화구조 인정서를 받았다. 경골목구조 내력벽 3종(스터드 벽체, 이중 스터드 벽체, 엇갈린 스터드 벽체)이 한국건설기술연구원장으로부터 내화성능 품질시험 등의 내화구조 인정 절차를 마치고 내화구조 인정서를 교부받았다. 또한, KS F1611-1 규격에 포함된 바닥 1개 구조에 대한 내화구조인정서를 2005년 개정된 '건축물의 피난 및 방화 구조 등의 기준에 관한 규칙'에 의거, 내화구조인정절차 중 품질시험을 생략하고 인정절차만 거치는 것으로 추가 발급받았다.

(4) 2009년 5월, 차음성능 인정서를 획득하다.

지난 2009년 5월 다층목조공동주택 현실화에 가장 민감한 부분 중 하나였던 세대 간 소음에 대한 벽체 차음구조 인정서를 획득함으로써, 구조적인 안정성에 대한 구체적 요건을 제외한 모든 제한 요건을 충족, 유럽·북미지역과 같은 본격적인 목조 공동 주택시대를 맞이할 준비를 해가고 있다.

(5) 2009년 7월, 목조중층건축을 위한 마지막 관문을 넘다.

콜로라도주립대를 비롯한 미국의 5개 대학과 일본 방재과학기술연구소(이사장 오카다 요시미쓰)의 효고지진공학연구센터(센터장 나카시마 마사요시)가 4년 전부터 NEES(Network for Earthquake Engineering Simulation)Wood라는 이름으로 진행해온 프로젝트의 총 마무리단계 테스트가 진행됐다. 리터 규모 7.3의 강진을 통한 내진테스트가 그것. 실험은 7층 목조건축물에 리터 규모 6.5~7.3까지의 진동을 약 40초간 가하는 형식으로 이루어졌다. 최대 규모의 진동이 가해지는 순간 벽체가 휘청거리고, 최상층에 배치한 가구와 식기 등이 쏟아지는 소음이 발생했지만, 시각적으로 확인할 수 있는 구조의 이상은 없었다. 비록 국내 기술로 이뤄낸 쾌거는 아니지만, 목조건축의 구조적 안전성을 보여주는 좋은 예로, 국내 목조건축 시장 활성화에도 긍정적 영향을 줄 것이라 기대한다.

3) 목조주택의 장점

(1) 목조주택은 건강에 좋은 집이다.
- 목조주택과 통나무집은 자연에 잘 어울리는 집이다.
- 목조주택의 외관과 실내 공간은 매우 아름답고 정겹다.
- 목재는 건강에 좋은 천연 재료이다.
- 방안의 온도와 습도를 잘 조절하여 살기 좋다.
- 냉·난방비가 절약된다.
- 쾌적한 실내환경을 유지한다.
- 방안에서 삼림욕 효과를 누릴 수 있다.
- 목재는 질감이 따뜻하고 부드럽다.
- 목재는 소음을 흡수하여 자연의 음파를 그대로 느끼게 한다.
- 암 발생률을 줄이고 수명을 연장한다.

(2) 목재는 이산화탄소의 통조림이다.

수목은 광합성 작용에 의해 이산화탄소를 흡수하고 산소를 방출하는 자연의 공기정화기이다. 광합성에 의해 만들어진 탄수화물은 수목의 성장에 사용되며 잎, 가지, 줄기 및 뿌리에 탄소의 형태로 차곡차곡 저장된다. 그러므로 목재는 이산화탄소의 통조림이다. 또 낙엽이나 바닥에 떨어진 작은 가지들은 탄소를 유기물의 형태로 토양 중에 축적하기도 한다.

(3) 목제품의 사용은 도시 속의 산림 가꾸기이다.

목재량의 반 정도는 탄소로 된 탄소의 통조림이다. 그러므로 목조주택이나 목제품을 오랫동안 사용할수록 이산화탄소를 고정해 두는 것이 된다. 목재를 방부처리 하면 사용 수명을 3~8배 연장할 수 있고, 어떠한 환경에서도 20년 이상을 사용할 수 있다. 그러므로 목제품은 제2의 산림이라고 할 수 있겠지요?

※ 목조주택이 고정하는 이산화탄소량 국내의 방부처리 대상 목재를 모두 방부 처리하면
- 산림면적 보전 : 약 120,000ha/년 (서울시 산림면적 60,000ha)
- 이산화탄소 발생감소 : 520,000톤/년

(4) 목재는 친환경적인 건축자재이다.

목재의 가공은 알루미늄, 플라스틱 및 철골 등의 제조와 비교하면 수십에서 수백 분의 일의 에너지로 만들어지고 있다. 그러므로 다른 어떤 건축재료보다도 친환경적인 재료이다. 예를 들면 나무로 만든 창틀과 알루미늄으

로 만든 창틀을 비교하면 나무 창틀이 알루미늄 창틀의 1%도 안 되는 에너지로 만들어지고 있다. 목재는 이산화탄소의 통조림이다. 목재는 생성과정에서 이산화탄소를 목재 중에 축적하고 있으므로 이 축적량을 감해주면 종합적인 탄소배출량은 마이너스가 된다.

■ **목조주택 시공과정**

1 공사 전 대지 모습
2 매트설치, 배근, 거푸집설치
3 콘크리트 타설
4 거푸집 제거
5 플레이트 설치, 앵커볼트 설치
6 골조 시작, 벽체 짜기

7 벽체 설치
8 벽체에 OSB합판 설치
9 타이벡 시공
10 2층 벽체공사
11 2층 지붕 골조공사
12 1층 지붕공사

13 골조 마감
14, 15, 16 외부 및 지붕 마감공사

4. 스틸하우스

스틸하우스란 "steel framed house"를 지칭하는 것으로 기존의 조적조나 목조를 대체하는 새로운 구조형태의 주택을 말한다. 기존 주택은 골조로 목조나 벽돌(조적조)을 사용하지만, 스틸하우스는 골조를 경량철강재로 대체하는 새로운 구조형태로 두께 1mm 내외의 아연도금강판을 C형태로 가공하여 강도를 높인 스터드를 기본재료로, 이들을 조립하여 패널 형태로 시공하는 구조이다.

1 스틸하우스는 1mm 내외의 아연도금강판을 C형태로 가공한 스터드(STUD)를 기본재료로 패널 형태로 시공하는 구조이다.
2 스틸하우스는 시공성이 좋은 목재의 장점을 살리면서 구조부재로서 강재의 장점을 살린 골조시스템으로 내구성, 내진성, 내식성으로 반영구적이다.

스틸하우스는 기둥·보 등 주택의 구조부분을 2×4목재 대신 두께 1mm 전후의 스터드로 조립한다. 스틸하우스는 건물의 기본 프레임을 경량형강으로 구성하고 각종 내외장 자재로 마감하여 세워진 주택이다. 일반주택보다 내구성이 탁월하며 다양한 내외장재로 마감할 수 있으므로 외관이 매우 아름답고 기능성이 뛰어나다. 접합부도 기존 강구조물에서 주로 사용하는 용접 대신 전동스크루 건을 사용하여 나사접합을 하여 강재를 이용한 구조물이지만, 시공형태상 목재 시공방법과 상당히 유사하다고 할 수 있다.

스틸하우스는 시공성이 좋은 목재의 장점을 살리면서 구조부재로서 강재의 장점을 더불어 가지고 있는 우수한 골조시스템이라고 할 수 있다. 1930년대 미국에서 처음 등장한 스틸하우스(steel house)는 그 목적이 만성적인 주택 공급 문제를 해결하기 위한 것이었으나, 당시는 철강재 가격이 목재보다 비싸 실용화되지 못했다가 1960년대 이후 목재가격이 상승하면서 주목받기 시작했고, 1980년대 이후 환경문제가 새로운 화두로 대두하면서 재활용 측면에서 철강재의 우수성이 널리 인식되면서 보급 확대가 빨라졌다.

1980년부터 1995년까지 15년 동안 미국 내에서 스틸하우스의 보급은 무려 300% 이상의 급속한 속도로 확산해 나갔다. 전통적으로 목조양식 건축 위주였던 미국에서 이처럼 빠른 속도로 스틸하우스가 보급되고 있는 것은 바로 스틸하우스가 가진 탁월한 우수성 때문이다.

1) 스틸하우스의 장점

(1) 뛰어난 내구성, 내진성, 내식성

목조 구조체는 썩거나 수축하고, 부풀려지거나 뒤틀림 현상의 단점이 있으나, 스틸하우스는 표면처리강판을 이용한 경량형강을 주요 구조부재의 소재로 사용하고 골조 자체를 콘크리트 지반에 고정하기 때문에 썩거나 뒤틀리지 않고 오랫동안 수명을 유지할 수 있어 반영구적이다. 지진이나 화재 등 천재지변에도 그 구조가 비교적 안전하다는 것이 미국 하와이의 허리케인이나 일본 고베의 지진 등에서 입증된 바 있다.

(2) 짧은 공사기간, 안정된 공급가격

스틸하우스는 경제적이다. 주요 골조부의 생산공정이 간단하고 건식공법이라 공사기간이 짧다. 또한, 목재나 건자재 등은 기후 변화나 교역량에 따라 가격변동이 심하지만, 스틸하우스는 공급가격이 비교적 안정적이다. 따라서 물류비용도 낮출 수 있고 자재의 낭비도 거의 없는 편이다. 또한, 같은 치수의 목재보다 가볍고 강하여 골조의 간격을 넓힐 수 있고 패널의 중량도 2×4 목조주택의 절반 정도밖에 되지 않아 손쉽게 운반할 수 있어 운반비용도 경제적이다.

(3) 용이한 구조변경, 높은 공간 활용도

스틸하우스는 설계변형이 쉬워 원하는 형태 구현에 유용한 측면이 있다. 다시 말해 건축주의 개성이 충분히 반영될 수 있는 구조방식이다. 또한, 유연성이 풍부하기 때문에 개조나 증축 등에도 유용하다. 목조주택이나 조적주택에 비해 벽체두께가 얇아 내부공간을 더 넓게 활용할 수도 있다. 아울러 철강의 높은 성형성으로 건물 외관에 대한 다양한 표현 욕구를 충족시킬 수 있다는 점도 특징으로 꼽힌다.

(4) 간편한 시공

스틸 스터드를 이용한 조립식공법이므로 일반 기능공도 쉽게 다룰 수 있고, 구조부재가 가벼워 중장비가 필요 없다. 조립방법도 볼트나 용접을 사용하지 않고 태핑나사로 골조부재를 접합하므로 특수한 장비 없이 나사와 전동공구를 사용하여 간편하게 시공할 수 있다. 또한, 철강 자재의 품질표준화로 불량시공의 우려가 없고 하자 발생에 대한 처리가 쉬우며 구조재 내부가 비어 있어 전기 및 배관공사가 쉽다는 이점이 있다.

(5) 우수한 방음성과 단열성

주거공간 간 방음은 이웃과 분쟁의 소지가 있을 수 있는 부분이므로 신경을 더 많이 써야 한다. 스틸하우스 벽체는 얇지만, 칸막이벽이나 상하층 간의 바닥 충격음 등을 해결할 수 있는 충분한 단면이 있으므로 방음 면에서 그리 걱정할 필요가 없다. 단열성에서도 스틸하우스는 다양한 마감재를 모두 활용할 수 있으므로 염려할 필요가 없다. 벽체는 얇지만 뛰어난 단열성으로 에너지 소비를 줄일 수 있고, 스틸하우스의 열관류율은 $0.43 kcal/m^2 hc$로 조적주택에서 사용하는 이중 외벽체의 열관류율 K값에 비해 상당히 우수한 편이다. 그리고 콘크리트 건물에서 나는 특유의 냄새가 전혀 나지 않아 쾌적한 실내 분위기를 만들 수 있고, 내·외벽의 두께를 얇게 할 수 있어 유효면적이 $7 kcal$ 정도 늘어난다.

1 스틸하우스는 내구성이 높으며 다양한 내외장재로 마감할 수 있어 외관이 매우 아름답고 기능성이 뛰어나다. 해체 시에는 60% 이상 재활용이 가능한 친환경 주택이다.

2 2층에 복도와 연결된 넓은 음악실을 만들었다. 스틸하우스는 유연성이 풍부하고 벽체두께가 얇아 내부공간을 더 넓게 활용할 수 있다.

2) 환경을 생각하는 주택

스틸하우스는 해체 시 60% 이상 재활용이 가능하고 재활용을 위한 분리수거도 가능해 건축 폐자재 문제가 줄어든다. 건식공법이므로 건축현장이 청결할 뿐만 아니라 현장 쓰레기가 적어 환경친화적 현장운영이 가능하다. 이러한 이유 때문에 친환경 주택으로 불리기도 한다. 스틸하우스의 가장 큰 문제점은 구조부재의 높은 열전도성으로 인해 형성되는 결로현상과 층간 소음이라 할 수 있다. 비록 스틸하우스 협회를 비롯한 많은 기술인이 문제 해결을 위한 방법을 찾아가고 있지만, 모든 현장에서 그 해결책을 완벽히 숙지하고 있는 프레이머(Framer, 골조시공자)를 만난다는 보장이 없으므로 고질적인 문제를 완벽히 해결했다고 보기는 어렵다.

5. ALC 주택

ALC란 'Autoclaved Lightweight Concrete'의 약자로 석회에 시멘트와 기포제(AL.Powder)를 넣어 다공질화 한 혼합물을 고온고압(온도 약 180℃, 압력 10Kg/㎠)에서 증기 양생시킨 경량기포콘크리트의 일종이다. 이러한 과정을 통해 생성된 ALC는 안정된 결정질을 가진 건축자재로서 그 우수한 성능이 인정되어 세계 각국에서 널리 쓰이고 있다.

ALC 주택으로 중량은 일반 콘크리트의 1/4 정도로 가벼워 공기 단축, 작업효율성이 높아 경제적이다. 외벽은 벽돌을 쌓아 견고하게 처리하고 상부는 밝은 스터코 처리해 외관이 돋보이는 집이다.

ALC가 국내에 도입된 지는 올해로 16년째다. 높은 단열성능 때문인지 전 세계적으로 볼 때 ALC 생산공장을 가장 많이 보유한 나라는 러시아다. 지역별로 보면 동유럽 7개국이 120개로 가장 많으며 우리나라가 속한 아시아에는 12개국에 47개 생산 공장이 가동되고 있다. 러시아에서 가장 많이 사용됐던 ALC는 독일의 대량생산 시스템을 통해 전 세계적으로 확대된 것이다.

ALC의 장점은 상당히 다양한 측면에서 주장하고 있는데 다량의 기포를 통해 구현되는 뛰어난 단열성은 건축물의 냉·난방비를 절감시킨다. ALC의 단열성능은 일반 콘크리트의 10배에 달한다. 또한, 규사와 석회질을 주원료로 하기 때문에 환경호르몬을 유발하는 일이 거의 없다는 것도 장점이다. 여기에 차음성과 뛰어난 내화성능도 빼놓을 수 없는 것 중 하나로 ALC의 내화성능은 공식적인 테스트를 통해 입증된 바 있다.

벽체(100mm)의 표면을 약 1,000℃로 2시간 정도 가열해도 그 이면온도는 77℃에 그친다. 이는 KS 규정 260℃에 훨씬 못 미치는 것으로 ALC의 내화성을 바로 보여주는 것이다. 이런 여러 장점 가운데서도 가장 드러나는 것은 바로 친환경성과 경제성이다. ALC가 친환경재료임은 한국건자재시험연구원에 의뢰해 받은 시험성적서를 통해서도 확인할 수 있다. 여기서는 ALC의 원적외선 방사율과 탈취율 그리고 세균 배양률을 검사했다. 검사결과는 매우 우수한 친환경성을 보였다는 것이다. 먼저 원적외선 방사 측정결과 방사율(5~20㎛)이 91.2%, 방사에너지(W/㎡)가 3.68×10²의 방출량으로 흔히 건강 침대라 불리는 옥돌침대에 버금가는 것으로 나타났다. ALC가 사용된 정육점에서 고기냄새가 나지 않는다는 제보를 통해 실시하게 된 탈취성능 측정에서는 95.7%의 탈취율을 보여 김치냉장고에서 주로 사용하는 탈취제인 숯과 유사한 성능을 나타냈다. 또한, 대장균에 의한 항균시험결과에서는 세균감소율이 99.8%로 세균이 거의 증식하지 못하는 좋은 환경을 만들어 주는 것으로 판명됐다. 또 하나 경제성이다. ALC는 별도의 트러스 없이 삼각형의 모임지붕을 구현할 수 있다. 일반적으로 100㎡ 규모 건축물의 트러스에 드는 비용은 800만 원 정도. 단위부피가 큰 ALC는 공기를 단축하게 하는 것과 함께 트러스에 들어가는 비용까지 절감할 수 있다. 트러스가 없다는 것은 경제적 효과 외에 또 다른 장점이 있다. 이물접합부위를 없앰으로써 접합부위에서 발생할 수 있는 하자요인을 제거할 수 있다.

단점도 자재특성의 하나로 취약적 결함의 의미는 아니나 흔히 ALC가 수분에 약하다는 말을 하곤 한다. 이 말은 얼핏 들으면 수분에 취약하다는 것으로 들릴 수도 있지만, 분명히 되짚어 볼 필요가 있다. 재료의 장·단점은 말 그대로 특성을 분류하는 것일 뿐 단점을 취약적인 결함이라 하기는 어렵다. 다시 말해 다량의 기포로 인해 강도가 약하다는 것은 그만큼 가볍고 단열성이 높다는 장점으로 연결될 수 있고, 수분에 약하다는 것은 투습성이 강하다는 말로 표현될 수 있다.

물에 젖은 ALC를 그대로 내버려둔 상태로 내·외부마감을 하는 경우 문제가 발생할 수는 있다. 하지만, 충분히 건조한다면 이 역시 문제가 되지 않는다. 어쩌면 중간이윤을 높이기 위해 전용 회반죽 및 부자재를 사용하지 않는 시공사의 관행을 경계하는 것이 더욱 중요하다고 할 수 있다.

1 2

1 ALC 주택은 경량성, 단열성, 내화성, 차음성, 가공성, 내구성이 뛰어난 자재이다.
2 가까이에 수려한 산세가 보이는 주변 환경과 잘 어우러지는 ALC블록 전원주택이다.

■ **ALC 특징**

1) 경량성
ALC의 중량은 일반 콘크리트의 1/4 정도로 가볍다. 이러한 경량성은 공기 단축, 작업효율 증대로 이어져 시공은 더욱 편리해진다.

2) 단열성
ALC는 제조과정 중 발포되는 수많은 미세한 기포로 인해 콘크리트의 10배의 단열성능이 있어 별도의 단열재가 필요 없다. 또한, 심한 일교차에도 적정 수준의 실내온도를 유지해 주어 냉난방비로 말미암은 에너지 비용을 절감할 수 있다.

3) 내화성
콘크리트 2배의 내화성을 지닌 ALC는 무기질 소재를 주원료로 하는 불연재로 불에 타지 않고 여기에 유독가스도 발생하지 않는 완벽한 내화구조재이다. (ALC 두께 10cm 이상은 당연히 내화구조 / 건축물의 피난, 방화구조 등의 기준에 관한 규칙 제3조)

4) 차음성
ALC는 자체의 경량성에 비해 우수한 차음성과 흡음성을 지니고 있으며 다양한 공법으로 차음성을 더욱 높일 수 있다.

5) 가공성
원하는 대로 손쉽게 생활공간을 아름답게 목재처럼 필요한 크기로 자르기 쉽고, 구멍 뚫기, 못 박기 등의 정밀 시공이 가능하다. 또한, 손쉽게 각자의 취향에 맞게 실내 장식물을 만들 수 있어 아름다운 생활환경을 조성할 수 있다.

6) 내구성
시간이 흘러도 변함없는 뛰어난 성능 무기재료인 ALC는 오토클레이브 양생 시 조직이 안정된 새로운 광물을 생성해내기 때문에 수축 및 팽창률이 낮고 동결융해 내구성이 탁월하다. 또한, 습기와 결로 등의 문제가 발생하지 않고, 혹독한 환경에서도 뛰어난 내구성을 발휘해 고유의 우수한 성능이 변하지 않는다.

ALC는 무공해, 무독성의 환경지향적 건자재로 한국과 일본에서 비료로 인증받았고 환경오염문제에 철저한 유럽에서도 에너지 절약형 환경보호자재임을 인증받았다.

혹독한 환경에서도 뛰어난 내구성을 발휘해 고유의 우수한 성능이 변하지 않는다.

1 ALC블록으로 골조공사를 한 단지의 모습
2 ALC블록 골조공사 모습

3 설계도면대로 제작된 ALC 자재를 현장에 반입시킨다.
4 ALC블록으로 벽체를 쌓은 모습
5 ALC블록 지붕판을 장비로 시공한다.
6,7 골조공사가 끝난 ALC주택
8 남해 독일마을 앞 ALC주택 공사 현장. 외벽마감, 지붕공사가 마무리 중이다.

6. 노출콘크리트 주택

근대 건축의 중심이 되어온 철근콘크리트. 그중에서도 노출콘크리트(Exposed Concrete)는 일반 콘크리트나 벽돌로 구성된 벽체와는 사뭇 다른 느낌을 전달하며 많은 사람의 호기심을 불러일으키는 건축재이다. 넓은 의미에서 노출콘크리트 공법은 Architectural Concrete 공법의 한 분야에 속한다. Architectural Concrete 공법은 거푸집제거 후 콘크리트 면을 단순 노출하거나 또는 거푸집 재의 나뭇결무늬를 콘크리트 표면에 표출시키는 방법 이외에도 골재 일부를 노출하는 방법, 콘크리트 표면에 양각·음각의 문양을 새기는 방법 및 표면의 색상·광택을 표현하는 방법 등을 모두 총칭한다.

1 평면적인 스타일을 좋아했던 건축주의 요구로 주택의 내·외부는 군더더기 없는 노출콘크리트로 마감했다.
2 펜션 객실 입구로 노출콘크리트구조의 현대적인 개념의 간결한 구조이다.
3 펜션의 야경 모습. 노출콘크리트에 적삼목으로 포인트를 주었다.

1) 노출콘크리트에는 특별한 무엇이 있다

다양한 표정, 연출과 의외성의 병행 노출콘크리트의 매력을 한마디로 말하기는 어렵다. 하지만, 많은 설계사무소에서 많은 시행착오를 거듭하면서도 꾸준한 관심을 두고 다루고 있는 이유는 취급하기에 많은 어려움이 있는데도 불구하고 그 이상으로 끌리는 무엇이 있기 때문이다. 가장 먼저 느낌의 다양성. 노출콘크리트의 표정은 시간, 기후, 디자인에 따라 다양하게 변한다. 웅장하고 무거움 속에서 가볍고 산뜻한 이미지를 발견할 수 있으며, 거친 표면처리가 된 건축물 전체에서 매끄러움을 느낄 수도 있다. 또한, 의도된 마감을 통한 작위적인 연출의 표현과 동시에 소재 그 자체를 드러냄으로써 무한의 변화를 받아들일 수 있는 무작위적인 의외성도 병행한다는 매력이 있다.

노출콘크리트 작업은 처음부터 마무리까지 분리하게 시킬 수 없는 일체의 것이며, 건축의 구석구석까지 기가 통하고 있는 유기체와 같은 것이다. 같은 콘크리트라 해도 공장에서 제작되는 '프리캐스트' 콘크리트와는 근본적으로 느낌이 다르다. 과거 유명 건축가들은 노출콘크리트에서 금욕禁慾과 신성神聖을 표현할 수 있는 요소들을 발견했고 그러한 신념을 담는 공간을 표출할 수 있는 것은 노출콘크리트밖에는 없다고 했을 정도로 강한 개성과 매력을 지니고 있다.

1 주택의 외관상 차갑게 느껴질 수 있는 무채색의 노출콘크리트에 수직 방식으로 하드우드를 설치하고 코너창으로 매스에 변화를 주어 모던한 스타일의 주택을 완성했다.
2 노출콘크리트 회색 벽과 붉은 펜던트 조명등 색감의 대비가 이채롭다.

2) 국내 노출콘크리트 건축의 문제점

기존 노출콘크리트의 문제점은 여러 가지를 들 수 있으나, 문제 발생의 가장 큰 원인 중 하나는 정밀시공을 위한 설계, 시공단계에서의 충분한 준비 및 인식의 부족에서 기인한다.

기존 노출콘크리트의 문제점들을 개략적으로 열거하면 다음과 같다.

계획 및 설계
- 적정 공사비 및 공기에 대한 인식 부족(정확하고 공식적인 일위대가가 없음)
- 패널·콘·줄눈의 분할 계획 수립 미흡
- 노출콘크리트에 부적합한 복잡한 단면
- 균열 유발 줄눈에 대한 계획 부족
- 실시공 시 발생할 수 있는 문제점 예방을 위한 실물 모형(Mock up) Test 미실시 콘크리트

배합 및 타설
- 분리저항성, 건조수축, 균열, 내구성을 고려한 콘크리트 배합 미흡

- 골재분리방지, 충전성 향상 및 치밀한 표면을 얻기 위한 적정 잔골재율 고려 미흡
- 충전성 및 균열제어, 내동해성을 고려한 단위수량 줄이기 및 적정 유동성 확보 미흡
- 구조 및 내구성을 고려한 압축강도 미확보
- 적정 타설 양 및 타설 방법이 고려되지 않음

거푸집 공사
- 골조공사 시 충분한 공기 미확보
- 거푸집 접합 부위의 정밀시공 미흡에 의한 누수 및 표면의 단차 발생
- 적정 피복두께 미확보
- 오염된 거푸집 패널의 사용으로 말미암은 표면상태 열악

철근 배근
- 내구성을 고려한 피복두께 증가를 고려하지 않음
- 균열 유발 줄눈에 대한 단면 결손 부위를 구조계산을 위한 벽 두께에 포함해 내력저하
- 콘크리트의 양호한 타설을 위한 벽 두께를 고려하지 않음
- 결속 선을 거푸집 안쪽으로 구부려 넣지 않아 외부로 노출되어 녹물 발생

위와 같은 문제를 해결하기 위해서는 거푸집 공사, 콘크리트 공사, 철근 공사에 있어 보다 세심한 시공과 철저한 관리가 되어야 하며, 이와 동시에 콘크리트 자체의 적정 품질 확보가 이루어져야 한다.

또한, 시멘트의 수화 및 콘크리트 경화가 충분히 진행될 때까지 급격한 온도변화, 진동 및 외력 등 나쁜 영향을 받지 않도록 철저한 양생이 요구되며 예상되는 문제점을 방지하기 위한 철저한 사전대책을 준비해야 한다.

1 노출콘크리트 연결 부분
2 소재 자체를 드러냄으로써 무한의 변화를 받아들일 수 있는 매력이 있다.

거푸집제거 후 나뭇결무늬를 콘크리트 표면에 표출시키는 방법으로 웅장하고 무거움 속에서 가볍고 산뜻한 자연미를 발견할 수 있다.

3) 콘크리트가 새집증후군의 주범인가?

콘크리트는 매우 순박하고 솔직한 자재이다. 거짓이 없는 주어진 형상 그대로, 틈이 있으면 그 틈을 그대로 표현한다. 사실 콘크리트 자체가 문제가 있는 재료가 아니고 이를 잘못 사용한 우리에게 더 많은 문제가 있었을 수도 있다.

새집증후군에서 심각한 문제가 되고 있는 휘발성유기화합물(VOCs), 포름알데히드 등의 주요 발생원은 콘크리트가 아니라 카펫, 온돌마루 및 벽지용 화학접착제 등이다. 또한, 최근에 문제시된 시멘트의 6가 크롬은 생산 과정에서 발생하는 피할 수 없는 미량 성분으로 인간의 건강에 위해를 끼치므로 적정한 관리 방안이 필요하며 국내에서도 2009년부터 일본과 같은 수준인 20mg/kg 이하로 관리하고 있다. 그러나 우리가 더욱더 정확하게 인식해야 할 중요한 내용은 시멘트를 사용한 모르타르나 콘크리트의 6가 크롬 용출 시험에서는 기준치 이하의 극미량의 총 크롬이 용출됐으며, 수용성 6가 크롬의 용출은 발생하지 않아 경화된 콘크리트는 6가 크롬의 영향은 매우 미미하다는 것이다. 오히려 마루 접착제나 실크벽지 도배에 사용되는 화학용품들이 영향이 더 클 수 있다는 점은 집짓기 전에 한 번쯤 생각해봐야 할 문제다.

7. 패시브하우스

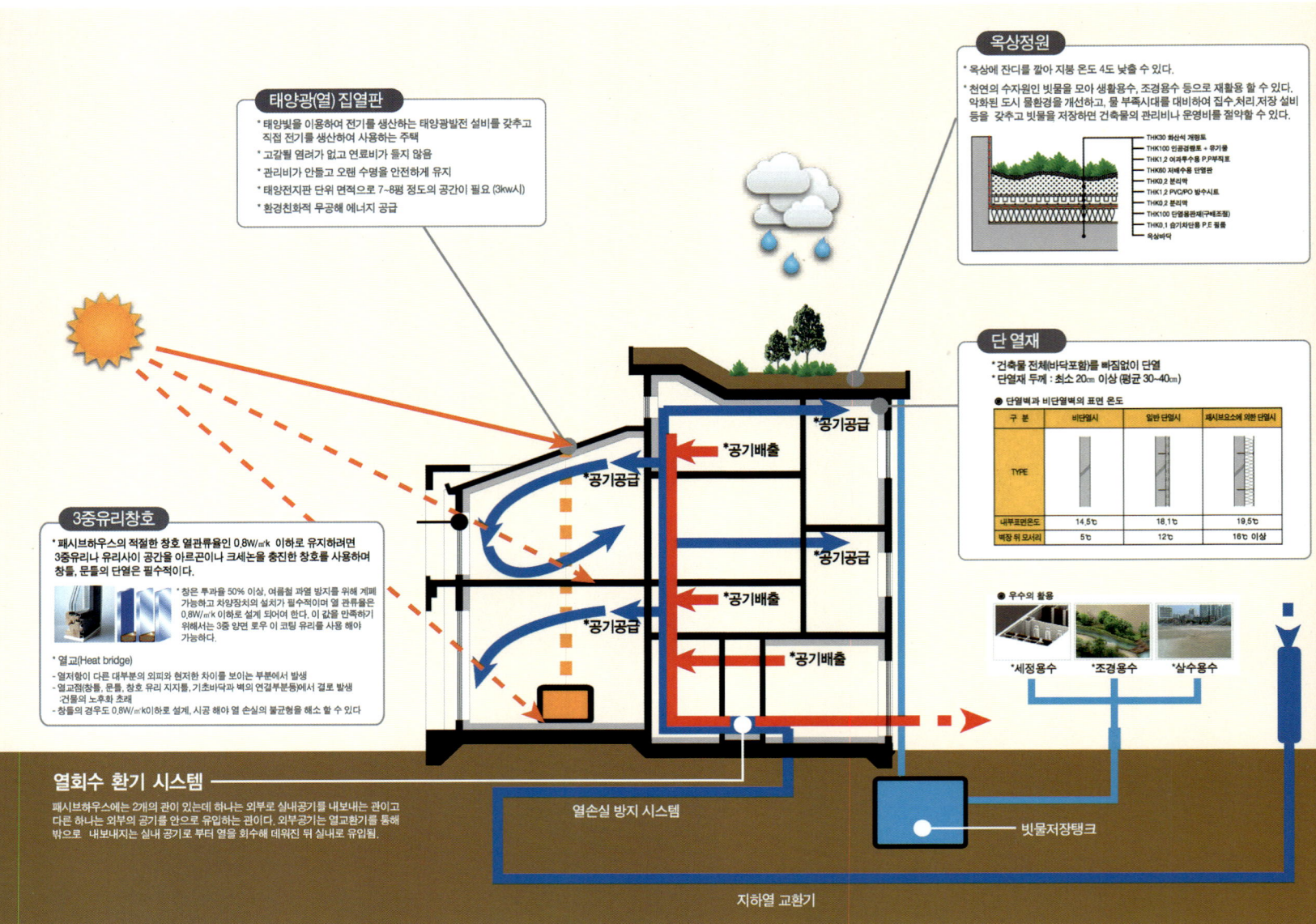

패시브하우스는 실내에서 순환하는 공기를 재사용하지 않고 외부에서 집안으로 공급되는 후속난방이나 후속냉방을 통해서만 실내의 쾌적성을 성취할 수 있는 건축물이다.

쾌적한 실내를 만들기 위해서는 두 가지 조건이 충족되어야 한다. 하나는 실내온도가 그 안에 있는 사람에게 쾌적함을 줄 수 있도록 적당하게 높아야 하고, 다른 하나는 실내공기가 신선해야 한다. 이를 충족하기 위해서는 신선하면서도 적당하게 따뜻하거나 시원한 공기가 항상 실내로 유입되어야 한다. 대부분 건물에서는 실내를 따뜻하게 만들기 위해서 라디에이터나 온돌 같은 커다란 난방설비를 설치한다. 이들 난방설비는 실내로 지속적으로 유입되는 신선한 공기가 아니라 실내에서 순환되는 공기를 데워준다. 만일 겨울에 찬 외부공기를 실내로 계속 받아들이면서 따뜻한 실내를 유지하려면 난방설비의 규모는 대단히 커져야 한다.

이러한 건축물과 달리 패시브하우스는 육중한 라디에이터 같은 액티브한 난방설비를 설치하지 않고도 위의 조건, 즉 실내공기가 신선하면서 따뜻한 상태를 만들어내는 건축물인데, 바로 여기서 패시브하우스의 정확한 정의가 도출된다. 액티브한 냉난방설비를 설치하지 않고도 위의 조건을 충족시키려면 실내로 유입되는 신선한 공기를 조금 데워주거나 식혀준 다음 이것을 건물 안에서 퍼져 나가게 하면 된다. 집안으로 유입되는 공기만을 데워줌으로써 쾌적한 실내를 만들어내는 것이다. 그러므로 패시브하우스는 "실내에서 순환하는 공기를 계속 재사용하지 않고 외부에서 집안으로 공급되는 공기에 대한 후속난방(post-heating)이나 후속냉방(post-cooling)을 통해서만 실내의 쾌적성을 성취할 수 있는 건축물"로 정의된다.

1) 패시브하우스의 구성요소

패시브하우스를 건축하려 할 때 도입해야 하는 설계요소들은 이미 알려진 일반적인 건물설계에서 고려되는 것과 크게 다를 바 없다. 패시브하우스를 설계할 때 기본적으로 고려해야 하는 조건은 그 지역의 위도와 기후이다. 위도는 햇빛을 패시브 또는 액티브한 방식으로 이용하려 할 때 반드시 고려되어야 하는 중요한 요소이다. 기후 데이터들, 예를 들어 태양광의 직접 및 간접 일사량의 시간별 값, 풍속, 온도, 습도 등도 건물 설계에서 고려되어야 할 중요한 요소이다. 이것들은 건물 외피에 요구되는 단열두께와 냉난방 부하 계산에 영향을 미치고, 또한 연간평균 냉난방 에너지수요와 태양에너지의 이용 가능량에도 영향을 준다.

패시브하우스에서는 높은 에너지효율이 요구된다. 이를 충족하기 위해서는 건축요소들이 최적으로 설계되어야 한다. 이들 요소는 구조적인 것과 기술적인 것으로 구분될 수 있다. 패시브하우스의 설계기준과 특정 요소들은 전체 설계과정의 일부로 포함되는 것이다. 설계, 선별된 요소들을 바탕으로 수행되는 냉난방부하의 계산 그리고 온수나 가전기기 이용 등 다른 서비스를 위한 에너지 수요는 패시브하우스의 성공적인 설계를 위해서 결정적으로 중요한 것이다. 재생에너지의 이용은 패시브하우스의 일차에너지 소비를 줄이는 데 크게 이바지할 수 있다. 적정한 가격의 태양열 설비는 중부유럽에 지어지는 주거용 패시브하우스의 전체 저온 에너지수요의 40~60%를 담당할 수 있다. 중부유럽에서는 특정한 건물의 설계에 대해 독일 다름슈타트의 패시브하우스 연구소에서 "패시브하우스"라는 인증서를 발행하고 있는데, 인증서를 받으려면 건물의 설계와 그 건축요소들의 상세한 정보들을 '패시브하우스 프로젝션 패킷(PHPP)'이라고 하는 계산 소프트웨어에 입력해야 한다. 2007년 6월부터는 전 세계의 기후구역에 대해서도 이 소프트웨어를 이용할 수 있게 되었다. 그러나 건물의 세밀한 설계와 구성요소를 이 계산 소프트웨어에 넣는 것은 꽤 복잡하고, 많은 노력이 필요하다.

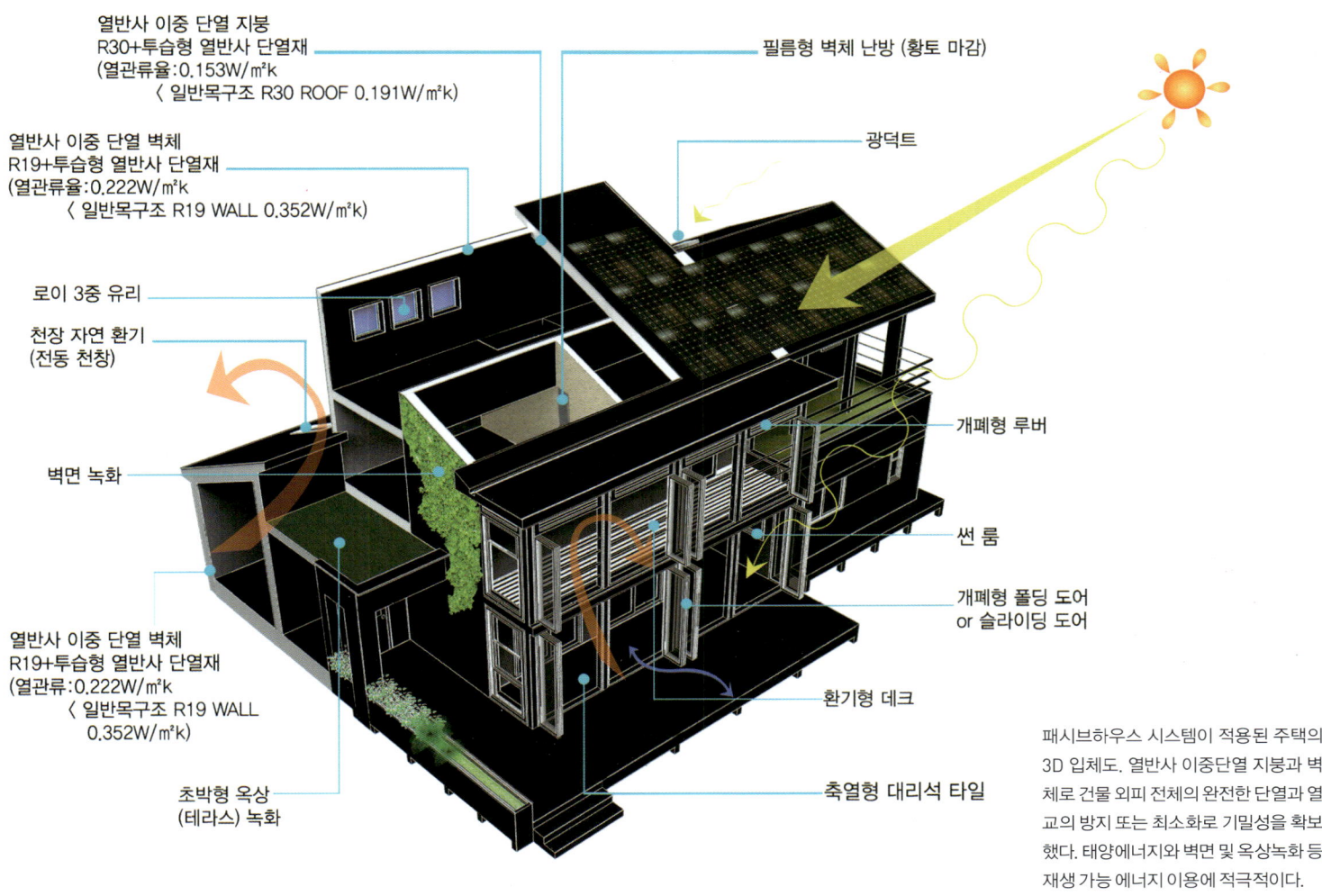

패시브하우스 시스템이 적용된 주택의 3D 입체도. 열반사 이중단열 지붕과 벽체로 건물 외피 전체의 완전한 단열과 열교의 방지 또는 최소화로 기밀성을 확보했다. 태양에너지와 벽면 및 옥상녹화 등 재생 가능 에너지 이용에 적극적이다.

2) 설계기준

주택은 여러 사용자의 다양한 요구에 부응해야 한다. 이러한 요구에는 가구를 들여놓는 등 거주와 관련된 욕구를 충족시키고 여러 가지 편의설비와 관련된 사항들이 포함된다. 패시브하우스의 효율적인 에너지 이용으로 기존의 난방기기가 필요하지 않게 되어 전체 공간을 효율적으로 이용할 수 있게 되는 것이다.

전통적인 집들과 같이, 패시브하우스는 다양한 부류의 사람들에게 어울린다. 그리고 특별한 고려를 하기만 하면 특수한 요구가 있는 그룹들의 요구사항을 충족하도록 설계할 수 있다. 패시브하우스에서 생활하기 위해서는 창문을 열지 않는다든가 하는 어떤 특별한 생활양식이 필요한 것은 아니다. 그리고 건물이 어떤 특정 범주의 사람들을 위해서 설계되는 것도 아니다. 그러나 다른 어떤 집들과 마찬가지로, 집의 운영이나 유지보수에 관해서 거주자가 잘 이해하고 있어야만 한다. 패시브하우스의 설계기준은 설계과정에서뿐만 아니라 건축 작업이 진행되는 동안에도 확인되고 점검되어야 한다. 설계와 건축 작업 사이에 편차가 생기면, 설계과정에서 계산된 건물의 에너지 수요보다 실제 에너지 소비는 훨씬 높게 나올 수 있기 때문이다. 더 나아가서 그것은 쾌적성을 줄이고 건물의 구조적인 손상을 가져올 수 있다. 패시브하우스 설계의 기초가 되는 기준은 다음과 같다.

건물 외피면적의 부피 비를 최적으로 하면 단열을 비교적 적게 해도 되며, 이는 패시브하우스를 경제적으로 실현할 수 있게 해준다. 건물 외피 전체의 완전한 단열과 열교(heat bridge)의 방지 또는 최소화로 기밀성을 확보한다. 이것은 기계적으로 조절 가능한 환기를 가능하게 해주고, 조절되지 않은 환기에 의한 열손실을 최소화할 수 있는 기본 조건이다. 패시브한 태양에너지 이용 (패시브 난방, 조명, 냉방 등), 에너지효율이 높은 기기의 이용(공조, 열 회수, 냉난방 등의 경우), 그밖에 필요한 에너지(온수, 전기, 난방용)에 대한 재생 가능 에너지이용, 건물의 위치 선정도 에너지 효율에 큰 영향을 미친다. 건물의 방향은 겨울철 난방 수요와 여름철 냉방 수요를 최적화하는데 큰 영향을 미친다. 태양빛으로의 접근성을 높이거나 차가운 바람으로부터의 보호와 관련하여 설계를 최적화하는 것은 난방 수요를 줄이는 데 도움을 준다. 패시브하우스에서는 여름철 냉방 부하를 줄이기 위해 태양빛을 차단하는 것도 필요할 수 있다. 건물의 냉난방 부하를 최소화하고 실내외의 안락함을 높이기 위한 일반적인 설계 지침은 아래와 같다.

볕이 잘 들고 경사가 낮은 남향 지붕(햇볕이 잘 드는 겨울날 온도 대차가 플러스가 되어 태양에너지 시스템을 건축에 통합시킬 수 있게 된다.), 건물을 좋은 방향을 향해서 계획할 수 있는 부지, 태양에너지를 모을 수 있는 지붕의 모양·방향·경사, 최적화된 건물 간 간격, 여름철 더위를 줄일 수 있는 활엽수 나무의 위치와 조림, 밤 동안 시원한 공기를 끌어들여 평균기온을 낮출 수 있도록 계곡 위쪽에 선택된 부지 등. 그러나 패시브하우스의 설계는 높은 수준의 단열과 기밀성, 높은 품질의 창호와 문, 열 회수를 동반한 환기와 같이 태양 에너지와 관련되어 있지 않은 기술을 강조한다. 비록 집을 남향으로 앉히는 것이 최적이지만, 패시브하우스가 북향일 때에도 만족스럽게 작동하는 예가 있다.

3) 구조적 건축요소

패시브하우스는 일반적으로 보통의 건물에 적용되는 것과 같은 건축원리에 따라서 건축할 수 있다. 기둥 골조형 건축, 원목이나 콘크리트로 둘러싸는 중량(solid) 건축 등을 모두 패시브하우스 건축방식으로 할 수 있다. 그러므로 패시브하우스의 구조 역학적, 공간적 구조를 고려한 다양한 설계가 가능하다. 패시브하우스의 설계를 위해서 특별히 요구되는 구조적인 요소들은 일반적으로 건물 외피(지붕, 벽 또는 아래층 바닥)의 일부분으로 들어가는데, 왜냐하면 패시브하우스의 외피는 철저하게 단열되어 있어야 하고 밀폐되어야 하기 때문이다.

(1) 단열재

패시브하우스의 단열에는 사실상 유기물, 무기물을 재료로 한 모든 단열재가 사용될 수 있다. 어떤 것을 사용할 것인지는 근본적으로 특정 적용영역의 건축 물리학적, 기술적 특성에 의해 좌우된다. 중간단열재로는 사실상 모든 단열재가 사용될 수 있다. 두 개의 판 사이에 부어 넣는 것도 사용 가능하다. 외단열용으로는 투습성이 있으면서도 충분한 내풍, 내기후 특성이 있는 것만이 적용대상으로 고려될 수 있다. 그렇지 않을 때에는 그

것이 가능하도록 구조를 갖추어준 상태에서 사용해야 한다.

(2) 창호

시중에서 판매되는 가장 좋은 창호유리의 단열성능은 종종 역사적인 건물에서 만날 수 있는 홑겹유리의 단열 성능보다 10배나 뛰어나고, 60년대부터 80년대까지 사용된 공기가 채워진 보통의 복층유리보다는 5배나 더 좋다. 최신 유리는 다른 재료와 면하지 않은 부분의 열관류율은 $0.5 \sim 1.2 W/m^2 K$ 밖에 되지 않는다. 그런데 단열재로 채워지지 않은 보통 창틀의 열관류율은 $1.5 \sim 1.9 W/m^2 K$ 에 달하기 때문에, 창틀에서는 건물의 다른 아주 잘 단열 된 외피와 달리 열교가 발생하며, 창문유리와 대비해서도 열교를 만들어낸다.

창호의 질을 결정하는 것에는 기능성과 내구성만이 아니라 유리의 질(열관류율 U, 에너지투과율 g, 빛 투과율 t)이라는 요소도 들어간다. 그리고 창틀의 열관류율과 창호설치방식 및 유리가장 자리의 접합방식 등도 창호의 질을 결정하는 데 영향을 미친다.

(3) 출입문 또는 현관문

현관문도 보통 건물에서 사용되는 문과 달리 단열재가 채워져 있고 닫았을 때 밀폐가 잘되는 문을 사용해야 한다. 한국에서는 일반적으로 공동주택의 출입문으로는 유리로 된 스윙 문을 사용한다. 이 문은 두꺼운 한 겹 유리를 사용하는 유리문 두 짝으로 이루어져 있다. 따라서 단열성능은 대단히 낮고, 유리문 한 짝과 다른 한 짝이 만나는 부분, 문틀과 유리가 만나는 부분의 기밀성도 아주 좋지 않다. 이러한 문은 패시브하우스용으로는 적합하지 않다. 중부유럽의 패시브하우스에서는 공동주택이든 단독주택이든 출입문은 한 짝으로 된 여닫이문을 사용한다. 이러한 출입문에서는 문틀과 문은 단열되어 있고, 문을 닫으면 외부의 공기가 들어오지 않고 충분히 밀폐될 수 있도록 제작되어 있다. 우리나라에서 공동주택의 현관문은 건축법규에 따라 방화를 위해 철문으로 해야 한다. 현재 사용되는 현관문은 두 개의 철판 사이에 벌집 모양으로 펼쳐진 지지물이 들어 있는 형태로 되어 있다. 이러한 구조에서는 단열작용이 거의 이루어지지 않는다.

공동주택의 계단실이 패시브하우스 단열 외피 속에 들어 있으면 이러한 방화문을 현관문으로 사용하는 것도 큰 무리는 없을 것이다. 현관문도 단열 외피 속에 포함된 실내문과 같은 것으로 볼 수 있기 때문이다. 그러나 계단실은 특별히 열 회수 환기장치를 설치해서 환기하지 않는 경우가 많다. 그리고 출입문이 자주 개폐되기 때문에 외부의 찬 공기에 노출되는 일이 잦다.

따라서 계단실은 주거공간보다 열손실이 많고 온도가 낮을 수밖에 없다. 그러므로 주거공간의 열손실을 줄이기 위해서는 현관문도 단열성능과 기밀성이 좋은 문을 사용하는 것이 좋다. 철판 사이에 $2 \sim 3cm$의 우레탄폼을 넣어서 단열성능을 크게 높이고, 문틀과 문짝이 꼭 들어맞게 설치해야 한다.

(4) 실내문

패시브하우스의 실내문은 다른 건축물의 실내문과 거의 차이가 없다. 단열할 필요도 없고 기밀성이 높아야 할 이유도 없기 때문이다. 또한, 주거공간을 쾌적하게 만들기 위한 조건으로 방음이 잘 되어야 하고 프라이버시가 지켜질 수 있어야 한다는 점에서도 다를 바가 없다. 유의해야 할 점은, 패시브하우스에서는 환기장치를 사용하고 급기구역과 배기구역이 다르므로 문을 닫아놓은 상태에서도 급기 배출구에서 나온 공기가 배기 흡입구로 부드럽게 넘어갈 수 있어야 한다는 것이다. 실내문을 닫았을 때 기밀성이 아주 좋으면 공기가 제대로 흘러갈 수 없다. 그렇다고 해서 틈이 많게 만들면 소음 때문에 프라이버시가 침해될 수 있다. 중부 유럽의 패시브하우스에서는 급기량이 그다지 많지 않기 때문에 방바닥과 문 사이에 생기는 약간의 틈을 통해서 급기가 배기 흡입구 쪽으로 부드럽게 넘어갈 수 있도록 문을 설치한다. 보통 이를 위해서 특별한 장치를 달거나 하지 않는 것이다. 욕실에는 배기 흡입구가 설치되어 있는데, 화장실 문의 경우에도 특별히 그릴 같은 것을 만들지 않는다. 그렇다고 해서 다른 방의 소음이 들리는 일도 거의 없다.

4) 기후에 맞는 맞춤형 패시브하우스 개발 필요

전 세계에서 패시브하우스 확산을 위해 가장 많은 노력을 기울이는 국가는 오스트리아와 독일 같은 중부유럽 국가이다. 독일에서는 2006년 말까지 약 6,000개의 패시브하우스 기준을 충족시키는 주택이 보급되었고, 오스트리아에는 같은 해에 약 1,600개의 패시브하우스가 존재했다. 뒤를 이어서 세 번째 자리를 차지한 국가는 같은 중부유럽 국가인 스위스다. 이들 국가에서 패시브하우스는 빠른 속도로 퍼져 나가고 있다. 패시브하우스 컨셉은 거의 모든 용도의 건축물에 적용되고 있는데, 주거용의 단독주택뿐만 아니라 연립주택, 공동주택, 그리고 상업용 건물과 공장건물까지도 패시브하우스 컨셉에 따라 건축되고 있다. 한국에서도 지속가능 건물 또는 에너지 저소비형 건물에 대한 논의가 시작되고 있다. 그러나 이러한 논의에서는 대상 건축물에서 소비되는 에너지의 양에 대한 명확한 수치가 빠져 있다. 환경친화적, 지속가능 등의 수식어로 치장되어 있을 뿐이다. 이런 방식의 접근은 에너지 소비를 줄이거나 기후변화 문제를 해결하는 데 전혀 도움이 되지 않는다. 명확한 패시브하우스의 정의를 앞세우고 패시브하우스 보급으로 나아가야만 위기의 해결뿐만 아니라 지속가능성에도 도달할 수 있다.

1 캐나다 Super-E House의 시스템이 적용된 주택이다.
2 캐나다 Super-E House에 적용된 태양열을 이용한 솔라보일러

5) 노블종합건설, 캐나다 Super-E House 시스템 도입

패시브하우스 구현에 필요한 비용은 생각보다 적게 든다. 그리고 그 체감 폭은 기술의 발달과 에너지비용의 상승 때문에 점차 줄어들고 있는 것이 사실이다. 노블종합건설는 최근 캐나다 주택청과 긴밀한 관계를 구축하고 있다. 캐나다형 패시브하우스라 할 수 있는 'Super-E House'의 기술을 국내 주택시장에 접목하기 위해서다. 물론, Super-E House의 구성요소가 국내주택시장에 100% 맞는 것은 아니다. 하지만, 에너지절감 효과 측면에서 상당히 유용한 요소들이 많고, 매뉴얼화 되어 있는 건축시스템도 비용절감에 효과적인 점으로 시스템 도입의 상당한 매력이 될 수 있기 때문이다. 실제 건축을 통해 에너지 효율을 측정한 결과치를 바탕으로 한 면밀한 분석과 보완 작업을 거듭, 우리 실정에 맞는 패시브하우스를 구현해 나갈 것이다.

결국, 이번 시도는 한국형 패시브하우스 개발을 위한 첫걸음이라 할 수 있다. 2010년부터 시작되는 한국형 패시브하우스 개발은 일차적으로 단열재와 창호 등 에너지 효율성이 떨어질 수 있는 자재 중심의 보강을 통한 열손실 최소화에 주력하는 것을 목표로 한다. 또한, 열교환 강제 배기시스템을 통해 내외부 완벽차단의 단열 극대화 때문에 야기될 수 있는 실내공기 질 저하를 막는 선까지 구현할 예정이다. 관련 설계와 시공력은 이미 갖춘 상태다. 시스템 적용에 드는 비용은 적용되는 기술과 설비 수준에 따라 10~20%가량 추가되는 선이어서 실제 건축에 적용시키는데 부담을 최소화한 것도 주목할 만한 특징이라 할 수 있다.

8. 전원주택의 궁금증을 풀어보자

1) 건축에 필요한 최소 대지면적은?

주택을 짓기 위해서는 일반적으로 관리지역이면 건폐율 40%, 용적률 80% 기준이 적용된다. 자연녹지지역은 20%, 주거지역은 50~60%의 건폐율이 적용된다.

주택을 짓기 위해서는 해당 토지의 건폐율과 용적률을 확인해야 한다. 확인은 '토지이용계획확인원'을 통해서 가능하며, 일반적으로 관리지역이면 건폐율 40%, 용적률 80% 기준이 적용된다. 다시 말해, 관리지역에 속한 대지의 면적이 100㎡라면, 건축물의 바닥면적은 40㎡, 연면적은 80㎡까지 건축할 수 있다는 것이다. 참고로, 자연녹지지역은 20%, 주거지역은 50~60%의 건폐율이 적용된다.

흔히 말하는 '맹지'는 건축할 수 없다. 즉, 해당 토지가 다른 토지들로 둘러싸여 있고, 인접한 도로가 없는 경우를 말한다. 다만, 지적도 상에는 없지만, 실제 도로로 사용되고 있는 현황도로가 있는 경우 해당 토지의 소유주로부터 도로사용승낙을 얻으면 가능할 수도 있다. 지역지구 구분 기준으로 볼 때 '보전산지' 또는 '농업진흥구역 내 경지 정리가 된 절대농지'에는 건축할 수 없다. 단, 경지정리가 되지 않은 지역은 농어민에 한해 건축이 허용된다. 농어민에 한해 건축이 허용되는 또 하나의 예로 자연환경보전지역을 들 수 있다. 지목 기준으로 볼 때 건축을 위해서는 지목을 '대지'로 변경해 주는 개발행위가 선행되어야 하지만, 개발행위 자체가 불가능한 때도 있으니 반드시 점검하는 것이 좋다.

지목 '임' 중 경사도 20도(자치 단체별 차이가 있음) 이상 토지이거나, 지목 '임' 중 양호한 수목이 있는 경우, 지목 '목' 중 초지용으로 개발된 경우(기간 경과 규정 있음)는 개발행위 허가를 받기 어렵다고 보는 것이 좋다. 이외에도 토지의 면적이 협소한 경우, '일조권'이나 '대지 내 공지' 규정에 따라 실질적인 건축이 어려운 토지가 있을 수 있으며, 더 자세한 사항에 대해서는 건축계획에 앞서 해당 토지에 대한 전문가와의 상담을 통해 건축 가능 여부를 타진한 후 세부계획 수립에 들어가는 것이 좋다.

2) 목조주택은 화재에 취약하다?

우리는 나무가 불에 타는 것을 알기에 목조주택은 화재에 안전하지 못하다는 막연한 불안감을 갖고 있다. 그러나 화재 안전성이라는 것의 가치를 어디에 두느냐에 따라 사실은 확연히 달라질 수 있다. 흔히 말하는 화재 안전성이라는 것은 화재로 말미암은 피해 발생 시 구조재의 전소 여부보다 인명 피해 최소화에 초점을 둔 안전성이라 할 수 있다. 일반적으로 철근콘크리트나 벽돌 주택에 사용되는 단열재는 스티로폼이 대부분이며, 이는 화재 발생 시 유독가스는 물론, 화재를 활성화하는 여러 물질을 내뿜으며 화재 확산에 일조하게 된다. 반면 목조주택의 골조인 목재를 보호하기 위하여 사용되는 석고보드는 20분에서 2시간의 내화성능을 지니고 있다. 일반적으로 건축 규정에서는 주거용 건물에 30분의 내화성능을 요구하고 있으며 실질적으로는 1시간 이상의 내화성을 확보하고 있다.

여기서 1시간 이상의 내화성이라는 것은 사람이 피신하고 진화하기에 충분한 시간이며, 한 방에서 발생한 화재가 문과 창문이 닫혀 있다면 인접한 다른 방으로 번지기 전에 방 내부의 산소부족 때문에 저절로 진화될 수 있는 시간 보장을 말하기도 한다.

이처럼 목조주택은 상대적으로 화염의 진행속도가 느리며 일정 치수 이상의 목재는 강철보다 열전도율이 훨씬 낮아 불이 났을 때 쉽게 붙지 않고 유독가스 발생이 적어 인명과 재산피해가 오히려 적다고 할 수 있다.

1 올바른 시공사 선택은 현장답사로 시공 실적과 건축 기술력을 확인한다. 더하여 거주자의 만족도까지 확인할 수 있다면 금상첨화이다.
2 추운 겨울날 내외의 풍경이 대조적이다. 단열성이 뛰어난 목조주택은 화재 안전성도 높다.

3) 가장 단열이 잘되는 구조재는 무엇인가?

단열성 측면에서 볼 때 가장 우수한 성능을 발휘하는 자재는 경량기포콘크리트(Autoclaved Light-weight Concrete)인 ALC 블록이다. 콘크리트보다 약 15~20배의 단열성을 지닌 ALC 벽체는 여름 한낮의 불볕더위에도 그 성능을 발휘, 내부온도를 일정하게 유지해 줌은 물론, 밤에는 축열성을 발휘하여 저장한 열을 서서히 방출하여 내려가는 실내온도를 일정하게 유지하는 역할을 한다. 또한, 다른 단열재와는 성분이 다른 무기질로 구성, 시간이 지나도 열에 의한 변화나 화학적인 변화가 전혀 없어 최초의 단열성과 축열성을 그대로 간직하여 변함없는 실내환경을 유지하는데 도움을 준다.

4) 관공서 근처 토목설계사무소를 통해야만 건축허가를 받을 수 있다?

결론부터 말하자면 이는 사실과 다르다. 각 지방의 관공서 근처의 토목설계사무소은 건축 인허가를 진행할 수는 있으나 그런 곳을 통하지 않으면 건축허가를 받는데 문제가 생길 수 있다는 것은 일종의 상술이라 보면 된다. 참고로 예전에는 대지가 아닌 토지는 우선 개발행위 허가를 받은 후 건축신고를 접수했었으나 최근에는 동시 진행으로 이뤄지고 있다. 일반적으로 건축인허가는 건축사사무소에서 이뤄지지만 이처럼 최근에는 개발행위 허가와 건축인허가가 동시에 진행되기에 토목설계사무소에서도 건축인허가 업무가 이뤄지고 있는 것이다. 하지만, 주택설계는 전문적인 건축사사무소에 맡기는 것이 만족스러운 설계 품질을 보장하고 시행착오의 최소화 방법이라 할 수 있다.

5) 심야전기 보일러가 난방비 절감에 가장 효과적이다?

고유가 시대, 최근 주택을 신축하는 건축주라면 가장 많이 신경을 쓰는 부분이 난방일 것이다. 과거에는 도시가스가 공급되지 않는 지역은 심야 전력이 그나마 저렴한 난방연료였으나 최근에는 공급전력 제한(가구당 20Kw)과 심야전기 비용의 상승 때문에 주 난방방식에서 조금씩 밀려나고 있다. 더욱이 20Kw는 최대 73~83㎡ (22~25평) 정도 공간을 난방할 수 있는 수준으로 83㎡ 이상 주택은 다른 보일러와 겸용으로 사용해야 한다.
태양광은 정부지원금을 받고도 건축주가 부담해야 하는 비용이 700~800만 원에 이르며 우리나라의 일조량을 고려한다면 그리 효과적이지 못하기에 지자체의 적잖은 보급 노력에도 확대 보급되지 못하고 있다.

6) 시스템창호, 미국식 vs 독일식

흔히 고급주택의 창호는 독일식 창호로 알려진 유럽형이 사용되는 경우가 많은데 재질의 특성을 보면 외측은 알루미늄에 불소수지도장을 하고 내측은 원목 또는 집성목 위 무늬목으로 이루어져 있다. 국내 대표적인 상표로는 이건창호, 엘지시스템창호, 엘에스시스템창호, 중앙창호, 엑소드창호, 플러스창호 등이 있다. 그런데 이러한 창문은 보통 거실창(분합문, 3m×2.1m) 정도를 기준으로 창문 값만 한 세트 200만~300만원에 이른다. 개폐방식에서 미국식은 좌우 또는 상하 슬라이딩 방식 위주에 차양(Awning)이라는 들어 올리는 방식을 적용하는데 비해 독일식은 내부 쪽으로 창문을 당겨서 여는 틸팅(Tilting) 시스템을 채택하고 있다. 손잡이 잠금장치 등의 하드웨어상 기능이나 미관이 단순한 미국식보다 독일식은 화려하고 중후한 편이다. 가격 또한, 독일식 알우드(Al-Wood)시스템이 고가의 제품군을 형성하고 있다. 시공 시 미국식은 목수나 프레이머가 시공할 수 있지만, 독일식은 전문가의 시공을 요한다. 무게 역시 독일식이 상당히 무거운 편이다.

개폐방식에서 좌우 또는 상하 슬라이딩 방식을 적용한 미국식 시스템을 채택하고 있다. 손잡이 잠금장치 등의 하드웨어 기능이나 미관이 단순하다.

거실. 넓고 높은 시원스러운 전면창을 유럽형 창호로 하여 밝고 고급스러운 분위기가 연출됐다.

7) 올바른 시공사 선택 방법

 단순히 시공비가 싸다는 이유만으로 선택해서는 안 된다. 싸게 짓는 집은 특별한 경우가 아닌 이상 그만큼 문제 발생 가능성이 크다고 보는 것이 옳다. 믿을 수 있는 업체를 선정해 합리적인 건축비로 집을 짓는 것이 바람직하다. 개인업자보다는 전문기업에 맡겨라. 건축이란 것은 아무리 신경을 써서 하더라도 하자가 발생할 여지가 있다. 가까운 사이는 하자 발생 시 이런저런 요구를 하기에 어려움이 있으나 체계적인 A/S 시스템을 갖춘 기업은 빠른 조치와 정당한 요구가 가능하다. 경비 절감을 위해 단순히 현장에서 가까운 업체를 선정하는 것은 위험하다. 선정 이전에 현장답사를 통해 시공 실적과 건축 기술력을 확인한다. 여기에 거주자의 만족도까지 확인할 수 있다면 더 좋은 선택이 될 것이다.

9. 알기 쉬운 건축용어 해설

단독주택을 지을 때에는 아파트를 살 때와는 달리 알아야 할 전문용어들이 많다. 한국토지공사의 단독주택지 이용설명서에 나와 있는 건축용어들을 정리해보았다.

건축면적은 외벽 기둥의 중심선으로 둘러싸인 수평투영면적을 말한다. 일반 건축물의 외벽에 처마, 차양, 부연 등은 외벽으로부터 1m를 제외한 나머지를 건축면적에 합산한다. 그러나 한옥은 처마길이 예외 인정으로 2m까지 건축면적에 합산하지 않는다.

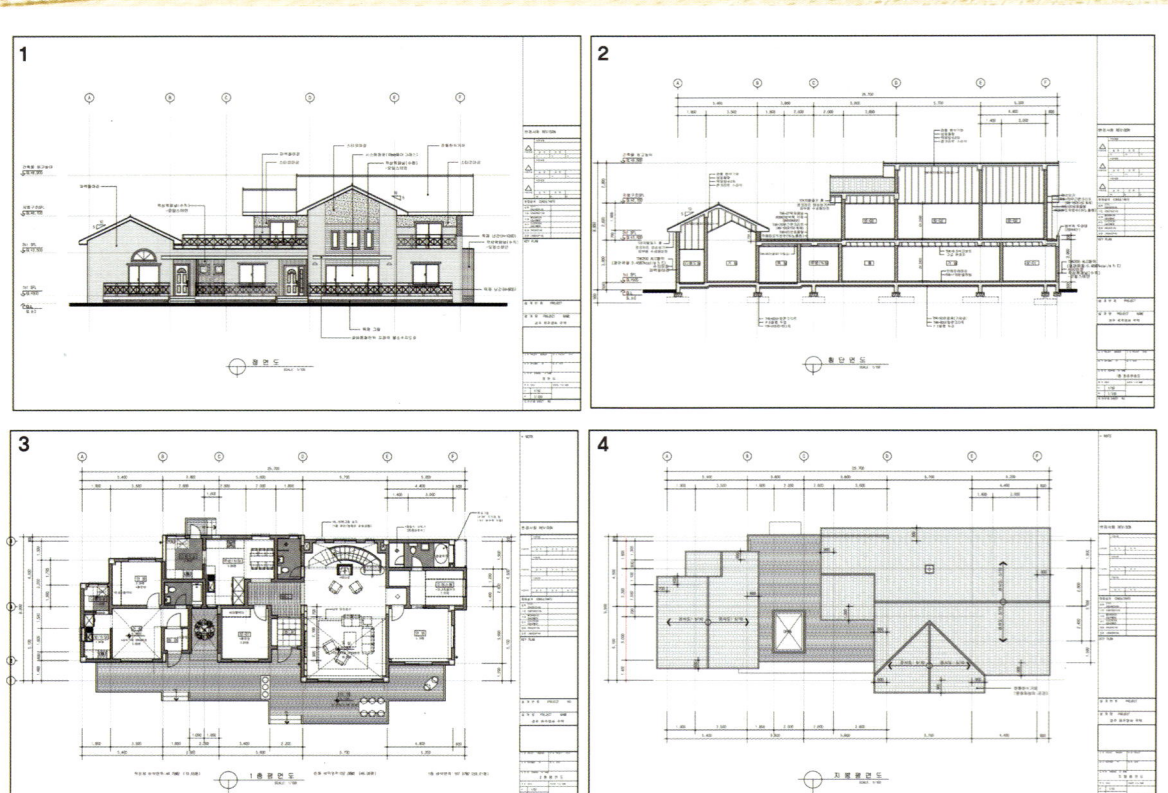

1 정면도 2 횡단면도
3 1층 평면도 3 지붕평면도

창호일람표

01. 대지
하나의 건축물에 필요한 최소의 공지를 확보하여 일조, 채광, 통풍, 소방 상 편리를 도모하는 목적으로 구획된 토지이다. 학교 용지, 공장용지, 유원지 등은 대지가 될 수 있으며 전, 답, 임야 등에 건축하기 위해서는 지목을 변경해야 한다.

02. 지역지구
지역지구란 토지이용계획에서 토지의 용도나 기능을 계획원칙에 맞도록 유도하기 위해 마련한 법적, 행정적 장치를 말하며 해당 지역에 따라 건축제한을 받게 된다.

03. 건축면적
건축물이 땅 위를 차지한 면적으로 건폐율을 산정하는 데 사용되며, 법적으로는 외벽 기둥의 중심선으로 둘러 싸인 수평투영면적을 말하나, 건축물의 외벽에 처마, 차양, 부연 등은 외벽으로부터 1m를 제외한 나머지를 건축면적에 합산한다.

04. 연면적
사람이 실제 사용하는 부분의 면적으로 각층 바닥면적의 합계를 연면적이라고 한다. 동일 대지 내 2동 이상의 건축물이 있는 경우 각종 연면적을 합한 것을 연면적의 합계라고 한다. 용적률 산정 시에는 지하층 면적과 지상층에 설치한 건축물 부설 주차장의 면적을 제외한 나머지 지상층 연면적을 가지고 산정한다.

05. 대지면적
대지의 수평투영면적으로 산정한다. 하늘에서 내려다보이는 수평면적을 말한다.

06. 건폐율
대지 크기와 비교하면 건물이 얼마나 차지하고 있는지를 나타낸다. 즉 건물이 들어선 대지 면적에 대한 건물의 건축면적의 비율을 의미한다. 예를 들어 100평짜리 대지에 바닥면적이 60평인 단독주택이 들어섰다면 건폐율은 60%가 된다.

07. 용적률
땅의 크기에 비해 얼마나 많은 면적이 이용되는지를 나타낸다. 즉, 대지면적에 대한 건축물의 연면적 비율을 의미한다. 지하실 면적은 용적률에서 제외된다. 예를 들어 100평 대지에 용적률 300%의 3층 건물을 짓는다고 하면 각층 바닥 면적을 100평씩 하여 연면적은 300평까지 지을 수 있다.
- 건폐율 = 건축면적/대지면적 × 100
- 용적률 = 연면적/대지면적 × 100

08. 배치도
대지 안 건축물의 위치 및 점유 부분, 그 밖의 부속건물의 상호 위치, 방위, 지형형상, 통로, 건축선, 조경 등을 평면으로 나타낸 도면이다. 인접 대지와의 경계선과 인접도로의 너비 등을 통해 허가에 관계된 사항도 알아볼 수 있다.
- 부지관계 : 방위, 표준지반의 기준위치, 부지의 고저, 부지면적 계산표, 인접도로의 너비 및 길이, 도로면과 지방면과의 관계 등
- 건물관계 : 부지 내 건물, 인접 대지 경계선이나 도로 경계선과의 거리, 증축예정부분, 지붕, 차양의 윤곽, 대문, 담장, 대지 내의 통로 등
- 시설관계 : 옥외 상하배수 계통도, 옥외 인입전선 계통도, 우편함, 국기게양대, 식수계획 등
- 기타 : 부근 안내도 및 부지위치, 허가 사항.

배치도 내 평면도에는 벽중심선, 기둥중심선, 간막이벽, 창, 출입구 위치 및 종류, 계단의 위치 및 오르내린 방향, 바닥 마무리, 바닥 고저 치수, 부대설비 등을 표시하며 건물의 규모 및 종류에 따라 생략되기도 한다.

09. 평면도
건물을 층의 중간에서 수평으로 자르고, 내려보고 그린 도면으로 각 실의 배치, 출입구, 창의 위치와 벽의 배치를 표시한 도면

10. 입면도
건물의 외관을 동서남북의 각 면에서 본 것을 그린 도면으로 경우에 따라서는 배경이나 음영을 그려 넣어 입체감이나 이미지를 강조하는 것이 있다. 일반적으로 치수는 기재하지 않는다.

11. 단면도
건물을 수직으로 절단하고, 그 면을 수평 방향에서 본 것을 그린 도면으로 지붕물매, 층 높이, 천장 높이, 창 높이 등의 높이 관계의 치수, 차양, 처마 등의 돌출지수를 기재한 도면이다.

12. 각부 상세도
단면상세도 등에서 표현되지 않는 부분의 평면 및 단면을 사세하게 표시한 도면으로 시공할 때에 불명료한 점이 없도록 세부적으로 자세히 그려 치수를 표시한다.

13. 전개도
건물 내부의 벽면을 상세하게 보여주기 위해 내부벽면을 전개하여 하나로 연결한 입면도로서 실내의 단면형상, 천정·창호 등의 높이, 바닥·벽·천정 등의 마무리 명칭을 기재한다.

14. 창호도
출입구·창 등의 창호의 모든 것에 대해서 재료·형상·치수·개수·부속품을 표시한 도면으로 창호 배치도를 작성하고 창호 위치를 명확하게 한다.

15. 구조도
건물의 구조형식을 표시한 도면으로 층별 구조평면, 단면, 배근 형식 등을 구체적으로 나타낸 도면이다.

16. 조감도·투시도, 모형
건물이 완성되었을 때의 모양을 투시도나 모형으로 만들어 건축주나 일반인들에게 이해를 돕고, 투시도나 모형은 공간의 형태나 구조, 색채 등을 완성한 모습에 가깝도록 표현하고, 건축물의 설계 과정에서 동선, 구조, 의장 등을 검토하여 설계 내용을 수정·보완하는데 도움이 된다.

17. 주요마감
내·외부마감은 주택의 표정을 결정짓는 중요한 요인이다. 예를 들어 주요마감 표시로 외부/외단열시스템, 비닐사이딩, 18mm투명복층유리라고 적혀 있다면 외장재 일부는 외단열 시스템이고, 그 나머지는 비닐사이딩이라는 뜻이며 창문은 18mm 투명복층유리를 사용했다는 것을 의미이다.

18. 신축
건축물이 없는 대지에 새로이 건축물을 축조하는 것을 말한다.

19. 증축
기존 건축물이 있는 대지 안에서 건축물의 건축면적, 연면적 또는 높이를 증가시키는 것을 의미한다. 기존 건축물이 있는 대지에 건축하는 것은 기존 건물에 붙여서 건축하거나 별도로 건축하거나 관계없이 증축으로 본다.

20. 개축
기존건축물의 전부 또는 일부를 철거하고 그 대지 안에 종전과 같은 규모의 범위 안에서 건축물을 다시 축조하는 것을 말함. 건축물의 위치변경, 구조는 문제가 되지 않고 건물의 규모가 종전과 같거나 적으면 개축이 된다.

21. 재축
건축물이 천재지변 기타 재해 때문에 없어졌을 때 그 대지 안에 종전과 같은 규모의 범위 안에서 건축물을 다시 축조하는 것을 말한다.

22. 대수선
건축물의 주요 구조부에 대한 수선 또는 변경과 외부형태의 변경 대수선이 이루어질 때에는 200㎡ 미만은 신고해야 하며, 200㎡ 이상은 허가를 받아야 한다.

대수선 범위
- 내력벽 30㎡ 이상 해체하여 수선 또는 변경
- 기둥 3개 이상 해체하여 수선 또는 변경
- 보 3개 이상 해체하여 수선 또는 변경
- 지붕틀 3개 이상 해체하여 수선 또는 변경
- 방화벽, 방화구획을 위한 바닥, 벽을 해체하여 수선 또는 변경
- 주 계단, 피난계단, 특별피난계단을 해체하여 수선 또는 변경
- 미관지구 안에서 건물 외부형태(담장 포함)변경

23. 리노베이션 (Renovation)
그 건물의 본질을 나타내는 성격과 기능을 더 높이기 위하여 한 단계 더 높은 디자인을 적용하여 수선하는 것을 의미한다. 이때 건물 내부 칸막이 등의 재배치나 마감재료의 변경, 가구의 재배치, 외부디자인 형태의 변화 등이 수선의 대상이 된다.

24. 리모델링(Remodeling)
리모델링은 리노베이션과 구분되는 의미이다. 변경 전 건물의 내재가치보다 높은 경제적 가치의 건물로 수선하되, 기존 건물의 용도에 국한하지 않고 새로운 부가가치를 창출할 수 있는 건물로 탈바꿈시키는 건축수선작업을 리모델링이라고 한다. 예를 들면 농촌의 폐교를 수선하여 벤처기업의 연구실로 바꾸거나 은행건물을 호텔 성격으로 가미한 오피스텔로 변경하는 경우 등이 있다.

25. 선큰가든 (Sunken Garden)
지하실과 연결된 지상보다 한층 이상 낮은 정원을 말하며 채광이나 통풍이 어려운 지하 공간의 불리한 조건을 개선한 공간이 된다.

26. 필로티(Pilotis)
건물의 전체 또는 일부를 2층 높이까지 들어 올려 건물을 지상에서 분리함으로써 만들어지는 공간이며 주로 주차장이나 보행통로로 이용한다.

27. 테라스(Terrace)
정원 일부를 높게 쌓아올린 대지로서 거실이나 식당에서 정원으로 직접 나가게 하거나 실내의 생활을 옥외로 연장할 수 있게 한 공간을 말한다. 테이블을 놓거나 어린이들의 놀이터, 일광욕 등을 할 수 있는 장소로 쓰이고, 건물의 안정감이나 정원과의 조화를 위해 만들기도 합니다. 일반적으로 지붕이 없고 실내 바닥보다 20cm 정도 낮게 하여 타일이나 벽돌·콘크리트블록 등으로 조성한다.

28. 발코니(Balcony)
거실공간을 연장하는 개념으로 건축물의 외부로 돌출되게 단 부분을 의미한다. 지붕과 난간이 있으며 보통 2층 이상에 설치한다.

29. 베란다(Veranda)
베란다는 발코니와 자주 혼용되고 있지만, 엄연히 따져 보면 다른 공간이다. 일반적으로 1층 면적이 넓고 2층 면적이 작을 때 1층의 지붕 부분이 남게 되는데 이곳을 활용한 것을 베란다라고 한다.

베란다, 발코니, 포치, 테라스의 차이를 그림으로 쉽게 설명하도 있다.

30. 건축선
도로와 접한 부분에서 건축할 수 있는 선으로, 대지와 도로의 경계선으로 한다.

31. 건축지정선
가로경관이 연속적인 형태를 유지하거나 상업지역에서 중요 가로변의 건물을 가지런하게 할 필요가 있을 때에 지정한다.

32. 건축한계선
도로에 있는 사람이 개방감을 가질 수 있도록 건축물을 도로에서 일정 거리 후퇴시켜 건축하게 할 필요가 있는 곳에 지정한다.

10. 설계개요 바로 알기

모든 설계도서의 첫 장을 넘기자마자 마주하게 되는 설계개요는 설계도면을 그리기 위한 기본 사항들을 일목요연하게 표로 작성한 것이다. 주택의 대지는 어디에 있고 주변 환경과 대지의 전체면적, 주택의 면적과 구조, 구성 등을 포함한다. 내 집을 위한 설계, 그것을 바르게 알기 위해 내용을 살펴보자.

1 설계도면의 개요는 대지 위치, 대지면적, 주택의 면적과 구조, 구성 등을 포함한다.

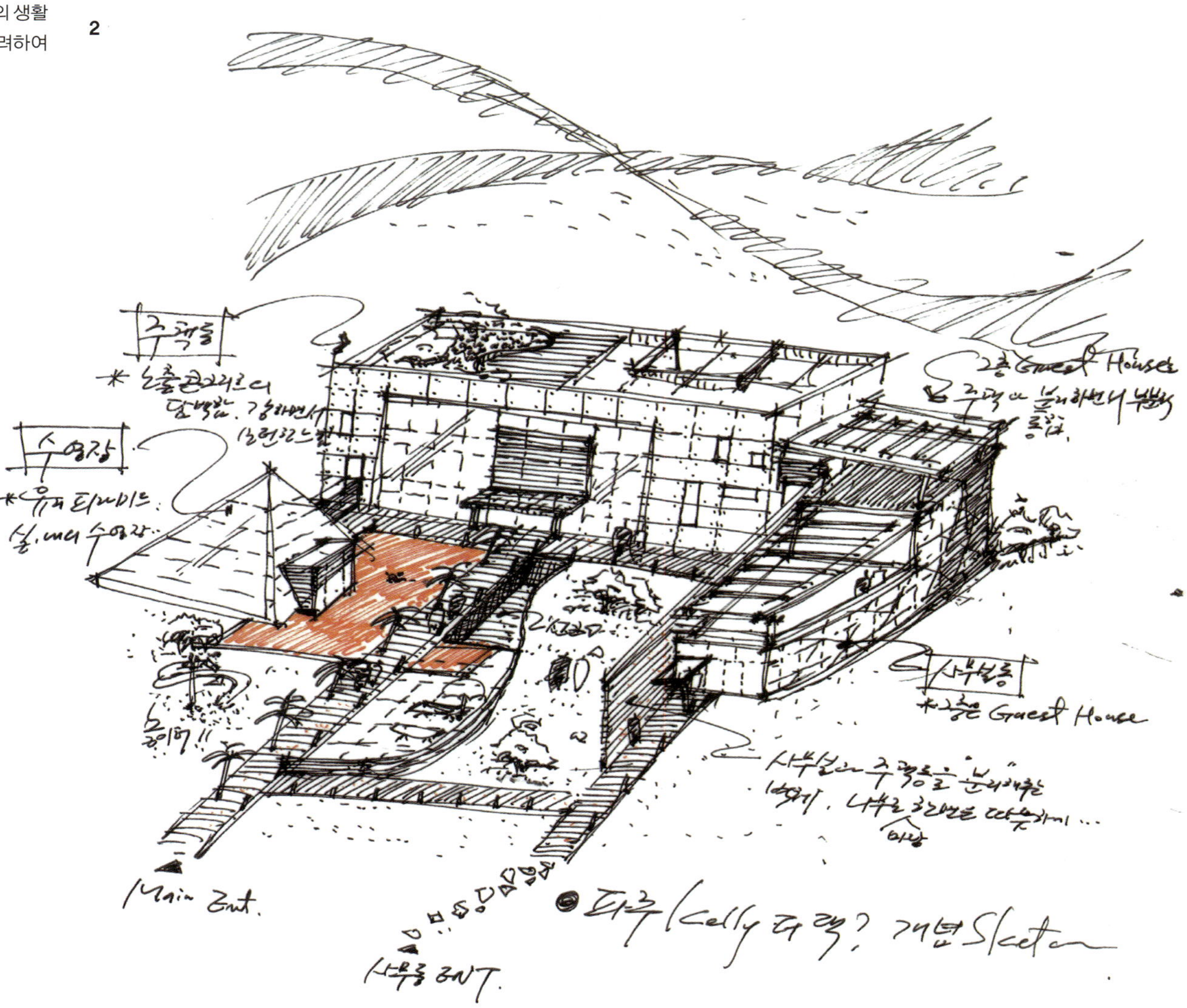

2 지형에 따른 배치. 가족구성원의 생활방식과 방위와 지형의 특성을 고려하여 초기 스케치를 한다.

구 분	내 용
설계명	양평 OOO 씨 주택
대지 위치[1]	경기 양평 옥천 용천 OO 번지
지역 지구[2]	보전관리지역, 자연보전권역
용도[9]	단독주택
대지 면적[4]	336.00㎡(101.64py)
건축 면적[5]	157.00㎡(47.49py)
연 면 적[6]	255.72㎡(77.35py)
도로[3]	4m 도로에 12.7m 접함
건폐율[7]	18.91% 법정 20%
용적율[8]	30.63% 법정 80%
규모	지상 2층
구조[10]	철근콘크리트구조
높이[11]	9.64m
주차 대수[14]	해당 없음
조경[13]	해당 없음
정화조[12]	오수처리시설 (2톤)
비고	

건축이 어려운 토지 Tip

지역·지구 구분 기준
- 보전산지
- 농업진흥구역
  - 경지 정리된 농지(절대농지)는 건축 불가
  - 경지 정리 안 된 농지는 농어민에 한해 건축 가능
- 자연환경보전지역
  - 농어민주택만 가능

지목 기준
- 지목이 '대'가 아닌 경우 개발행위 필수
  - 개발행위 불가 토지
- 지목 '임' 중 경사도 20° 이상 토지(지역차이 有)
- 지목 '임' 중 양호한 수목이 있는 경우
- 지목 '목' 중 초지용으로 개발된 경우(기간경과 규정 有)

1) 대지위치

지번도에 올라 있는 해당 대지의 지번수를 말한다. 건축법에서 대지란 건축 가능한 모든 토지를 말한다. '대'는 지적법에서 정한 28개 지목 중 하나이다. 지목이 농지인 '전'과 '답'이라면 농지전용허가를, 산지인 '임'이라면 산림훼손허가를 받아 지목을 대지로 변경해야만 건축할 수 있다.

2) 지역지구

'국토의 계획 및 이용에 관한 법률'에서 용도지역을 도시지역, 관리지역, 농림지역, 자연환경지역으로 구분하여 토지의 이용 및 건축물의 용도, 건폐율, 용적률, 높이 등을 제한한다. 그 가운데 전원주택과 밀접한 관리지역은 다시 보전·생산·계획관리 지역으로 나뉜다. 보전관리지역은 자연환경 보호, 산림 보호, 수질오염 방지, 녹지공간 확보 및 생태계 보전 등을 위해 보전이 필요하지만, 주변용도지역과 관계 등을 고려할 때 자연환경 보전지역으로 지정 관리하기 어려운 지역을 규정한다. 생산관리지역은 농업과 임업, 어업 생산 등을 위해 관리가 필요하나 주변 용도지역과의 관계 등을 고려할 때 농림지역으로 지정 관리하기 어려운 경우에 지정된다. 마지막으로 계획관리지역은 도시지역으로의 편입이 예상되는 지역 또는 자연환경을 고려해 제한적으로 이용·개발하려는 지역으로 계획적이고 체계적인 관리가 필요한 지역을 규정한다.

3) 도로관계

주택을 지을 때 도로는 절대 조건이다. 건축법상 인정하는 도로는 폭이 4m 이상이어야 한다. 여기에 미달하면 건축주가 폭 4m 도로를 개설해야 건축허가를 받을 수 있다. 또한, 큰 도로에서 대지까지 막다른 도로일 경우 도로 길이 10m 이내까지는 2m, 35m까지는 3m, 35m 이상이면 6m의 도로 폭(읍·면 지역은 4m폭)을 확보해야 한다. 단, 도시지역이 아닌 경우 막다른 도로 규정을 받지 않고 2m 폭도로가 대지에 접해야 한다는 건축법 '접

도 의무' 규정만 적용을 받는다. 참고로 맹지는 타인의 토지에 둘러싸여 도로에 어떤 면도 접하지 않은 토지로 여기에 건축하려면 법적 보완장치가 선행되어야 함도 잊지 말아야 한다.

4) 대지면적
하나의 건축물에 필요한 최소의 공지를 확보하여 일조, 채광, 통풍의 편리를 도모하는 목적으로 구획된 토지다. 대지면적은 대지의 수평투영 면적으로 산정한다.

5) 건축면적
건축물이 땅 위를 차지한 면적으로 건폐율을 산정하는 데 사용되며 법적으로는 외벽 기둥 중심선으로 둘러싸인 수평투영 면적을 말하나, 건축물 외벽에 처마, 차양, 부연 등은 외벽으로부터 1m를 제외한 나머지를 건축면적에 합산하고 지상 1m 높이 미만 부분은 건축면적에서 제외한다.

6) 연면적
사람이 실제 사용하는 부분의 면적으로 각 층 바닥 면적의 합계를 연면적이라 한다. 동일 대지 내 2동 이상의 건축물이 있는 경우, 각종 연면적을 합한 것을 연면적의 합계라고 한다. 용적률 산정 시에는 지하층 면적과 지상층에 설치한 건축물 부설 주차장의 면적을 제외한 나머지 지상층 연면적만으로 산정한다.

7) 건폐율
대지 크기와 비교하면 주택이 얼마나 차지하고 앉았는지를 나타낸다. 즉 대지 면적에 대한 주택의 건축 면적 비율을 의미한다. 예를 들어 330.6㎡(100평)짜리 대지에 바닥 면적이 198.4㎡(60평)인 단독주택이 들어섰다면 건폐율은 60%가 된다.

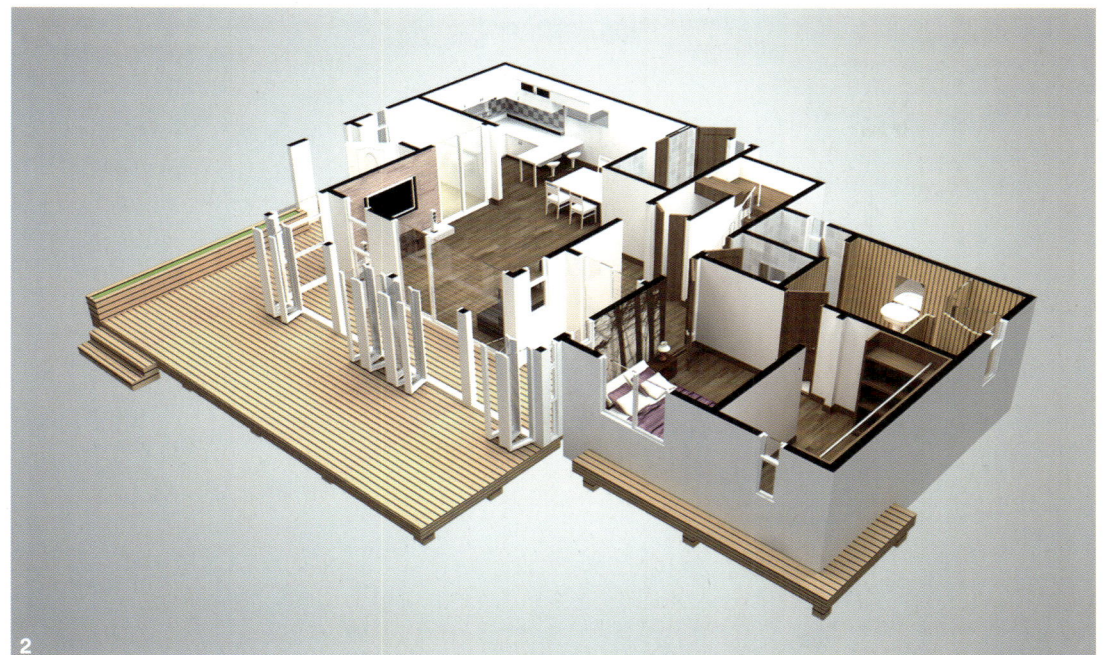

1,2,3 설계도면을 그리기 위한 기본 사항들을 일목요연하게 표로 작성한 설계개요를 기본으로 하여 평면계획이 완성되면, 건축주와의 원활한 의사소통을 위해 지어질 집의 입체 모습을 3D로 완성.

8) 용적률

땅 크기와 비교하면 얼마나 많은 면적이 이용되는지를 나타낸다. 즉, 대지면적에 대한 건축물의 연면적 비율을 의미한다. 단, 지하실 면적은 용적률에서 제외된다. 예를 들어 330.6㎡(100평) 대지에 용적률이 300%의 3층 건물을 짓는다고 가정하면 각 층 바닥 면적을 330.6㎡(100평)씩 연면적 991.8㎡(300평)까지 지을 수 있다.

9) 주용도

건축물의 용도를 나타낸다. 주택법상 주택은 세대 세대원이 장기간 독립된 주거 생활을 영위하는 구조로 된 건축물(이에 부속되는 일단의 토지를 포함한다.) 또는 건축물 일부를 말하며 이를 단독주택과 공동주택으로 구분한다.

1 단독주택의 주차는 시설 면적이 50㎡(약 15평) 초과 150㎡(약 45평) 이하면 1대로 기본이고 150㎡를 초과하면 초과면적 100㎡당 1대를 더한다.

2 건축법상 인정하는 도로는 폭이 4m 이상이므로 건축주가 폭 4m 도로를 개설해야 건축허가를 받을 수 있다.

10) 주요구조

일반적으로 가구식, 조적식, 일체식, 조립식, 절충식으로 구분한다. 가구식구조는 가늘고 긴 부재를 짜맞추어 지은 구조로 목구조와 철골구조가 대표적이다. 조적식 구조로는 돌, 벽돌, 콘크리트 블록 등을 쌓아 올려서 벽을 만든 구조로 내구성은 우수하지만, 지진 등에 의한 수평 방향의 외력에 약한 단점이 있다.

일체식 구조는 철근콘크리트구조 또는 철골철근콘크리트구조와 같이 주 구조부를 다른 재료로 접합하지 않고 기초에서 지붕에 이르기까지 일체를 이루는 형태다. 조립식구조는 주요 구조재를 공장에서 생산하여 현장에서 조립하는 구조며, 절충식 구조는 철근콘크리트 라멘조나 기둥-보 방식의 목구조 등에서 보이는 것처럼 하중을 지지하는 기둥과 기둥 사이를 벽돌, 돌, 블록 등을 쌓거나 형틀에 콘크리트를 부어 벽체를 만드는 방식이다.

11) 최고 높이

지표면으로부터 당 건축물의 최상단까지의 높이. 전면 도로에 면한 경우는 전면 도로 중심선에서 건축물 최상단까지의 높이를 말하며 전면 도로 노면에 고저 차가 있을 경우는 건축물이 접하는 대지 부분 전면도로의 가중평균 수평면에서의 높이를 말한다. 반대로 대지가 전면 도로보다 높은 경우는 높이의 1/2만큼 상승하는 것으로 보아 가상 도로면을 설정하고 이를 기준으로 한다. 일조 확보를 위한 건축물의 높이 산정은 대지와 인접 대지의 지표면 간 높거나 낮으면 그 지표면의 평균 수평면을 기준으로 한다.

12) 정화조

건축 허가 대상 건축물은 정화조 관련 서류를 첨부한다. 건축허가 대상 건축물에는 도시지역은 면적이 100㎡(약 30평)를 초과하는 경우이며 기타 구역은 200㎡(약 60평) 이상이거나 3층 이상인 경우가 해당한다.

13) 조경면적

200㎡ 이상인 대지에 건축할 때 건축 조례로 정한 기준에 따라 식수 등 조경에 필요한 시설을 한다. 이를 법정 조경이라 이르며 이때 조경 면적은 지방자치단체 조례에 따른다.

200㎡ 이상인 대지에 건축할 때 지방자치단체 조례로 정한 기준에 따라 식수 등 조경을 해야 한다.

14) 주차

단독주택은 시설 면적이 50㎡(약 15평) 초과 150㎡(약 45평) 이하면 1대가 기본이다.

시설 면적이 150㎡를 초과하면 기본 1대에 초과 면적 100㎡당 1대를 더한다.

건축법상 대지와 지적법상 대지의 차이점 Tip

건축법
- 건축물 용도, 밀도 등을 규제
- 건물이 들어섰거나 법적으로 들어설 수 있는 토지
- 지목이 '대'가 아니더라도 학교용지, 공장용지, 유원지 등은 대지가 될 수 있다.
  전, 답, 임야 등에 건축하기 위해서는 개발행위를 통한 지목변경이 필요하다.

지적법상
- 토지의 소유와 소유권 보존 목적
- 토지의 지목 설정
- 특수한 경우를 제외하고 건축허가 등 실제적인 법운용 면에서는 지적법상 '대'만을 대지로 인정하고 있다.

:: 감나무

감나무는 동아시아 온대의 특산종으로 한국의 중부 이남에 널리 재배되는 과수이다. 꽃은 5-6월에 황백색으로 잎겨드랑이에 달린다. 열매는 10월에 황홍색으로 익는다. 근연종에 돌감나무, 고욤나무가 있는데, 열매의 지름이 1-2cm로 작고 재배품종의 대목으로 이용된다.

II

행복한 집짓기

1. 자연과 함께하는 삶
2. 바다와 어우러진 솔밭 펜션
3. 행복 가득한 전원생활

01. 목조주택

자연과 함께하는 삶

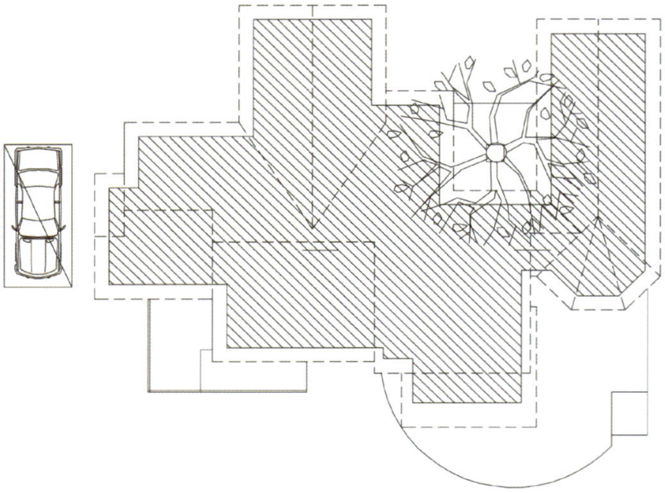

43py 143.75㎡
제주도 서귀포시

데크 공사와 조경 등 모든 공사가 끝난
후의 모습으로 그림 같은 집이다.

어느 날 노블종합건설 본사로 한 통의 전화가 걸려왔다. 경기도 평택에 거주 중인 예비건축주의 전화였다. 내용인즉슨 "제주도에도 시공할 수 있습니까?"라는 문의 전화였다. 간략하게 전화상담을 마치고 다음날 평택에서 예비건축주를 만났는데 상담내용은 이러했다. 가족의 건강을 위한 결정이었고 40평형대의 바닷가 펜션 같은 목조주택을 계획한다고 했다. 머릿속에 대략의 그림이 그려지기 시작하였다. "제주도, 그림 같은 집" 두 개의 키워드를 떠올리며 대지를 보고 계획을 잡기 위해 설계담당자, 인테리어담당자와 제주도행 비행기에 올랐다.

제주도행 비행기 내에서 바라본 풍경

홈페이지에 게재된 이상호 씨 댓글

아이고~ 우리 집터~
노블에 모든 걸 맡겨 놓았는데~ 우선 잘 부탁하고요.
우리 집 아래에 집 지을 터가 있습니다. 관심이 있으신 분은 같이 인연을
만들어 보는 게 어떠신지요. 혹 바다낚시 좋아하시는 분이면 더 좋을 텐데^^

제주공항에 내려 차로 1시간여를 더 달려 도착한 서귀포. 높지 않은 산으로 향하는 길은 잘 닦여져 있었고 그 길의 끝자락에 바다와 초원이 어우러진 대지를 보게 되었다. 사람의 손길이 닿은 비포장도로를 제외하고는 자연 그대로의 모습이었다. 여러 가지를 점검한 후 건축주 내외와 우리 노블종합건설팀의 미팅이 시작되었다. 설계 계획부터 시작해서 인테리어 계획 등을 논의하다 보니 시간 가는 줄 몰랐다.

1 제주도의 목가적牧歌的인 풍경으로 평화로우며 서정적이다.
2 계획을 위해 담당자가 현장 부지에서 꼼꼼히 점검하고 있다.
3 설계 및 인테리어 계획을 협의하다 보니 시간 가는 줄 몰랐다.
4 대지분할도. 대지별 면적이나 도로지 분율이 표시되어 있다.

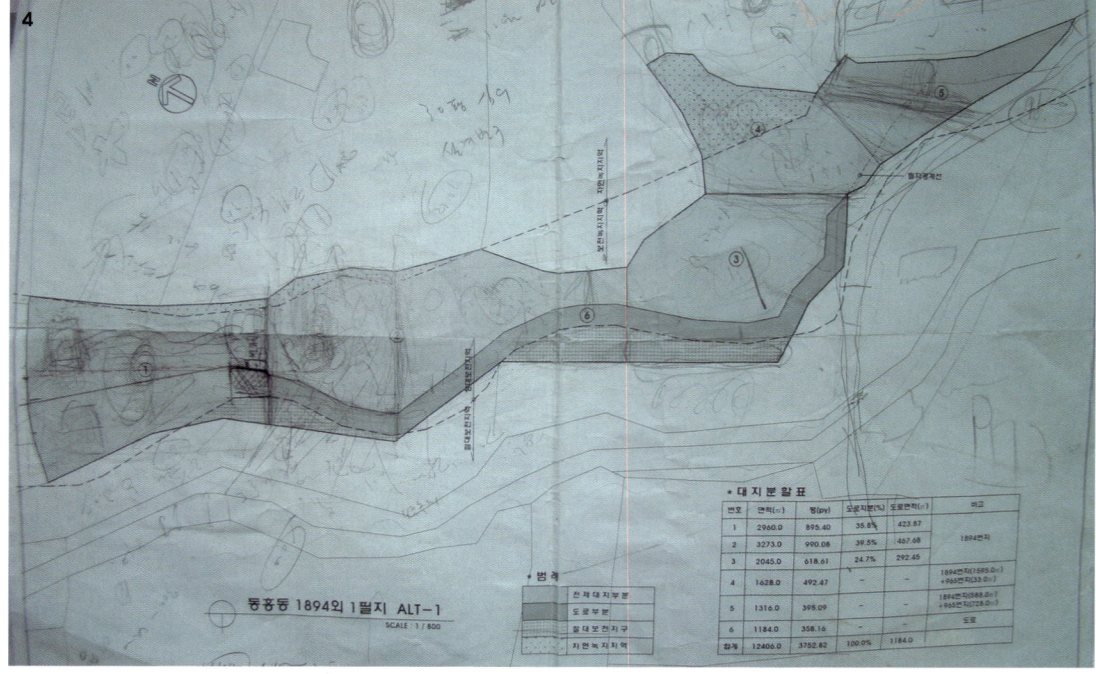

가족구성원에 맞춘 설계

우선 집안에 몸이 불편한 이상호 씨를 위해 편리하게 이동할 수 있도록 설계하였다. 서재와 거실은 폴딩도어를 설치하고 각 방과 욕실 등은 슬라이딩 도어를 설치하여 이동의 편의성을 주었다. 외부 데크도 계단이 없는 형태로 약간의 경사를 이용하여 이동에 불편함이 없도록 계획하였다.

우여곡절 끝에 공사가 시작되었고 공사를 진행하면서 가장 힘들었던 부분은 자재의 수급이었다. 공사에 소요되는 모든 자재를 선박으로 운반해야 하는 상황도 그랬지만, 높은 안목과 디자인적 감각을 갖춘 건축주의 요구에 맞는 인테리어 자재나 도기, 가구 등 세세한 아이템들까지 모두 서울에서 공수해야만 했다. 제주도에서는 목조주택에 쓰이는 도기나 타일 등 건축자재의 디자인이나 품질이 다소 떨어지는 것이 사실이었다. 건축주 부부는 사소한 것 하나까지 꼼꼼히 챙겨서 보내준 현장소장에게 다시 한 번 고맙다는 말을 전했다.

1 공사 중인 현장 모습으로 외부마감과 지붕공사를 준비하고 있다.
2,3 지붕공사를 위해 스페니쉬 기와를 올려놓았다.
4 바다의 정취와 어우러지는 붉은 오지기와 지붕이다.

바닷가와 어울리는 넓은 포치가 인상적인 지중해풍 전원주택이다.

완공을 며칠 앞두고 찾은 제주도 현장

완공을 며칠 앞두고 찾은 현장은 아직 정원조성 공사가 마무리되지 않아 다소 어수선한 느낌이었지만, 말끔히 정리된 실내는 다른 주택과는 사뭇 다른 느낌으로 다가왔다. 전반적인 주택의 느낌은 지중해풍이다. 거실에서 화이트 톤의 주방으로 이어진다. 또한, 거실과 주방을 비롯한 주택의 전·후면에 가득한 창은 따사로운 햇살을 집안 깊이 끌어들인다.

창이 많으면 단열에 취약할 것 같아 망설이기도 했지만, 제주도는 겨울에도 그리 춥지 않다는 것과 가슴까지 탁 트이는 시원한 조망을 포기할 수 없어 과감히 선택했다고 한다. 거실에는 유독 눈에 띄는 아이템이 하나 있다. 바로 서재에 설치된 폴딩갤러리도어다. 폴딩갤러리도어는 인테리어 효과와 함께 공간 분할과 통합을 유용하게 할 수 있는 좋은 아이템이라 할 수 있다. 단층임에도 거실을 2층 오픈천장으로 적용해 공간감을 확보하고, 다소 심심할 수 있는 외관에도 아기자기함을 부여했다.

주차장으로 연결된 계단이 없는 경사진 데크를 설치해 이동을 편리하게 했다.

거실은 천장이 지붕선을 따라 노출된 오픈천장이다. 집안은 몸이 불편한 이상호 씨를 위해 편리하게 이동할 수 있도록 설계하였다.

　돌아오는 길, 먼 길을 왔는데 밥이라도 먹고 가라며 가는 길을 한사코 말리던 건축주 부부. 일정상 빨리 서울로 돌아와야만 했지만 그렇게 돌아오는 것이 오히려 미안하게 느껴졌다. 건강하고 행복하시라는 말씀 드리고 한 짧은 악수에서 따스한 온기가 아직 남아 있는 듯하다.

02. 목조주택

64 py / 211.36㎡
인천광역시 옹진군

바다와 어우러진 솔밭 펜션

건축주는 원룸 형태가 아닌 집 한 채를 빌린 듯한 느낌이 들게 경사진 대지를 그대로 살린 새집을 의뢰했다.

신축된 펜션 거실에서 바로 솔밭을 지나 해수욕장으로 진입할 수 있다.

겨울 초입에 들어선 어느 날 동행은 시작되었다. 예비건축주였던 임선철 씨는 노블종합건설 근처에 볼일을 보러 왔다가 본사의 간판을 보고 우연히 방문한 사례이다. 계획하고 있던 펜션 공사비용이 궁금해서 궁금증만 해결하려고 하였는데 인연이 될 운명이었는지, 우연한 만남이었지만 노블종합건설과 함께 집짓기가 시작되었다.

그때 임선철 씨가 본사를 방문하여 "인천 옹진군 영흥면 장경리 해변에서 10년 전부터 펜션을 운영하고 있습니다. 현재 운영 중인 펜션 옆에 추가로 펜션을 신축해볼까 생각이 들어 찾아오게 되었습니다."라고 말하였다.

그 이후 펜션 신축에 대한 간단한 상담이 끝나고 바로 현장 미팅을 하였다. 도심에서 생활하다 보니 겨울 바다를 보기가 어려웠는데 바다를 보니 마음이 청명해지는 것만 같았다. 파도가 칠 때마다 끝자락에서는 파도치는 모양대로 살얼음이 생기고 바닷가로는 솔밭이 펼쳐져 있는 경치 좋은 곳이었다.

인천시 옹진군 선재대교. 이미 연륙화되어 있던 대부도와 연결되어 인천-대부도-선재도-영흥도의 육상교통로가 완성되었다.

1 펜션 앞 해수욕장 전경으로 겨울 바다의 고즈넉한 분위기다. 서울과 1시간 이내의 근접성 때문에 새로운 수도권의 관광명소로 주목받고 있다.

2 인천에서 옹진까지 육지로 바로 연결되는 영흥도 갯벌이 펼쳐진 전경이다.

1 뒷산에서 찍은 영흥도 해수욕장 전경. 건축주가 운영하는 빨간색 지붕의 펜션 좌측으로 펜션이 신축되었다.
2 해안도로를 따라 펼쳐진 솔밭 입구
3 건축주가 10여 년간 운영하고 있는 원룸형식의 펜션이다.
4 방풍림 역할을 하는 솔밭이 해수욕장과 어우러져 운치를 더한다.

2장. **행복한 집짓기** | 73

경험을 토대로 계획된 설계

대지를 확인한 후 1차 설계미팅이 시작되었다. 임선철 씨는 새집의 느낌을 고객들에게 전해주고 싶어서 원룸 형태의 펜션이 아닌 집 한 채를 빌린 듯한 느낌이 드는 펜션을 계획했다. 반듯한 집보다 경사진 대지를 그대로 살려 낮은 곳이 1층 객실, 높은 곳이 2층 객실이 될 수 있도록 진행되었고, 두 집이 붙어 있는 모양의 설계가 완성되었다. 총 2개의 객실로 1층, 2층으로 이루어져 있는 형태이며 거실, 방 2, 욕실 2, 다락, 부엌이 배치되었다. 기존에 운영하고 있는 펜션은 원룸형태로 욕실만 따로 배치한 구조이다. 이동의 편의성을 위해 거실에서 해변으로 이동할 수 있도록 데크도 설치하였다.

이처럼 계획하게 된 동기는 10여 년간 펜션을 운영하면서 얻은 경험에서 우러나온 결과이다. 원룸형식 펜션은 단체손님을 받을 수 있는 한계가 있다. 예를 들어 10명이 넘는 손님이 2~3개의 방에 나눠 입실하면 다른 객실 손님들에게도 피해가 갈 수 있다. 기존에 운영하던 펜션은 3층으로 각층에 2개의 방이 있는 곳인데 많은 손님이 오게 되면 방음과 층간소음에 불편을 호소하는 고객이 종종 있다고 한다. 그리고 바닷가와 바비큐장으로 이동로가 불편하다는 의견도 있었다고 한다. 이 같은 경험에서 나온 계획을 적극적으로 반영하여 설계하게 되었다.

1 설계미팅 당시의 진지한 모습이다.
2 현장에서의 미팅 장면. 현장 경험에서 얻은 건축주의 의견을 최대한 수렴했다.
3 기초 공사, 골조 공사, 외장마감 공사 모습
4 데크 공사 전 모습

노블종합건설과 동행

우연으로 시작하여 이제는 신축공사의 첫 삽을 뜨게 되었다. 임선철 씨는 비수기인 겨울과 봄에 공사를 하여 성수기에 여행객을 입실시킬 수 있도록 하는 게 목표였다. 공사는 계획대로 진행되어 성공적으로 마무리되었다. 임선철 씨는 신축한 펜션을 찾는 손님들이 동호회 회원, 일가친척, 회사워크숍 등 단체손님들이 오는 것을 고려하여 100평 남짓의 데크를 신축하여 손님들의 공간을 더욱더 확보해 주었다.

모든 건축주가 그러하듯 임선철 씨는 신축을 결심하고는 매일 머릿속으로 새집을 지었다 허물기를 반복하며 행복한 상상을 하였는데 막상 현실이 코앞에 닥치니 진행할 일로 내심 걱정을 많이 하였다고 한다. 별 탈 없이 공사가 계획대로 진행되어 그 걱정은 눈 녹듯이 사라졌다고 한다.

현재 본격적인 휴가철을 맞는 8월에는 몇 주 전부터 예약해야 한다고 한다. 무엇보다 따뜻한 마음을 지닌 펜션 주인장인 임선철 씨 내외 때문인 것 같다. 그리고 공사만 책임지는 게 아니라 펜션 홍보에 앞장서는 노블종합건설 직원들에게 고맙다는 인사말을 항상 잊지 않는다. 언제나 반갑게 맞이해 주는 임선철 씨 내외를 보기 위해 곧 인천으로 여행을 떠나야겠다.

1 기존 펜션 3층에서 바라본 모습으로 솔밭 밑으로 주차장 및 다용도 휴식공간으로 활용하고 있다.
2 단체손님을 위해 100평이나 되는 넓은 데크를 설치하여 공간 활용도를 높였다. 옆에 보이는 비닐하우스는 현재 바비큐장으로 이용하고 있다.
3 따뜻한 마음을 지닌 펜션 주인장인 임선철 씨 내외의 다정한 모습.

03. 목조주택

56py 184.80㎡
경기도 양평군

행복 가득한 전원생활

경사진 부지에 조경석으로 높이 옹벽을 쌓고 그 위에 신축하였다. 이 집은 배산임수에 전망이 뜨인 터에 자리를 잡았다.

건축주와 노블종합건설의 소중한 만남

최종현 씨 가족은 땅을 사서 집짓기를 결정한 이후로 집을 짓는데 참고할만한 많은 집을 보러 다니고, 전국에서 열리는 건축박람회도 많이 다녔다고 한다. 단순한 가전제품을 구매하는 것이 아니기에 집을 짓는 건설업체 선정에 어려움이 있었다. 여러 업체의 설명을 들으면서 어디를 결정해야 할지 고민을 하였고 업체마다 설명을 들을 때에는 아름다운 집이 쉽게 만들어질 것 같았지만, 질문하면 할수록 과연 제대로 된 집을 지을 수 있을까 하는 고민은 점점 커졌다. 그 이유는 불분명한 답변과 점점 올라가는 견적금액 등이 고민이었다. 상담하던 시공업체에 대한 신뢰를 잃어가는 시점에 노블종합건설의 김남윤 부장을 만나게 되었고 상담하는 과정에 회사의 입장보다 고객의 처지에서 예비건축주가 알지 못하는 것까지 상세히 답변해 주는 모습에 감동하고 만족도를 느끼게 되었다.

노블종합건설과 만나기 전에 건축주 최종현 씨는 다른 시공업체를 마음에 두고 있었으나, 노블종합건설이 회사와 고객의 관계보다 "사람과 사람"의 인연을 소중히 한다는 가치관과 직원의 성실한 상담으로 인연을 맺게 되었다.

서울에서 1시간여 달려 도착한 양평은 사람과 자연 모두가 조화를 이루는 청정지역이다.

부지를 택하는 몇 가지 원칙

부지선정 시 고려한 첫 번째는 서울에서 1시간 남짓한 거리여야 했다. 갑작스레 시골생활에 적응하기 어려울 테니 수월하게 서울을 다닐 수 있어야 했고 서울에 있는 자식들도 어렵지 않게 들를 수 있는 곳이어야 했다. 건축주 최종현 씨는 서울 도심과의 거리 외에도 부지선정 시 고려사항으로 몇 가지를 더 꼽았는데 두 번째로 배산임수, 셋째 전망이 좋은 개방감이었다. 현재의 집터가 위 조건을 두루 갖추고 있는 곳이다.

상담이 진행되던 중에 답사한 부지 모습이다.

잡초가 무성했던 부지에 완공된 조망감이 돋보이는 주택이다.

"최종현 씨가 홈페이지에 남긴 글 중에서…"

설계담당자는 장모님의 요구사항을 하나씩 반영하며 집을 아름답게 만들어 주셨습니다. 결정하고 나면 이것이 마음에 들지 않아 수정하고 또 수정하고, 수정을 반복하면서도 귀찮아하지 않으시고 모두 받아주셨답니다. 그리고 공사를 총괄하셨던 현장소장님은 공사 중에 이곳에서 주무시며 세심하게 신경 써 주시던 모습이 기억 속에 생생합니다. 제가 생각했던 소장님은 나이 지긋하시고 지시만 하시는 분이라 생각했는데 소장님 같지 않은 젊은 나이에 직접 공구를 들고 작업하시던 모습 잊히지 않습니다.

이렇게 해서 만들어진 집은 장인, 장모님뿐만 아니라 우리 가족 모두가 100% 만족하는 집이 되었습니다. 이 집이 지어지기 전에는 장인, 장모님께서 수시로 저희 집에 자주 오셨지만, 이 집이 지어지고 나서는 거의 오시지 않으셔요. 이 집이 너무나 좋으셔서 그런가 봐요. 그래서 저는 시간이 날 때마다 아이들을 데리고 저희가 자주 찾아뵙게 되었습니다.

이 집이 지어지기까지 수고하신 모든 분께 감사드리며 노블종합건설이 더욱더 고객에게 인정받으며 발전하시기를 기원합니다.

위와 같이 정성이 담긴 글로 집에 대한 사랑과 노블종합건설에 애정을 표현하였다.

1 정면 외부 모습. 완공되고 찾은 당시에는 뭔가 허전한 느낌이 들었지만, 지금은 곳곳에 꽃들과 나무들이 자라 자연스럽게 어우러진 모습이다.
2 건축주 내외 모습으로 전원생활에 완전히 적응한 행복한 모습이다.
3 가족사진. 주말이면 가족들이 건축주 댁에 오순도순 모인다고 한다.

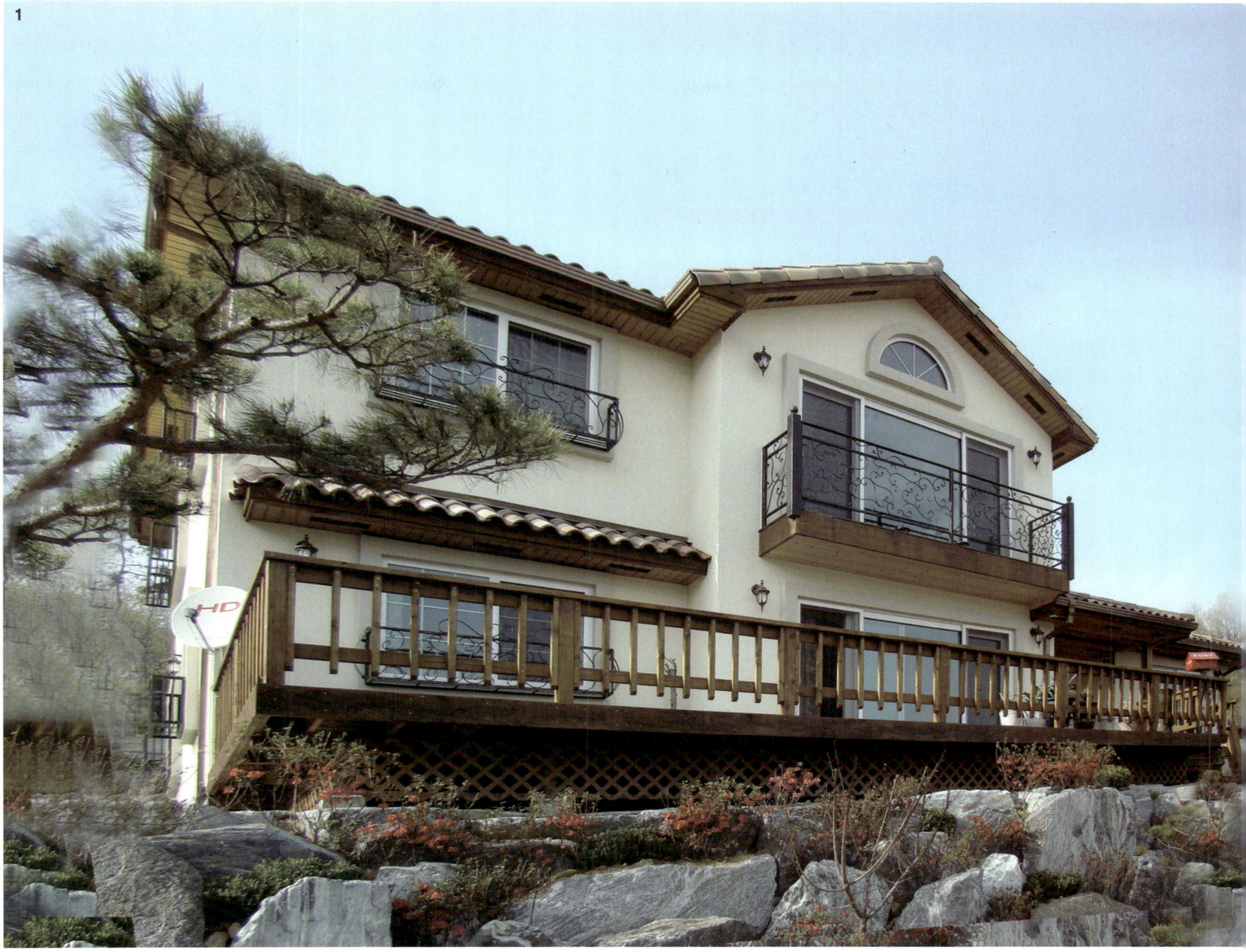

:: 화살나무

화살나무는 노박덩굴나무과의 식물이다. 가지에 회갈색 코르크 날개가 달렸는데 그 모습이 화살 깃처럼 생겨서 화살나무라고 한다. 가을에 붉게 단풍이 든다. 열매는 삭과로 9~10월에 타원 모양으로 붉게 익는다. 다 익으면 껍질이 벌어져 주홍색 씨가 나온다.

III

모던설계 25선

1. 모던하면서 전원에 어울리는 집 – 세미모던
2. 안정감 있는 단층집 – 스태빌
3. 작지만 넓게 펼쳐진 집 – 갤러리
4. 아담하고 말끔하게 설계된 집 – 스트레잇
5. 단정하고 이국적인 집 – 엑소딕
6. 한쪽으로 경사진 지붕의 집 – 쉐드루프
7. 안정감 있고 산뜻한 집 – 프레쉬
8. 높은 거실이 있는 집 – 하이리빙
9. 전망 좋은 카페 같은 집 – 위드뷰
10. 모던하고 고급스러운 주택 – 커르시
11. 남성적 이미지를 강조한 집 – 포맨
12. 간결하면서도 짜임새 있는 집 – 컨시스
13. 2층에 넓은 옥외공간이 있는 집 – 테라스하우스
14. 별개의 공간으로 나누어진 집 – 스플릿
15. 가로로 길게 펼친 집 – 와이든
16. 바다에 떠 있는 듯한 집 – 크루즈
17. 파랑새의 날갯짓을 형상화한 집 – 블루버드
18. 외부동선이 자연스럽게 연결된 집 – 스트림
19. 크고 작은 매스가 모여 만들어진 집 – 큐브
20. 역동적인 공간구성을 꾀한 집 – 자운당
21. 변화하는 평면구성이 재밌는 집 – 큐빅
22. 지붕디자인이 현대적인 집 – 모던
23. 전원에 어울리는 현대적인 집 – 모던
24. 경사지붕으로 연출한 현대적인 집 – 모던
25. 아연도강판을 잘 활용한 현대적인 집 – 모던

01. 목조주택

30 py 100㎡
모던하면서 전원에 어울리는 집
– 세미모던(Semi-modern)

단순함을 추구하는 미니멀한 모던주택으로 선과 면 등 가장 기본적인 것으로만 표현 하였다. 시골 풍경에 어울리지 않는 설계이지만, 일반적으로 많이 시공하는 박공지붕에 변화를 주어 전원과 어울리는 모던한 디자인을 만들었다.

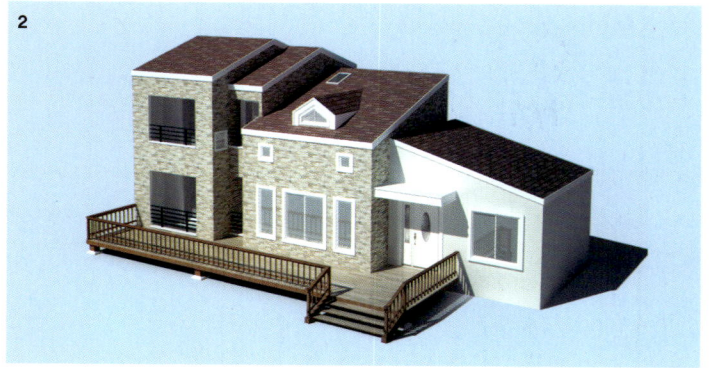

모델링1   모델링2

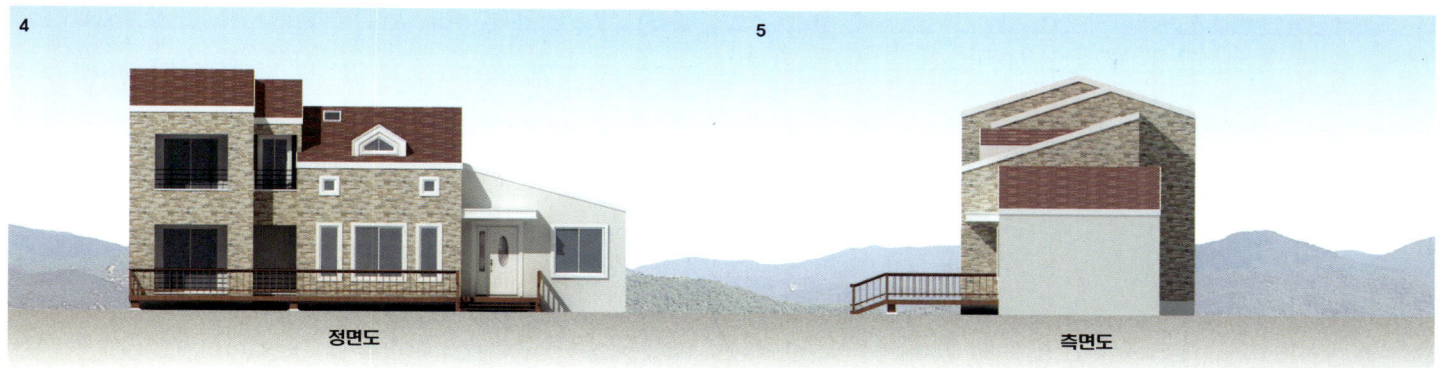

정면도   측면도

1층 평면도

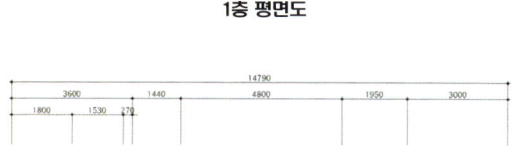

2층 평면도

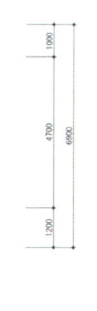

설계개요

건축면적	74.07㎡ (22.41py)
연 면 적	99.56㎡ (30.13py)
1층 면적	73.67㎡ (22.29py)
2층 면적	25.92㎡ (7.84py)
구 조	일반목구조
외부마감	이중그림자슁글 스타코, 파벽돌
설 계	노블종합건설(주)
시 공	노블종합건설(주)

1 거실   **5** 욕실   **9** 데크
2 주방 및 식당   **6** 드레스룸   **10** 현관
3 보조주방   **7** 다용도실   **11** 다락방
4 침실   **8** 발코니

---

1 선과 면의 가장 기본적인 요소만으로 표현한 모던주택이다.
2.3 진입부에서부터 건물이 단을 이루면서 높아져 외관이 안정감이 있고 웅장해 보인다.
4 처마가 없이 간결하게 처리한 외부디자인이다.
5 1층의 외쪽지붕과 2층 박공지붕이 조화를 이룬다.

30 py 100㎡

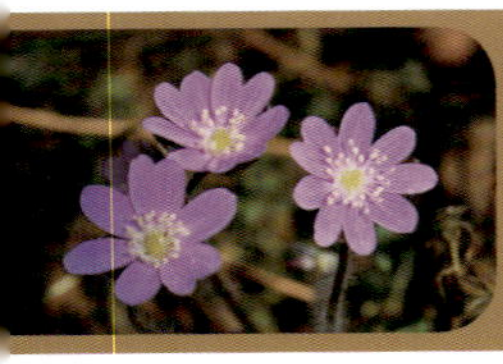

02. 목조주택

안정감 있는 단층집 – 스태빌(Stabile)

스태빌은 미술에서 철사, 금속판 등으로 만든 움직이지 않는 추상 조각으로 움직이는 조각인 모빌에 상대되는 말이다. 주택 전체의 미관에 큰 영향을 주는 지붕을 모던한 외쪽지붕으로 하였다. 안정감 있는 단층주택으로 지붕을 낮게 설계하여 정적인 이미지를 강조하였다.

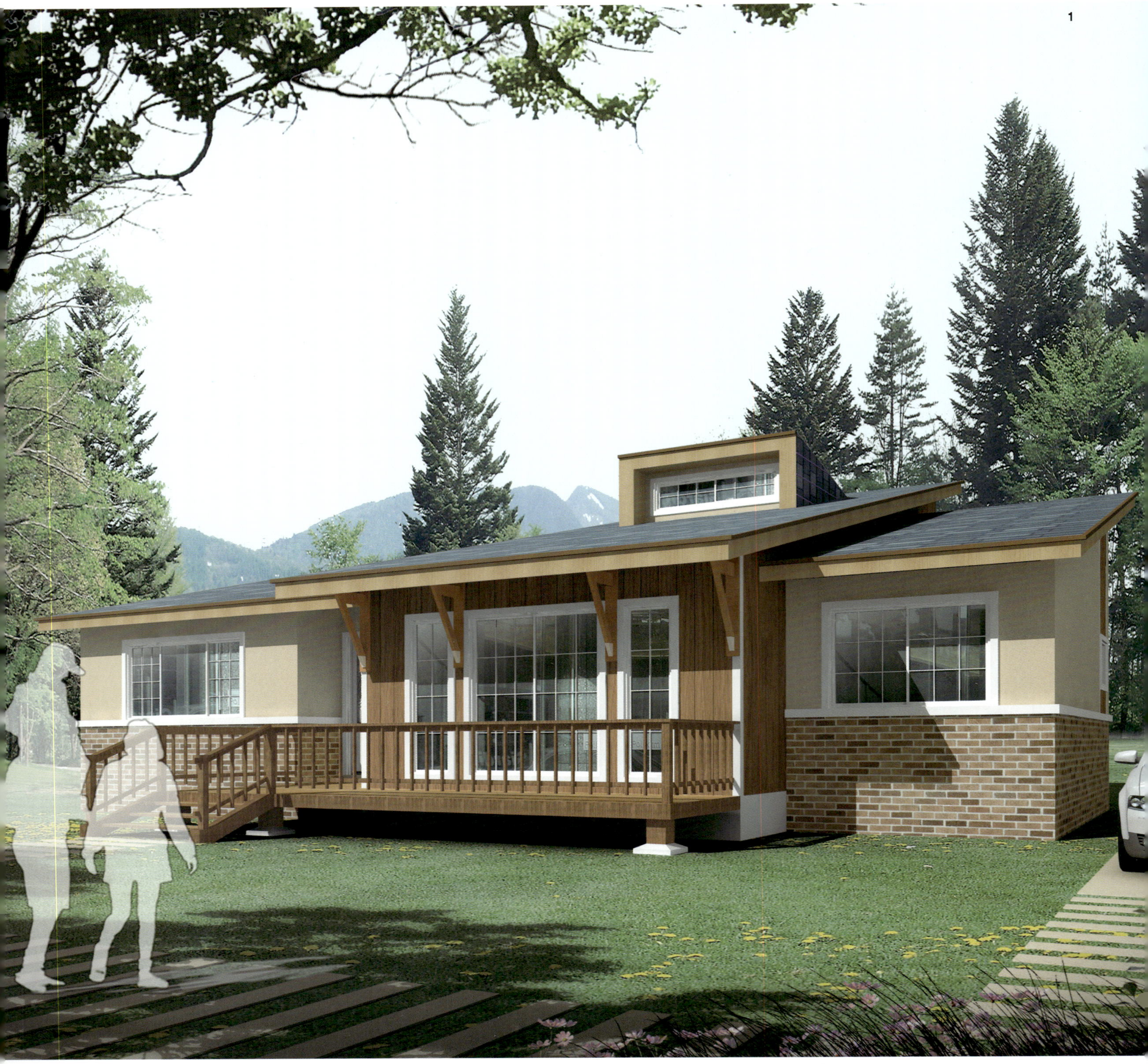
1

모델링1

모델링2

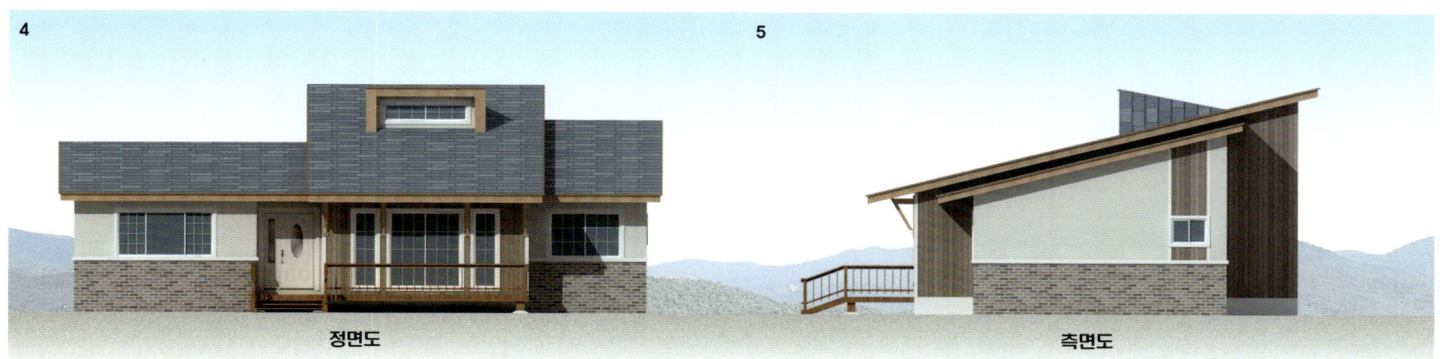
정면도　　　　　　　　　　　　　측면도

1층 평면도

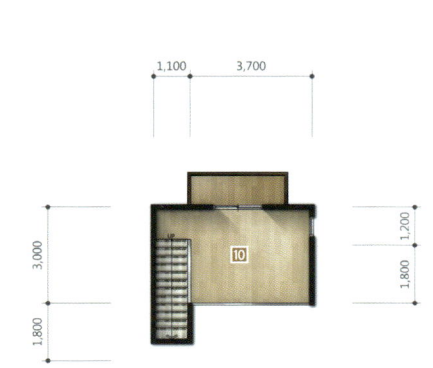
2층 평면도

설계개요	
건축면적	99.99㎡(30.25py)
연 면 적	99.99㎡(30.25py)
1층 면적	99.99㎡(30.25py)
2층 면적	14.40㎡(4. py)
구　　조	일반목구조
외부마감	이중그림자쉽글 파벽돌, 스타코플렉스
설　　계	노블종합건설(주)
시　　공	노블종합건설(주)

1 거실　　5 욕실　　9 보일러실
2 주방 및 식당　6 다용도실　10 다락방
3 안방　　7 데크
4 침실　　8 현관

1 구조적으로 낮게 설계하여 안정감 있는 단층주택이다.
2.3 거실, 주방, 식당이 일직선상에 있는 LDK구조로 외쪽지붕으로 형성된 주방 위의 공간을 이용하여 다락방을 만들었다.
4 하단은 파벽돌을 놓고 그 위는 스타코와 아스팔트쉽글로 마감했다.
5 선을 강조한 지붕디자인이 돋보인다.

39py 128m² 03. 목조주택
작지만 넓게 펼쳐진 집 – 갤러리(Gallery)

안락하고 정적인 집보다는 예술공간 같은 변화하고 동적인 집을 설계하려는 의도이다. 채광이 잘되는 평면과 입면 계획이 잘 어우러져 돋보이는 집이다. 실내계획은 거실과 주방 사이에 여유 있는 복도공간을 두어 독립성을 확보하면서 동선활용을 쉽게 하고, 지붕공간을 활용한 오픈 천정은 내외부 공간을 더욱 넓어 보이게 한다.

1

모델링1

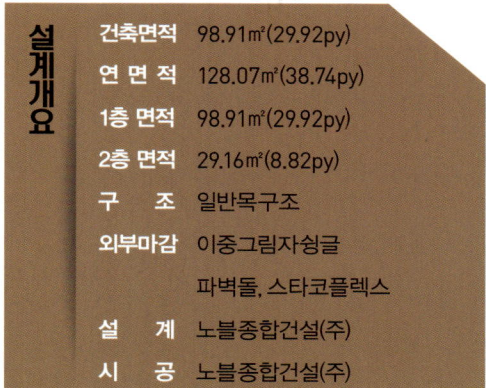
모델링2

정면도

측면도

1층 평면도

2층 평면도

설계개요

건축면적	98.91㎡(29.92py)
연 면 적	128.07㎡(38.74py)
1층 면적	98.91㎡(29.92py)
2층 면적	29.16㎡(8.82py)
구 조	일반목구조
외부마감	이중그림자쉥글 파벽돌, 스타코플렉스
설 계	노블종합건설(주)
시 공	노블종합건설(주)

1 거실　　**4** 침실　　**7** 다용도실
2 주방 및 식당　**5** 가족실　**8** 테라스
3 안방　　**6** 욕실　　**9** 현관

1 외쪽지붕으로 층고를 높게 하여 매스의 분절을 강조함으로써 균형과 리듬감을 주었다.
2.4 좌우 방향으로 펼쳐진 외쪽지붕으로 날갯짓하며 비상하려는 형상이다.
3 경사지를 활용하여 데크를 높게 하고 채광이 잘되도록 평면과 입면을 계획한 주택이다.
5 창호의 상하부에 적삼목사이딩 마감하여 각 매스의 수직성을 강조하였다.

04. 목조주택

42py 139㎡

아담하고 말끔하게 설계된 집 — 스트레잇(Straight)

건물 외관이 반듯한 주택으로, 수직매스를 세 개로 분할하여 한층 더 정갈하고 우아한 이미지를 연출하였다. 1,2층 거실 오픈으로 채광을 확보하고 전망을 실내로 끌어들이는 느낌이다. 각 실이 남향으로 배치되어 실내가 밝고 경쾌하다.

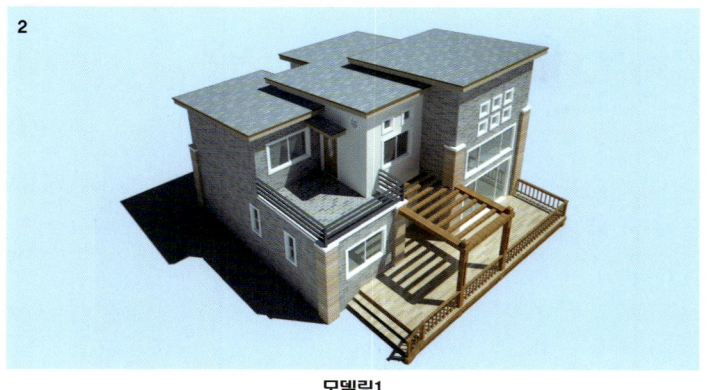
모델링1

모델링2

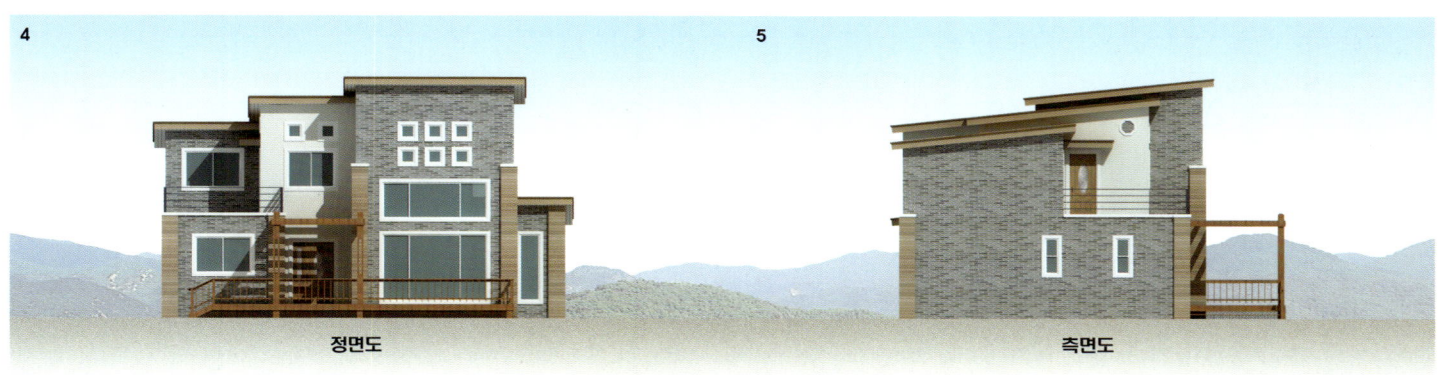
정면도 / 측면도

1층 평면도

2층 평면도

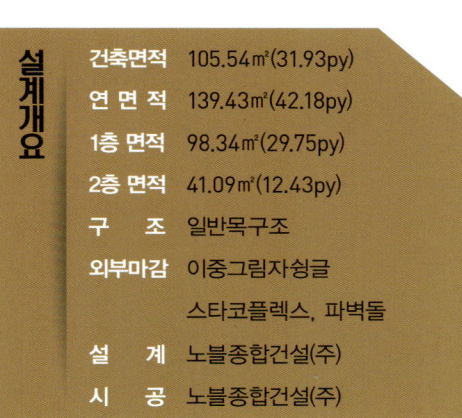

설계개요	
건축면적	105.54㎡(31.93py)
연 면 적	139.43㎡(42.18py)
1층 면적	98.34㎡(29.75py)
2층 면적	41.09㎡(12.43py)
구 조	일반목구조
외부마감	이중그림자쉬글 스타코플렉스, 파벽돌
설 계	노블종합건설(주)
시 공	노블종합건설(주)

1 거실 4 침실 7 테라스
2 주방 및 식당 5 욕실 8 데크
3 안방 6 드레스룸 9 현관

1 매스를 세 개로 분할한 직선형 디자인으로 반듯한 주택이다.
2, 3 약간의 경사를 준 평지붕으로 거실 쪽이 우뚝 솟은 입면이 되었다.
4 전면에 드러나는 데크와 포치가 시선을 끈다.
5 1층 데크와 2층 테라스로 공간 활용도를 높였다.

05. 목조주택

43py 143m² 단정하고 이국적인 집 – 엑소딕(Exotic)

택지지구 내 유행하는 모던주택 디자인의 장점을 살려 소박하면서도 이국적인 주택을 설계하였다. 1층은 손님방과 자녀방이 있고, 2층은 별실 개념으로 부부만을 위한 공간으로 구성하여 독립성이 좋으며, 스파를 놓을 수도 있는 넓은 테라스도 확보했다.

모델링1 　　　　　　　　　　　　　　　모델링2

정면도 　　　　　　　　　　　　　　　측면도

1층 평면도

2층 평면도

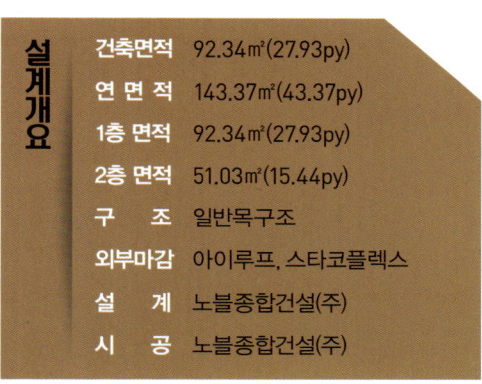

설계개요	
건축면적	92.34㎡ (27.93py)
연면적	143.37㎡ (43.37py)
1층 면적	92.34㎡ (27.93py)
2층 면적	51.03㎡ (15.44py)
구　조	일반목구조
외부마감	아이루프, 스타코플렉스
설　계	노블종합건설(주)
시　공	노블종합건설(주)

1 거실　　5 드레스룸　　9 현관
2 주방 및 식당　6 다용도실　10 창고
3 방　　　7 테라스
4 욕실　　8 데크

1 이국적인 외관이미지의 도시형 주택이다.
2 거실 앞으로 포치를 설치해 궂은 날에도 외부활동이 가능한 공간이 되었다.
3, 4 2층 발코니 지붕이 추가되어 웅장한 외관이 형성되었다.
5 간결한 처마와 가로 창과 세로 창이 대비를 이룬다.

06. 목조주택

51 py 170㎡

한쪽으로 경사진 지붕의 집
– 쉐드루프(Shed-roof)

한 방향으로 경사진 지붕을 설계하여 모던한 이미지를 부각한 주택이다. 지붕 모양 중 가장 단순한 형태로 강하면서도 차분한 느낌과 구조미를 돋보이게 한다. 실내계획에서도 비스듬한 지붕선을 따라 천장을 그대로 살려 경제적이고 간결하게 디자인하였다.

모델링1

모델링2

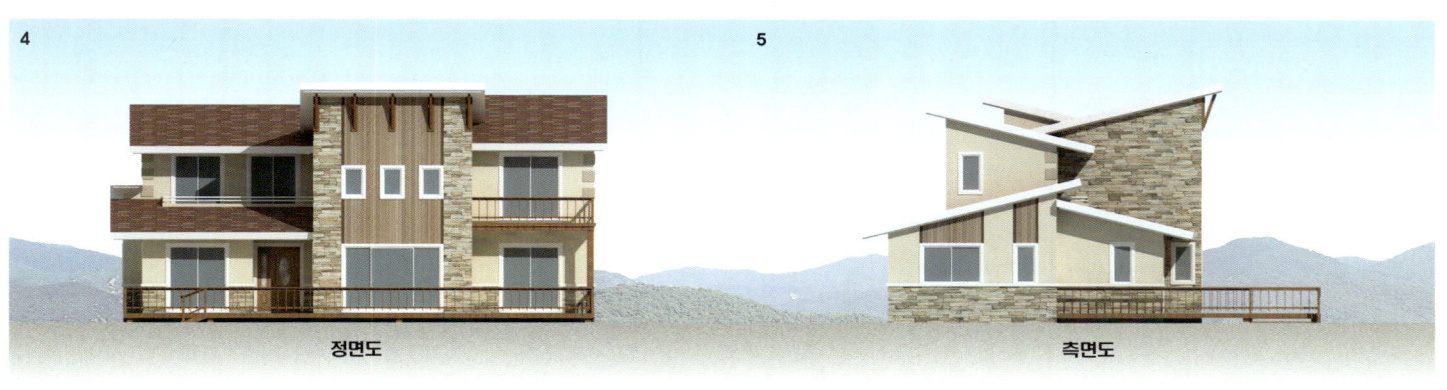
정면도 측면도

1층 평면도

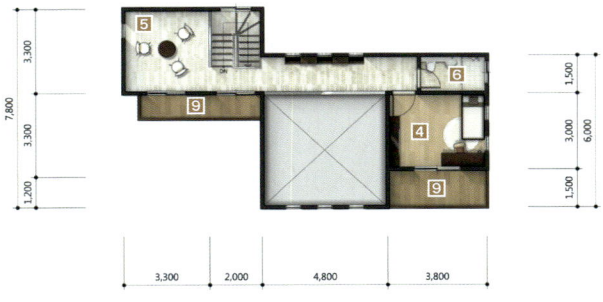
2층 평면도

설계개요	
건축면적	134.10㎡(40.57py)
연 면 적	170.19㎡(51.48py)
1층 면적	128.40㎡(38.84py)
2층 면적	41.79㎡(12.64py)
구　　조	일반목구조
외부마감	이중그림자슁글, 파벽돌 스타코플렉스
설　　계	노블종합건설(주)
시　　공	노블종합건설(주)

1 거실　　5 가족실　　9 발코니
2 주방 및 식당　6 욕실　　10 데크
3 안방　　7 파우더룸　11 현관
4 침실　　8 다용도실　12 창고

1 지붕 모양 중 가장 단순한 외쪽지붕으로 강하면서도 돋보이는 모던한 주택이다.
2 지붕선을 따라 천장을 그대로 살린 경제적이고 간결한 디자인이다.
4 외쪽지붕으로 형성된 전면에 드러난 거실의 웅장한 지붕선이 시선을 압도한다.
3, 5 2방향의 외쪽지붕이 겹쳐져 변화감 있는 외관을 연출했다.

07. ALC+철근콘크리트주택
안정감 있고 산뜻한 집 – 프레쉬(Fresh)

53py / 175m²

도시 내외지역 모두 어울릴만한 모던주택으로 산뜻한 디자인을 강조하였고, 1,2층 오픈형태의 거실은 채광위주로 집을 안정감 있고 더욱 따뜻하게 해준다. 건물 외관에서 낭비적인 치장요소를 배제하여, 단열, 마감손실 등이 적어져 합리적 시공이 가능하다.

모델링1

모델링2

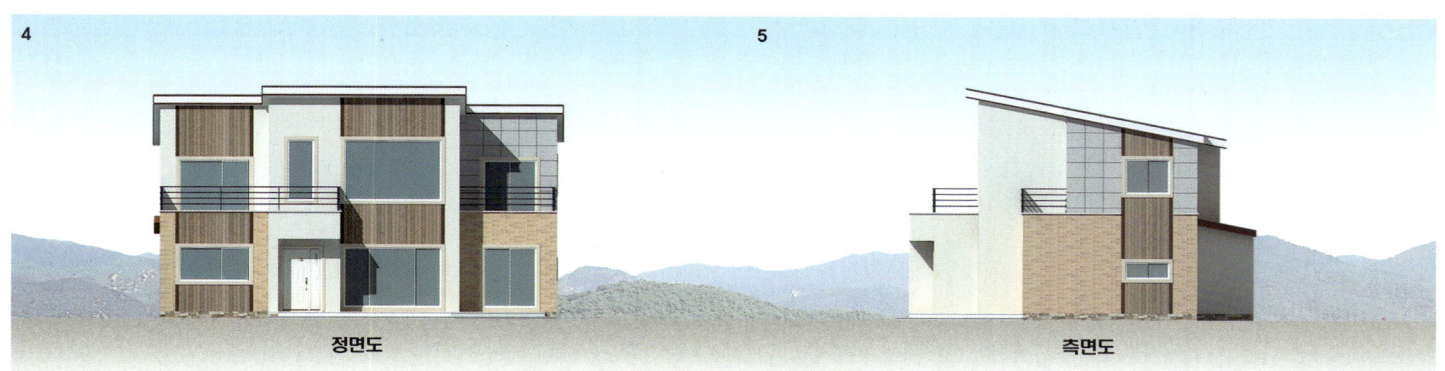
정면도 · 측면도

1층 평면도

2층 평면도

설계개요

건축면적	116.00㎡(35.1py)
연면적	175.00㎡(52.9py)
1층 면적	116.00㎡(35.1py)
2층 면적	59.00㎡(17.8py)
구 조	ALC+철근콘크리트구조
외부마감	이중그림자슁글, 스타코플렉스 우드사이딩, 인조석
설 계	노블종합건설(주)
시 공	노블종합건설(주)

1. 거실
2. 주방 및 식당
3. 안방
4. 침실
5. 가족실
6. 서재
7. 욕실
8. 드레스룸
9. 다용도실
10. 발코니
11. 데크
12. 현관
13. 창고

1, 2 도시 내외지역 모두 어울릴만한 산뜻한 디자인을 강조한 도시형 주택.
3 모던한 외쪽지붕으로 단순함과 간결한 이미지를 강조했다.
4 오픈형태의 거실 전면에 단열과 방범을 고려한 창을 설치했다.
5 발코니 공간을 두어 도심 속에서도 여유있게 차를 마실 수 있는 공간을 제공한다.

08. ALC+철근콘크리트주택

60py 198㎡

높은 거실이 있는 집
– 하이리빙(Hi-living)

모던한 주택이미지를 디자인한 집으로 1층 거실을 2층까지 개방하여 채광과 환기 및 조망을 좋게 하고, 창호는 외관디자인과 함께 단열 성능을 고려해 계획했다. 2층 테라스는 야외식당으로 사용할 수 있도록 여유 있는 공간구성을 하였다.

모델링1

모델링2

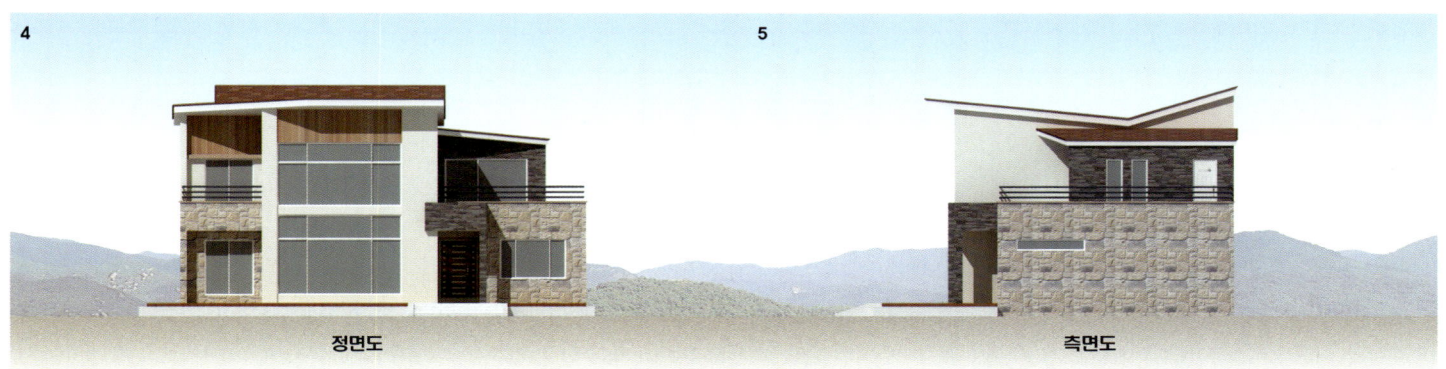
정면도   측면도

1층 평면도

2층 평면도

설계개요	
건축면적	128.82㎡(38.97py)
연 면 적	198.15㎡(59.94py)
1층 면적	128.82㎡(38.97py)
2층 면적	69.33㎡(20.97py)
구 조	ALC+철근콘크리트구조
외부마감	이중그림자쉬글
	스타코플렉스, 인조석
설 계	노블종합건설(주)
시 공	노블종합건설(주)

1 거실   6 욕실   11 현관
2 주방 및 식당   7 드레스룸   12 보일러실
3 안방   8 다용도실   13 창고
4 침실   9 발코니
5 가족실   10 데크

1,2 전면에 드러난 지붕선이 웅장한 모던 주택이다.
3 넓고 낮은 데크를 두어 조경공간과 연계성을 높였다.
4 1,2층 개방형 거실을 전면창으로 하여 자연채광을 깊게 끌어들였다.
5 이국적인 느낌의 인조석 마감으로 중후함을 느낄 수 있다.

09. 철근콘크리트주택
전망 좋은 카페 같은 집
– 위드뷰(with a View)

60py 200㎡

『전망 좋은 방』은 포스터의 작품 중 가장 로맨틱하고 낙관적인 작품이다. 사랑이 무엇인지 깨닫지 못하고 방황하는 루시는 조지의 아버지 도움으로 자신이 조지를 사랑함을 알게 되는데, 결국 루시와 조지는 서로의 사랑을 확인하고 피렌체로 여행을 떠나 처음 만났던 전망 좋은 방에서 신혼 밤을 맞이한다. 이 집은 소설의 제목을 모티브로 부부를 위한 전망 좋은 집을 디자인하였다.

1

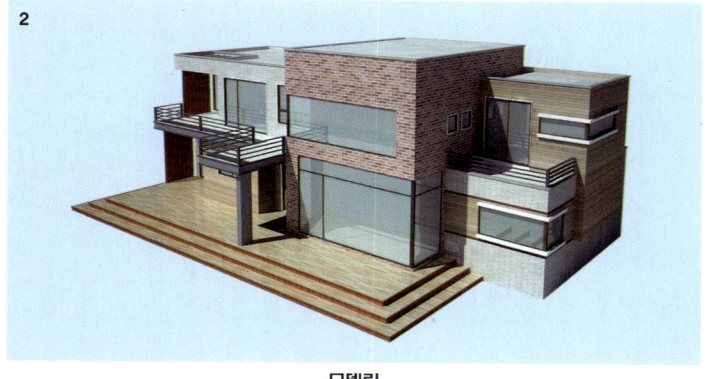
모델링

좌측면도

정면도 / 우측면도

1층 평면도

2층 평면도

설계개요	
건축면적	123.90㎡ (37.48py)
연 면 적	199.80㎡ (60.44py)
1층 면적	123.90㎡ (37.48py)
2층 면적	75.90㎡ (22.96py)
구 조	철근콘크리트구조
외부마감	징크강판, 우드사이딩, 인조석
설 계	노블종합건설(주)
시 공	노블종합건설(주)

1. 거실
2. 주방 및 식당
3. 침실
4. 서재
5. 욕실
6. 드레스룸
7. 다용도실
8. 베란다
9. 데크
10. 현관
11. 보일러실

1, 4 『전망 좋은 방』의 제목을 모티브로 넓고 높은 창을 이용하여 채광과 조망을 강조한 집이다.
2 고급카페 분위기의 2층 테라스를 설치했다.
3, 5 측면으로 평지붕에 단 차를 둔 모던한 이미지를 표현했다.

10. 목조주택

63py 209㎡

모던하고 고급스러운 주택 – 커르시(Courtesy)

어둡고, 무거우며, 탁한 느낌의 이미지처럼 어두운 것은 아니고 유사한 색상의 배색으로 모던하고 고급스러운 이미지를 표현했다. 따라서 깊이 있는 색이 주로 사용되지만 딱딱한 것보다 기품이나 부드러움을 강조한 디자인이다.

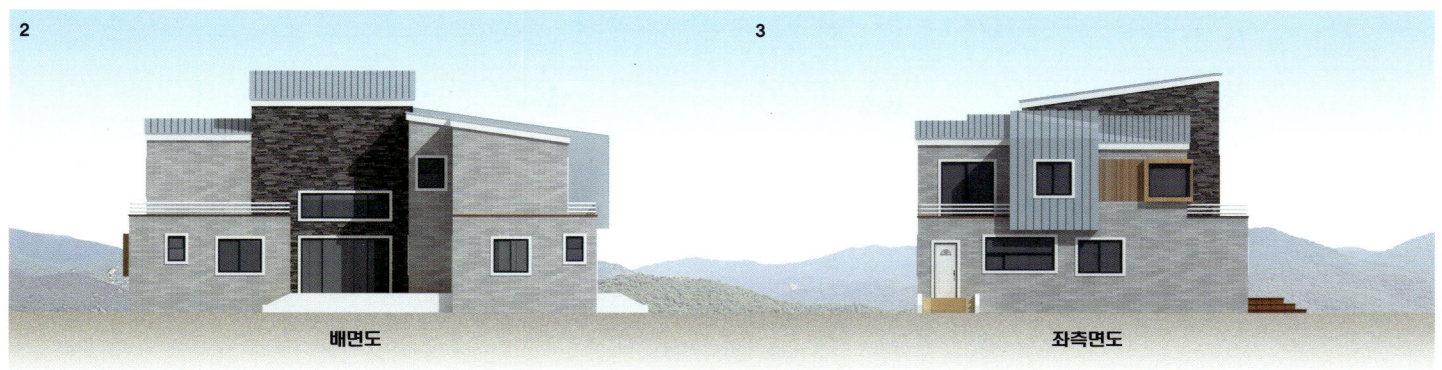

| 2 배면도 | 3 좌측면도 |

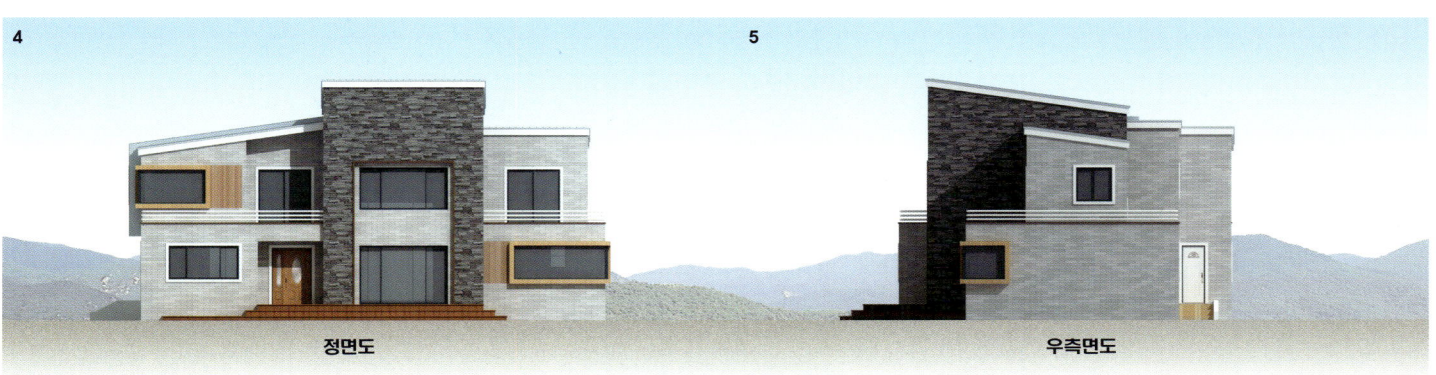

| 4 정면도 | 5 우측면도 |

1층 평면도

2층 평면도

설계개요	
건축면적	131.40㎡(39.75py)
연 면 적	209.00㎡(63.22py)
1층 면적	132.00㎡(39.93py)
2층 면적	77.00㎡(23.29py)
구 조	일반목구조
외부마감	징크강판, 점토벽돌, 인조석
설 계	노블종합건설(주)
시 공	노블종합건설(주)

1 거실　　5 서재　　9 베란다
2 주방 및 식당　6 욕실　　10 데크
3 침실　　7 드레스룸　11 현관
4 가족실　8 다용도실　12 보일러실

1 깊이 있는 색을 이용해 기품이 있으면서도 부드러움을 강조한 주택이다.
2 유사한 색상의 배색으로 고급스럽게 표현했다.
3, 5 단순해질 수 있는 입면을 맵시 있는 코너창과 아연도강판으로 강조했다.
4 회색톤의 점토벽돌에 징크패널과 인조석으로 포인트를 주었다.

64 py 211㎡

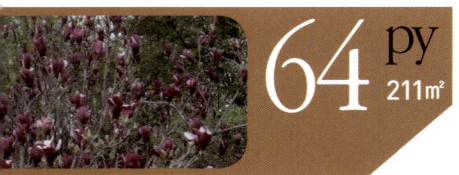

11. 철근콘크리트주택

남성적 이미지를 강조한 집 – 포맨(for Man)

남성의 근육을 자랑하듯 건물뼈대에 마디를 만들어 디자인을 완성하였고, 외관은 남성적으로 구조적 아름다움이 돋보이며, 내부는 여성적으로 설계하여 기능성과 심미성 등 주택의 기능을 향상했으며 2층 가족실, 서재와 베란다를 연계해 외부공간의 활용도도 극대화하였다.

1

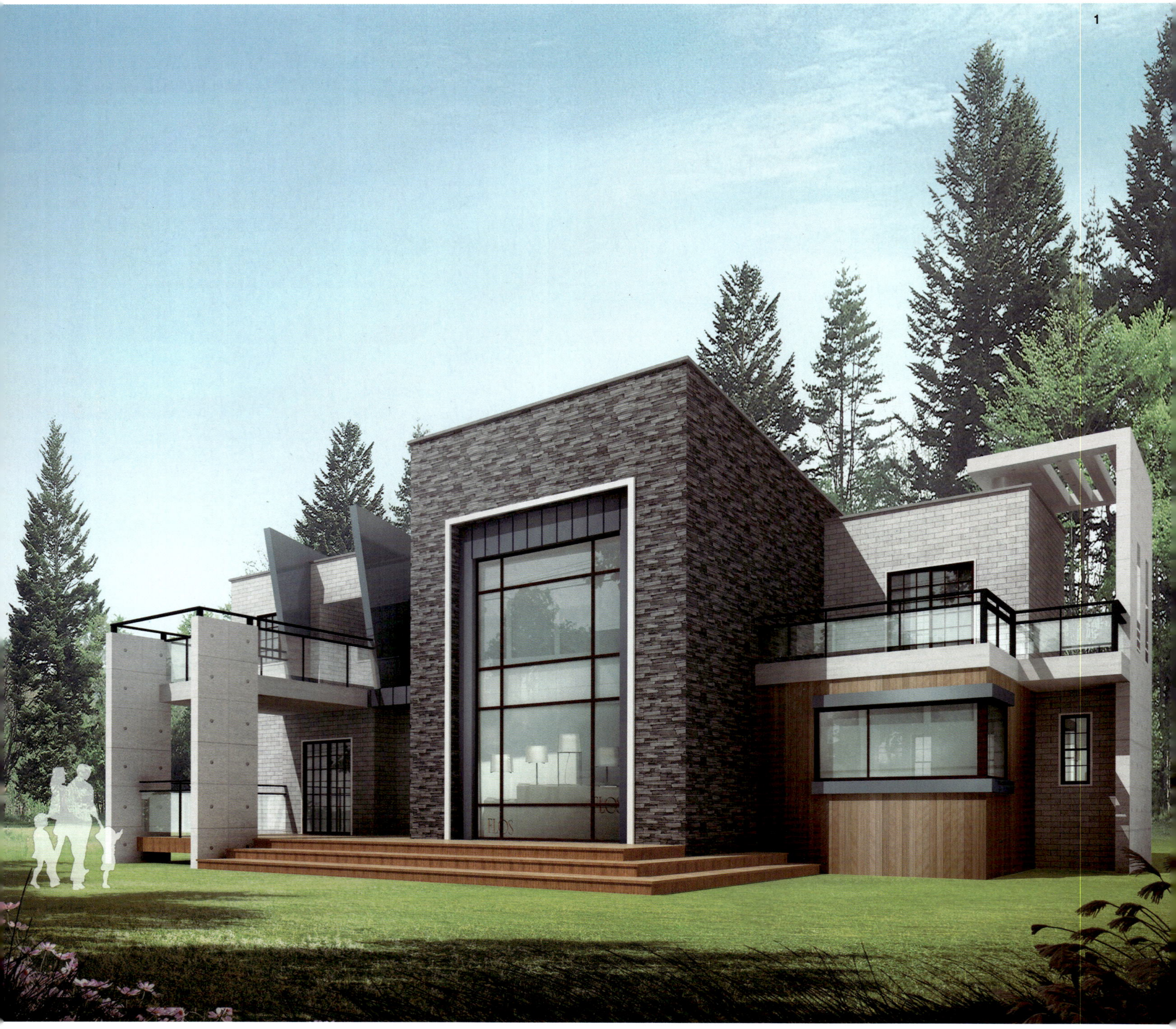

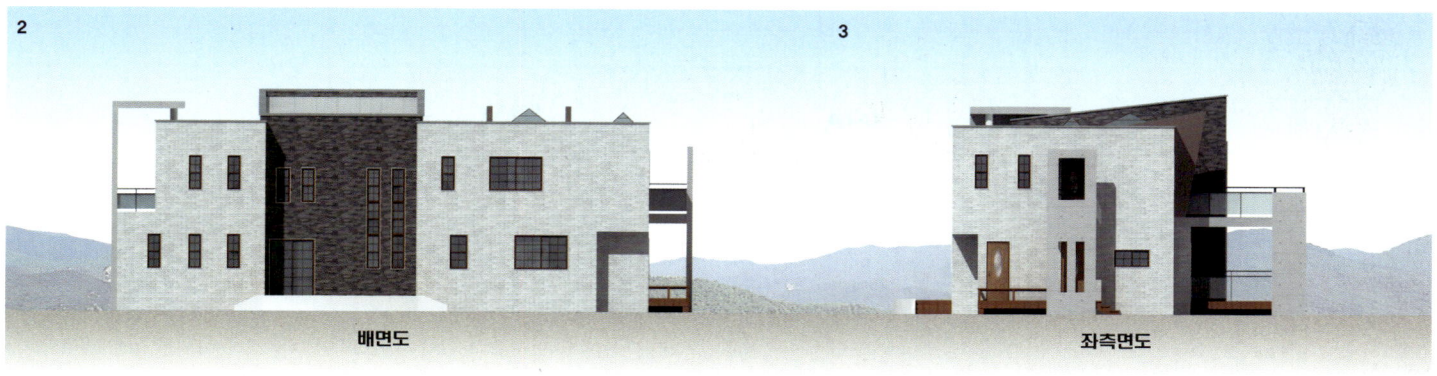

2	3
배면도	좌측면도

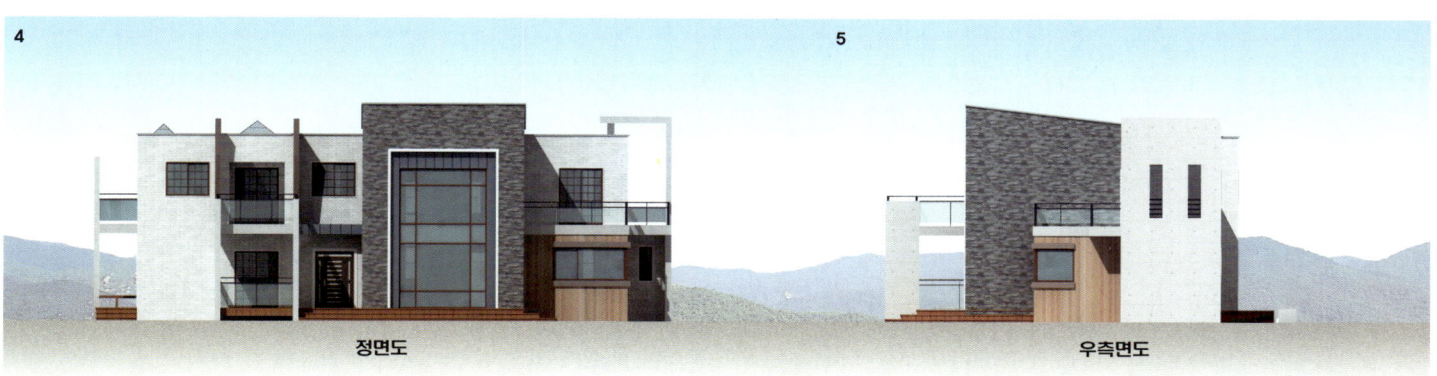

4	5
정면도	우측면도

1층 평면도

2층 평면도

설계개요

건축면적	132.84㎡ (40.18py)
연 면 적	211.02㎡ (63.83py)
1층 면적	132.84㎡ (40.18py)
2층 면적	78.18㎡ (23.65py)
구 조	철근콘크리트구조
외부마감	징크강판, 노출콘크리트 인조석
설 계	노블종합건설(주)
시 공	노블종합건설(주)

1 거실 6 서재 11 데크
2 주방 및 식당 7 욕실 12 현관
3 안방 8 드레스룸 13 보일러실
4 침실 9 다용도실
5 가족실 10 베란다

1 외관은 남성적인 구조미가 돋보이고 내부는 기능성과 여성적인 심미성이 강조된 주택이다.
2 철근콘크리트구조로 개성 있고 중후한 마감을 사용해 고급스럽다.
3. 5 노출콘크리트에 짙은 회색톤의 인조석에 부분적으로 징크패널과 적삼목으로 포인트를 주었다.
4 웅장한 포치로 현관의 고급화와 인지도를 높이는 효과가 있다. 그 위에는 길게 베란다를 설치했다.

12. 철근콘크리트주택
간결하면서도 짜임새 있는 집
– 컨시스(Concise)

64py 211㎡

형태미를 존중한 간결한 주택으로 이 디자인은 단순, 명쾌, 간결하며 외부에서 볼 때 안정감 있고, 구조적으로 튼튼하게 설계되었으며, 1층 공간은 접객공간으로 2층 공간은 주거공간으로 분리하여 외부손님이 찾거나 가족모임이 많은 건축주에게 알맞은 주택이다.

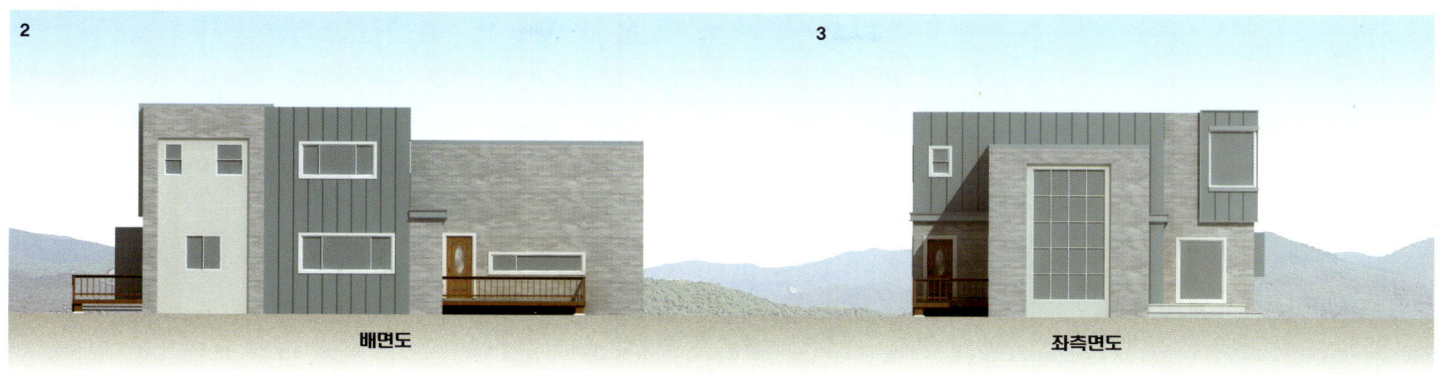

2 배면도   3 좌측면도

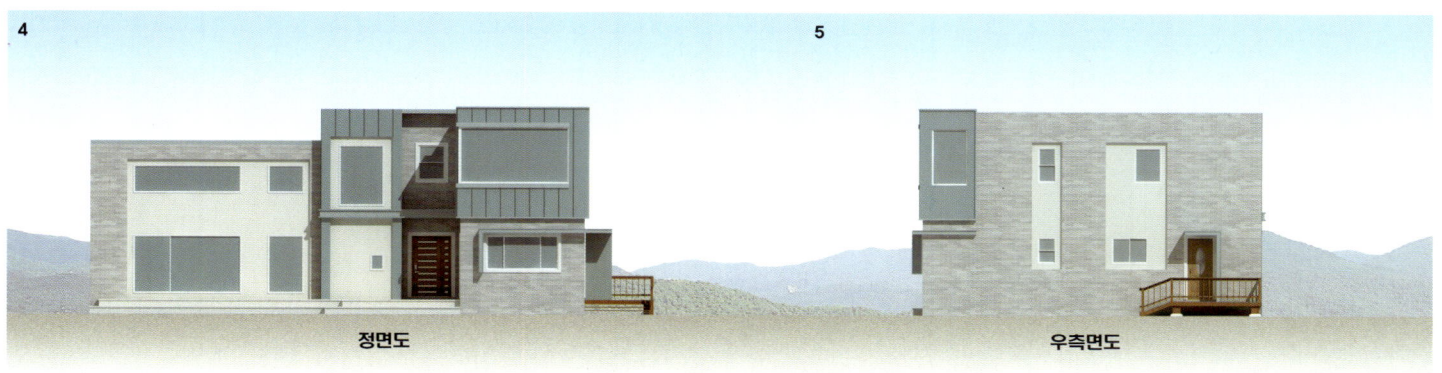

4 정면도   5 우측면도

1층 평면도

2층 평면도

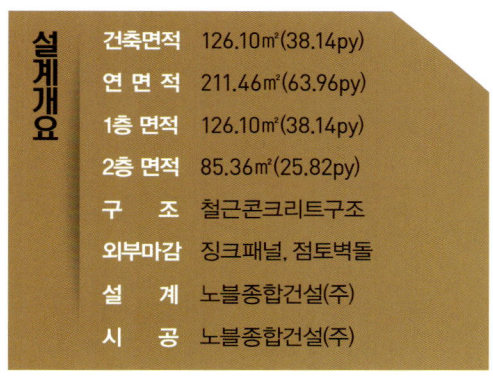

설계개요	
건축면적	126.10㎡(38.14py)
연 면 적	211.46㎡(63.96py)
1층 면적	126.10㎡(38.14py)
2층 면적	85.36㎡(25.82py)
구 조	철근콘크리트구조
외부마감	징크패널, 점토벽돌
설 계	노블종합건설(주)
시 공	노블종합건설(주)

1 거실 6 욕실 11 데크
2 주방 및 식당 7 파우더룸 12 현관
3 안방 8 다용도실 13 그릇방
4 침실 9 중실 14 창고
5 응접실 10 테라스 15 보일러실

1 점토벽돌에 징크패널로 포인트를 주어 고급스럽다.
2, 3 높이를 강조한 입면
4, 5 채광이 좋게 창호를 배치하였다.

13. 철근콘크리트주택
2층에 넓은 옥외공간이 있는 집 – 테라스하우스(Terrace house)

67py / 220㎡

테라스하우스란 단위 세대를 대지의 경사도에 맞추어 쌓아올린 것으로 아래층 세대의 지붕을 위층 세대가 정원으로 활용하는 방식으로, 층이 올라갈 때마다 조금씩 뒤로 물려 집을 지어 아래층 옥상 일부를 위층의 테라스로 쓰는 형식이다. 연립 테라스하우스 개념으로 테라스에 화단을 꾸미거나 나무를 심어 정원처럼 사용할 수도 있는 단독주택을 디자인했다.

모델링1

모델링2

정면도

측면도

1층 평면도

2층 평면도

설계개요

건축면적	138.99㎡(42.04py)
연면적	220.17㎡(66.60py)
1층 면적	138.99㎡(42.04py)
2층 면적	81.18㎡(24.56py)
구 조	철근콘크리트구조
외부마감	아이루프, 스타코플렉스 베이스판넬
설 계	노블종합건설(주)
시 공	노블종합건설(주)

1 거실　　5 욕실　　9 테라스
2 주방 및 식당　6 드레스룸　10 데크
3 안방　　7 다용도실　11 현관
4 방　　　8 운동구실　12 보일러실 및 창고

1 아래층 지붕 일부를 위층의 테라스로 쓰는 테라스하우스 개념의 주택이다.
2, 4 위로 들어 올린 2층의 테라스 기둥으로 작은 규모의 주택임에도 웅장해 보인다.
3 외쪽지붕을 활용한 모던한 디자인이다
5 가벽을 활용하여 매스의 균형을 이루었다.

14. 철근콘크리트주택
별개의 공간으로 나누어진 집 – 스플릿(Split)

80py 265㎡

한옥은 채와 채가 저만치 떨어져 서로 바라보는 관계 속에서 공간이 형성되어 가득 차 있는 심리적 부담과 시각적 피로 같은 것에서 여유를 주는 여백의 미가 있다. 이 집은 거실, 부부침실, 손님방, 주방, 식당이 별개의 공간으로 나누어진 주택이며, 외관도 동마다 디자인을 다르게 하여 여러 주택이 분절과 동시에 융합된 것 같이 보인다.

모델링1

모델링2

정면도 　　　　　　　　　　　　　　　　　측면도

1층 평면도

2층 평면도

설계개요	
건축면적	178.44㎡(53.98py)
연 면 적	264.58㎡(80.04py)
1층 면적	159.65㎡(48.29py)
2층 면적	71.89㎡(21.75py)
구　　조	철근콘크리트구조
외부마감	징크패널, 노출콘크리트
설　　계	노블종합건설(주)
시　　공	노블종합건설(주)

1 거실　　6 욕실　　11 데크
2 주방 및 식당　7 드레스룸　12 현관
3 안방　　8 다용도실　13 보일러실
4 방　　9 발코니
5 가족실　10 베란다

1 한옥의 채 나눔의 개념으로 독립성을 확보하여 다세대가 생활하기에 적합한 공간구조로 되어 있다.
2,4 경쾌한 리듬이 넘치는 외부디자인으로 테라스, 발코니 등 여유 있는 공간이 많은 장점이 있다.
3 동마다 디자인을 다르게 하여 여러 주택이 붙어 있는 것 같이 보인다.
5 노출콘크리트 마감에 적삼목 포인트로 눈에 띄는 디자인이다.

15. ALC+철근콘크리트주택
가로로 길게 펼친 집 – 와이든(Widen)

90 py 297㎡

주택은 2층으로 지어야 아름답다는 말이 무색하게 단층으로도 넓고 시원한 느낌의 아름다운 주택이 디자인되었다. 주생활은 평면공간생활이 되며, 대지가 넓을 때 유리한 주택형식으로 사람이 자연에 가장 적합하게 살아갈 수 있는 형태. 계단을 오르내릴 필요가 없고 옥외로 쉽게 접근할 수 있는 장점이 있다. 심미성을 고려해 창호를 크게 계획하였고, 단열 성능을 높이기 위해 3중창과 이중벽공법을 채택하였다.

1

모델링

정면도

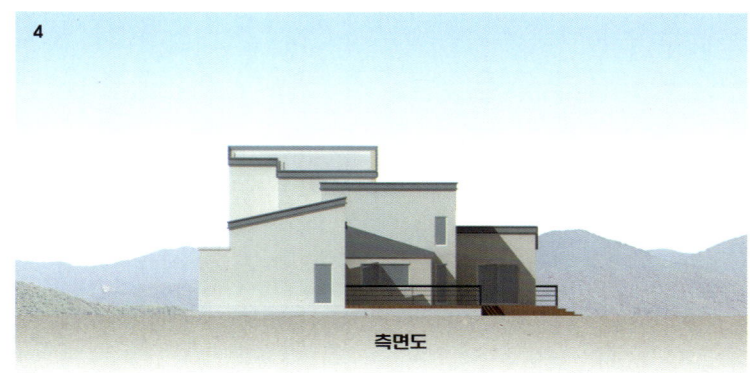
측면도

1층 평면도

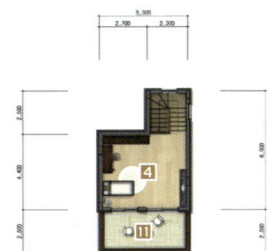
2층 평면도

설계개요	
건축면적	268.68㎡(81.28py)
연면적	296.70㎡(89.75py)
1층 면적	268.68㎡(81.28py)
2층 면적	28.02㎡(8.48py)
구 조	철근콘크리트조
외부마감	아이루프, 스타코플렉스, 인도사암
설 계	노블종합건설(주)
시 공	노블종합건설(주)

1 거실　　6 욕실　　11 발코니
2 주방 및 식당　7 드레스룸　12 데크
3 안방　　8 다용도실　13 현관
4 방　　9 찜질방　14 복도
5 게스트룸　10 사우나실　15 보일러실

1, 3 높은 천장으로 채광이 좋고 가로로 길게 펼쳐져 웅장해 보이는 단층주택으로 넓고 시원한 디자인이다.
2 카페 같은 외부 전경으로 별채는 찜질방으로 했다.
4 외관은 아연도강판 지붕과 스타코로 하고 수입 석재로 포인트를 주었다.

92 py 305㎡

16. 목조+철근콘크리트주택
바다에 떠 있는 듯한 집 – 크루즈(Cruise)

이 주택은 3개의 매스가 한 동으로 연결되어 각 매스 마다 바다, 강, 산을 바라다보며 주변 환경에의 변화를 마주할 수 있게 디자인하였다. 1층은 철근콘크리트구조의 필로티 공법으로 바다 위에 떠 있는 느낌이 들게 조망을 확보하고 목구조의 장점을 살려 미니멀한 디자인을 추구하였으며, 미리 계획된 다락에서 거실을 바라보는 복층구조는 절제미가 돋보인다.

1

모델링1

모델링2

정면도　　　　　　　　　　　측면도

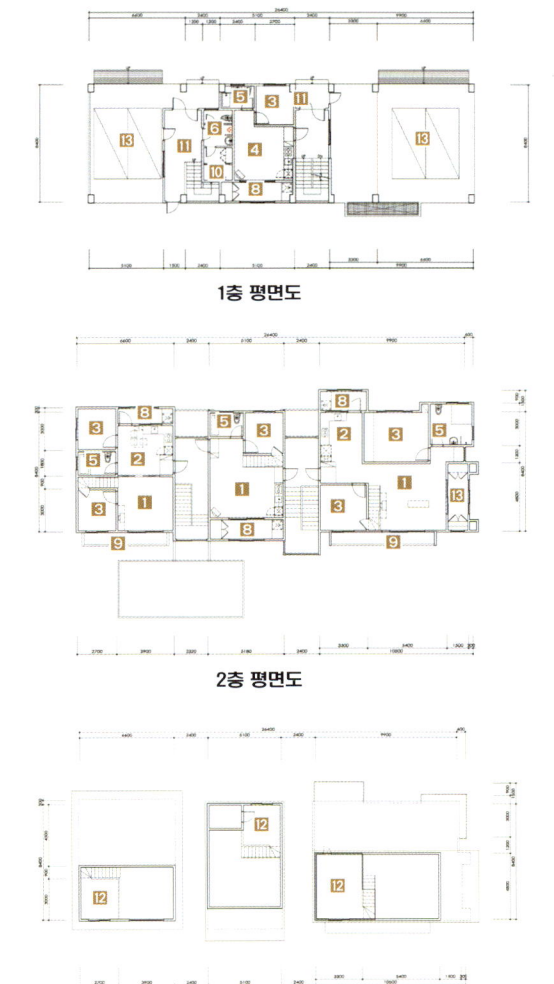

1층 평면도

2층 평면도

3층 평면도

설계개요	
건축면적	228.13㎡ (69.01py)
연 면 적	304.91㎡ (92.24py)
1층 면적	76.78㎡ (23.23py)
2층 면적	228.13㎡ (69.01py)
구　　조	일반목구조+철근콘크리트구조
외부마감	아이루프, 파벽돌
	스타코플렉스, 적삼목사이딩
설　　계	노블종합건설(주)
시　　공	노블종합건설(주)

1 거실　　6 화장실　　11 복도
2 주방 및 식당　7 현관　　12 다락
3 침실　　8 발코니　　13 주차장
4 관리인 숙소　9 데크
5 욕실　　10 탈의 및 샤워실

1 바다 위에 떠 있는 듯한 조망감이 뛰어난 집이다.
2 3개의 매스가 한 동으로 연결되어 각 매스 마다 바다, 강, 산을 바라다볼 수 있게 디자인했다.
3, 4 필로티 공법으로 공간 활용도를 높여 넓은 주차장을 확보했다.
5 수평과 수직의 선을 강조한 입면이다.
6 채 나눔으로 독립성을 고려한 공간구성이다.

17. ALC+철근콘크리트주택

52py 173㎡

파랑새의 날갯짓을 형상화한 집
– 블루버드(Blue bird)

완만한 경사지에 파랑새의 날갯짓을 형상화한 3세대 주택으로서, 외부공간과의 유기적인 연계를 위해 테라스와 베란다를 적극적으로 도입하였다. 내부 중심공간인 거실과 서재를 형성하기 위해 지형의 레벨을 이용하였다. 거실을 다운하고 천장고를 확보함과 동시에 공간분리를 하였으며, 화장실을 전용 및 공용으로 쓸 수 있게 구성하여 공용면적을 최소화하였다.

1

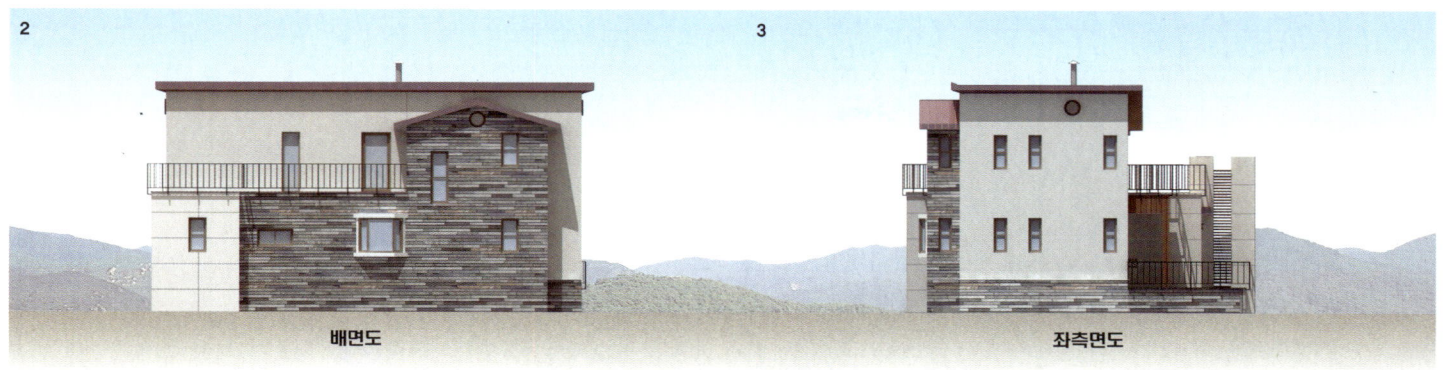

배면도　　　　　　　좌측면도

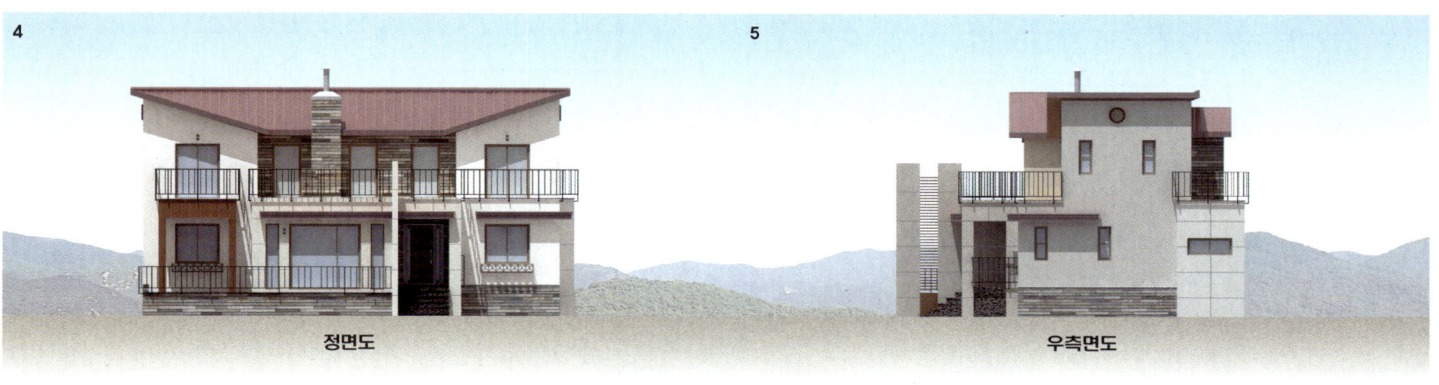

정면도　　　　　　　우측면도

1층 평면도

2층 평면도

설계개요

건축면적	110.59㎡(33.45py)
연 면 적	173.37㎡(52.44py)
1층 면적	110.59㎡(33.45py)
2층 면적	62.78㎡(18.99py)
구　　조	ALC+철근콘크리트구조
외부마감	아연도강판, 스타코플렉스
설　　계	노블종합건설(주)
시　　공	노블종합건설(주)

1 거실　　5 욕실　　9 현관
2 주방 및 식당　6 다용도실　10 포치
3 침실　　7 베란다
4 가족실 및 서재　8 데크

1, 4 새의 날갯짓을 형상화한 3세대 주택으로 테라스와 베란다를 적극적으로 도입하여 외부공간과의 연계성을 높였다.
2 밝은 색상의 스타코와 짙은 파벽돌이 대조를 이루며 안정감이 있다. 아연도강판으로 포인트를 살렸다.
3, 5 외쪽지붕의 높은 면은 시원한 벽체를 형성할 수 있어 모던한 스타일의 주택에 많이 쓰이는 지붕형태이다.

18. 철근콘크리트주택
외부동선이 자연스럽게 연결된 집
– 스트림(Stream)

59py 194㎡

수려한 경관의 전원주택지에 외부조망을 최우선 고려한 2세대 주택 또는, 별장으로서 전면 조망을 극대화하기 위해 ―자형 배치를 하였으며, 2층까지 열린 거실과 식당, 가족실 등에 와이드창 및 코너창을 설치하였다. 생활공간과 침실공간은 독립성을 확보하면서 실내공간과 다양한 외부동선이 시냇물이 흐르듯 자연스럽게 연결되도록 하고, 옥외계단을 통해 2층으로 바로 진입할 수 있게 하였다.

2 배면도 3 좌측면도

4 정면도 5 우측면도

1층 평면도

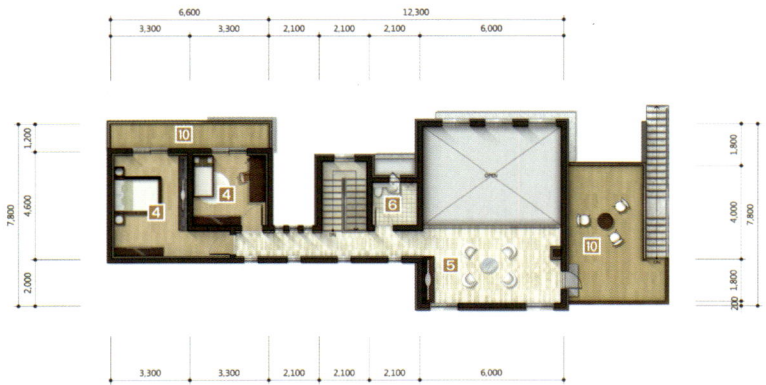

2층 평면도

설계개요	
건축면적	130.90㎡(39.60py)
연 면 적	194.38㎡(58.80py)
1층 면적	125.32㎡(37.91py)
2층 면적	69.06㎡(20.89py)
구 조	철근콘크리트구조
외부마감	징크패널, 노출콘크리트
설 계	노블종합건설(주)
시 공	노블종합건설(주)

1 거실   6 욕실   11 데크
2 주방 및 식당 7 서재   12 현관
3 안방   8 드레스룸   13 창고
4 침실   9 다용도실
5 가족실 10 베란다

1 독립성을 고려한 2세대 주택으로 외부조망을 극대화하기 위해 一자형 배치를 했다.
2 점토벽돌, 인조석, 징크패널의 서로 다른 질감의 마감재로 전체적으로 조화를 이뤄 고급스럽다.
3,5 옥외계단을 통해 2층으로 바로 진입할 수 있게 하였다.
4 채 나눔으로 형성된 공간마다 외벽마감을 달리해 차별화시켰다.

19. 철근콘크리트주택

크고 작은 매스가 모여 만들어진 집 – 큐브(Cube)

65py 215㎡

각각의 매스는 그 자체만으로도 하나의 공간을 형성한다. 그런 공간들이 중첩되어 새로운 공간을 만들어내며 하나의 집을 완성했다. 평면적인 조합에서 부수적으로 찾아오는 또 하나의 즐거움으로 다가오고 단조로운 형태가 아닌 다양한 매스의 조화로 변화 있는 건물의 외관이 드러난다. 평면은 가족구성원 간의 프라이버시가 지켜지며 공용공간은 그들을 이어주는 공간이 되어 조화를 이룬다.

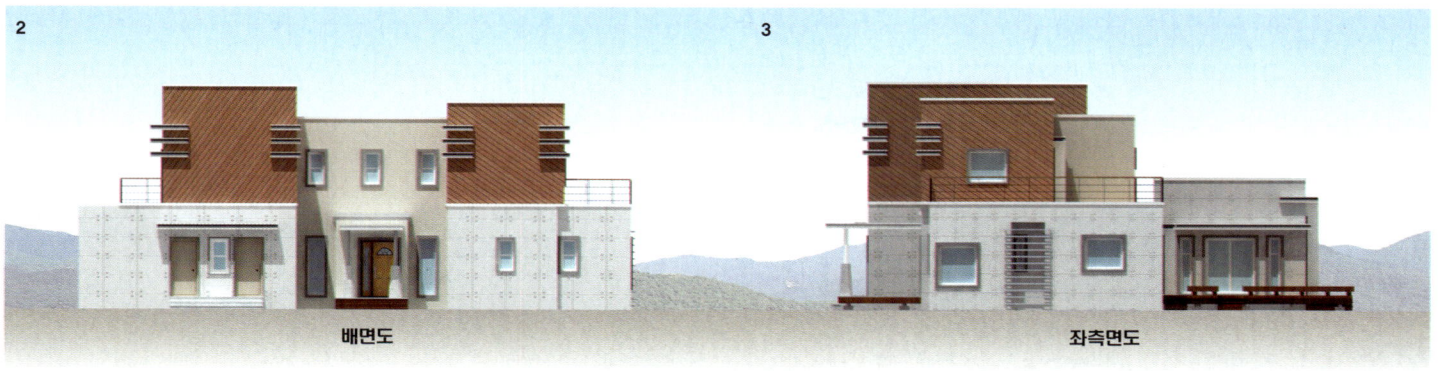

2 배면도   3 좌측면도

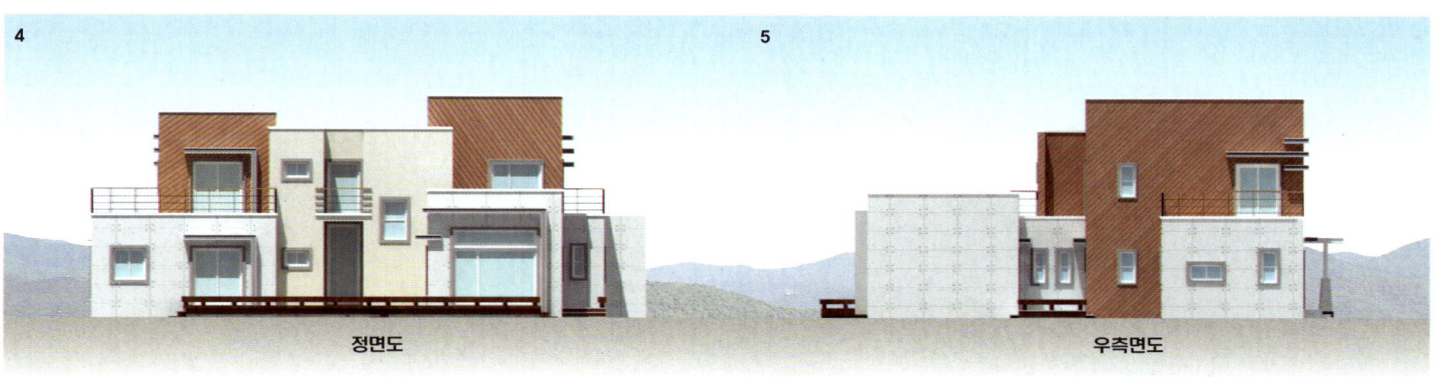

4 정면도   5 우측면도

1층 평면도

2층 평면도

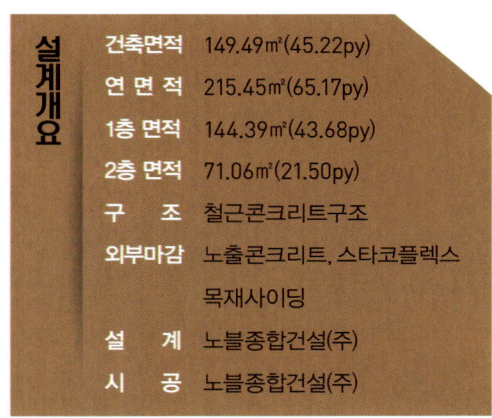

설계개요	
건축면적	149.49㎡(45.22py)
연면적	215.45㎡(65.17py)
1층 면적	144.39㎡(43.68py)
2층 면적	71.06㎡(21.50py)
구조	철근콘크리트구조
외부마감	노출콘크리트, 스타코플렉스 목재사이딩
설계	노블종합건설(주)
시공	노블종합건설(주)

1 거실 6 욕실 11 데크
2 주방 및 식당 7 드레스룸 12 현관
3 안방 8 파우더룸 13 보일러실
4 침실 9 다용도실
5 가족실 10 베란다

1 다양한 매스의 조화로 변화 있는 건물의 외관이 드러난다.
2 후면의 중앙에 돌출된 포치 형식으로 현관을 완성했다.
3, 5 도시의 회색톤 노출콘크리트에 빗살무늬 목재사이딩의 자연미가 돋보이고 있다.
4 자체만으로도 하나의 공간을 형성하는 각각의 매스가 중첩되어 하나의 집을 완성했다.

20. ALC+철근콘크리트주택
역동적인 공간구성을 꾀한 집
– 자운당(紫蕓堂)

68py 224㎡

　앞뒤로 탁 트인 대청마루처럼 자연을 한껏 끌어들인 넓은 거실을 중심으로 마스터존과 주방을 양쪽에 배치함으로써 주부의 동선을 최소화했다. 이 집 디자인개념의 가장 주된 요소인 바라보는 배치를 통해 거실을 중심으로 더욱 다이내믹한 공간구성을 꾀하였으며, 수평적인 목재 포인트를 사용하여 아늑하면서도 따뜻한 느낌을 강조했다.

1

모델링1

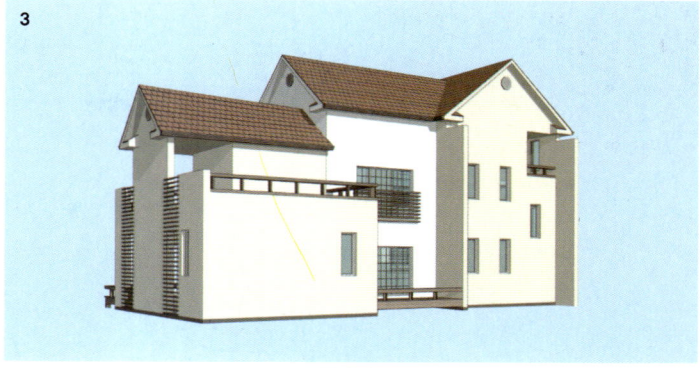

모델링2

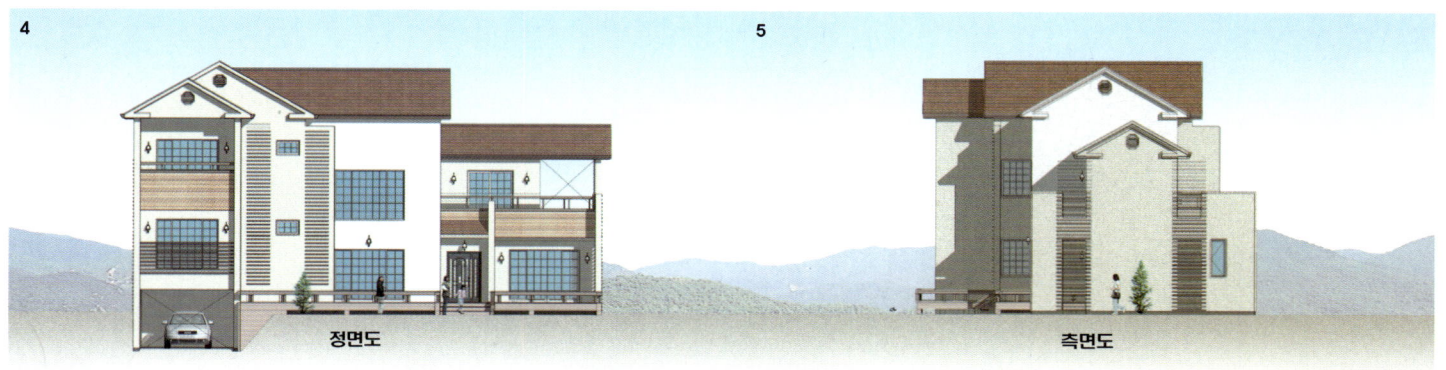

정면도   측면도

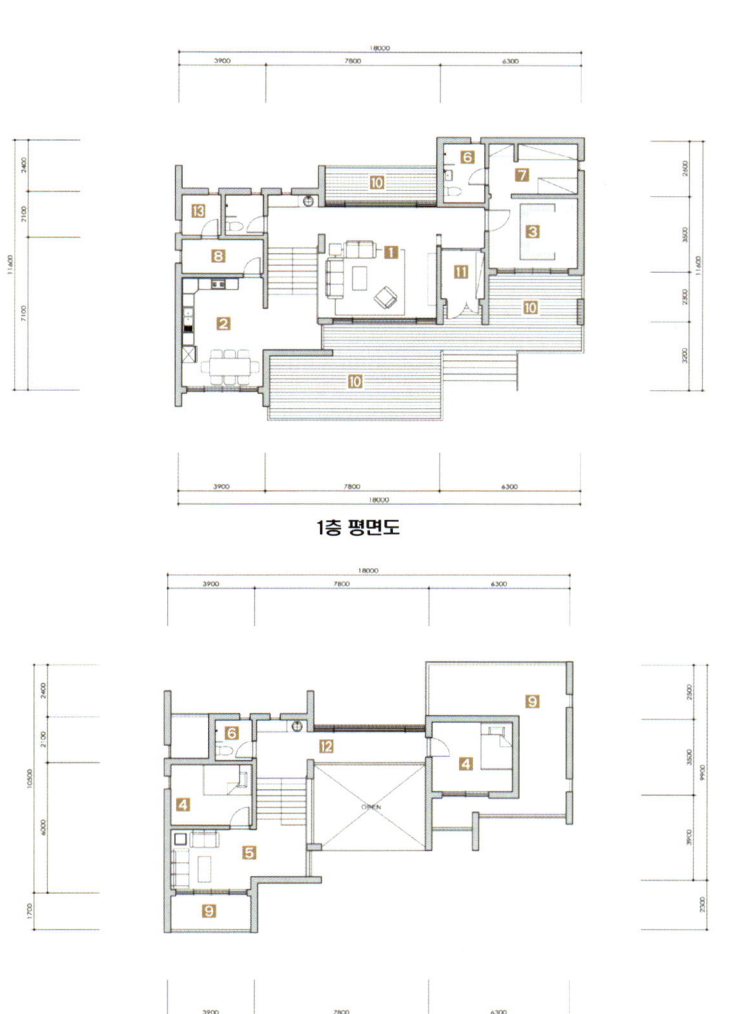

1층 평면도

2층 평면도

설계개요	
건축면적	129.03㎡ (39.03py)
연 면 적	224.31㎡ (67.85py)
1층 면적	125.46㎡ (37.95py)
2층 면적	98.85㎡ (29.90py)
구 조	ALC+철근콘크리트조
외부마감	이중그림자쉥글
	스타코플렉스, 목재사이딩
설 계	노블종합건설(주)
시 공	노블종합건설(주)

1 거실   6 욕실   11 현관
2 주방 및 식당 7 드레스룸 12 복도
3 안방   8 다용도실 13 보일러실
4 침실   9 발코니
5 가족실 10 데크

1 앞뒤로 탁 트인 대청마루처럼 거실을 중심에 두고 마스터존과 주방을 양쪽에 배치했다.
2, 4 박공지붕과 외벽에 콘크리트 가벽을 세워 입체감 있는 모던한 주택으로 표현했다.
3 2층 침실을 3-Bay 창으로 개방감을 높이고 포치와 3면에 테라스를 설치해 활용도를 높였다.
5 박공지붕의 측면으로 스타코로 마감하고 방부목으로 포인트를 주었다.

21. 철근콘크리트주택
변화하는 평면구성이 재밌는 집 — 큐빅(Cubic)

69py / 229㎡

머무는 곳에서 여유와 재미를 찾고자 하는 현대인이 잠시 머물고 추억을 만들 수 있는 곳이다. 변화하는 평면구성과 실마다 복층으로 배치하여 독립성을 확보하였고, 전면의 창은 자연을 실내로 끌어들이려는 의도로 기본적인 구조를 제외한 모든 면을 창문으로 계획하였다. 매스를 서로 엇갈리게 배치하여 구조적 안정과 변화 있는 실 배치로 시각적 재미도 함께 즐길 수 있는 곳이다.

2

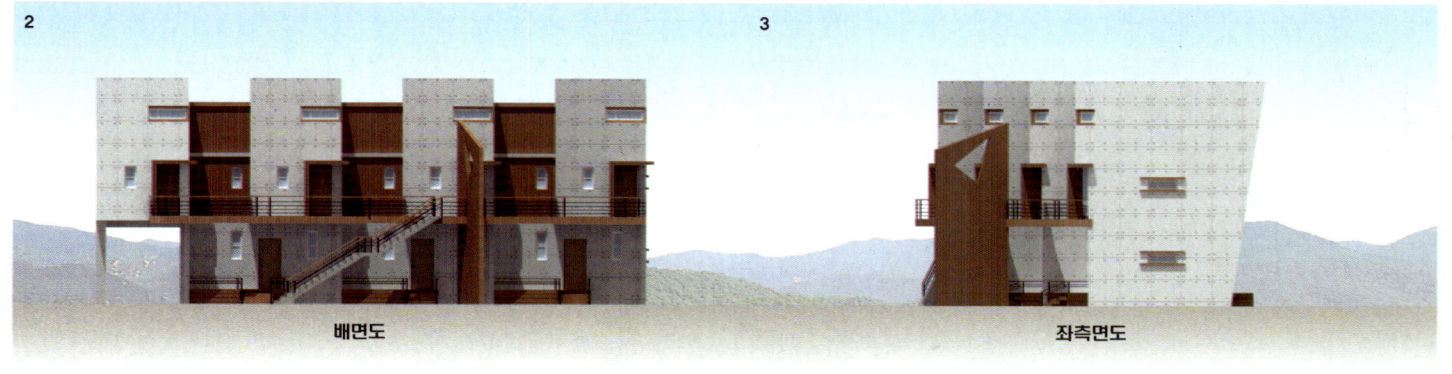

배면도

3

좌측면도

1층 평면도

2층 평면도

3층평면도

4

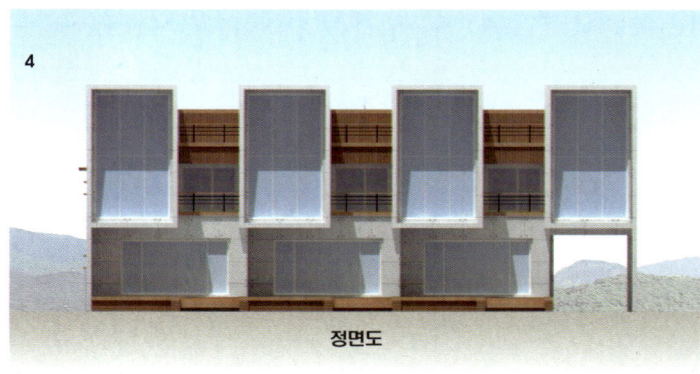

정면도

5

우측면도

설계개요

건축면적	127.51㎡ (38.57py)
연 면 적	228.51㎡ (69.12py)
1층 면적	59.40㎡ (17.97py)
2층 면적	129.51㎡ (38.57py)
3층 면적	39.60㎡ (11.98py)
구 조	철근콘크리트구조
외부마감	노출콘크리트, 적삼목사이딩
설 계	노블종합건설(주)
시 공	노블종합건설(주)

1 거실   3 침실   5 테라스
2 주방   4 욕실   6 현관

1, 4 매스를 서로 엇갈리게 배치하여 구조적 안정과 변화 있는 평면구성이다. 실마다 복층으로 배치했다.
2 4개의 정육면체가 질서 있게 사선으로 배치된 모던한 펜션이다.
3, 5 기본적인 구조를 제외한 모든 면을 창문으로 계획하여 자연을 실내로 끌어들이려는 의도가 보인다.

22. 철근콘크리트주택
지붕디자인이 현대적인 집
– 모던A (Modern.A)

48py 159㎡

단순하면서도 강해 보이는 외쪽지붕과 넓은 타운하우스 형태의 테라스로 현대적인 이미지를 부각했다. 대지 면적이 다소 작은 도심지 주택에 초점을 맞춰 공용공간을 최소화하고, 각 실을 유기적으로 연결하여 실용적인 가치에 중점을 둔 모던한 스타일의 주택계획안이다.

설계개요
건축면적	105.27㎡ (31.84py)
연면적	158.59㎡ (47.97py)
1층 면적	105.27㎡ (31.84py)
2층 면적	53.32㎡ (16.13py)
구 조	철근콘크리트구조
외부마감	아연도강판
	스타코플렉스
	파벽돌
설 계	노블종합건설(주)
시 공	노블종합건설(주)

1 거실　　8 드레스룸
2 주방 및 식당　9 다용도실
3 안방　　10 테라스
4 침실　　11 데크
5 가족실　　12 현관
6 서재　　13 보일러실
7 욕실　　14 창고

1 단순하면서도 강해 보이는 외쪽지붕으로 실용성이 강조된 모던한 스타일. 아연도강판과 목재사이딩으로 고급스럽게 연출했다.
2, 3 공용공간을 최소화하고 동선을 줄여 도심지 주택에 초점을 맞춘 평면구성.

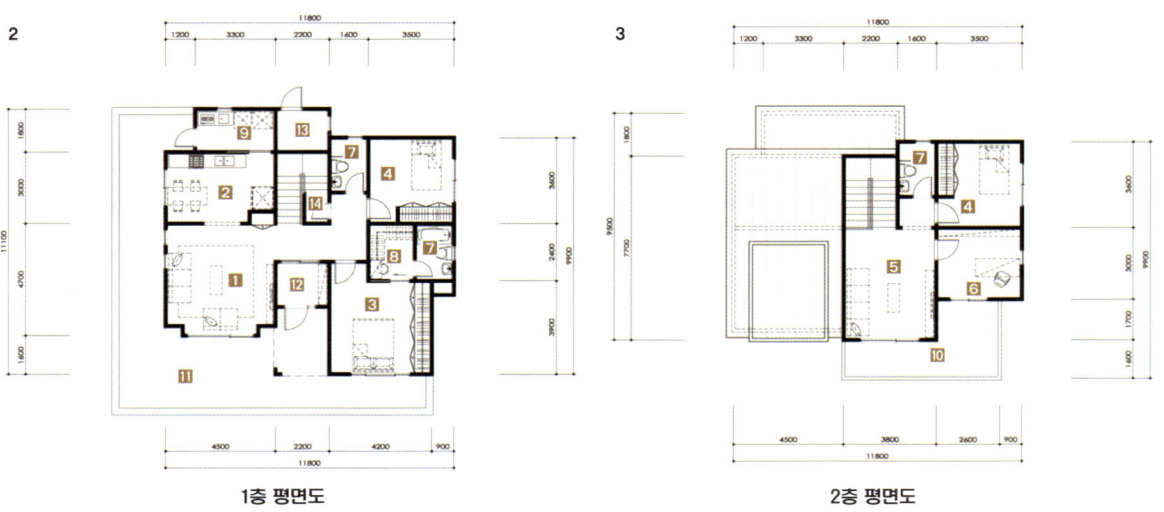

1층 평면도　　　　　　　2층 평면도

23. ALC+철근콘크리트주택
전원에 어울리는 현대적인 집
– 모던B (Modern.B)

58 py 191㎡

전원에 어울릴만한 모던하우스를 설계하였다. 개성적인 중정형 평면에 외부 마감재와 디자인요소를 적절히 연계하여, 현대적인 느낌과 안정된 외관구성에 중점을 둔 주택으로, 특히 2층 테라스는 단독주택의 여유로움을 한층 돋보이게 하고 있다.

설계개요
- 건축면적: 116.89㎡ (35.36py)
- 연 면 적: 190.54㎡ (57.64py)
- 1층 면적: 116.89㎡ (35.36py)
- 2층 면적: 73.65㎡ (22.28py)
- 구 조: ALC+철근콘크리트구조
- 외부마감: 아연도강판, 스타코플렉스, 파벽돌, 우드사이딩
- 설 계: 노블종합건설(주)
- 시 공: 노블종합건설(주)

1. 거실
2. 주방 및 식당
3. 안방
4. 침실
5. 가족실
6. 서재
7. 욕실
8. 드레스룸
9. 다용도실
10. 테라스
11. 데크
12. 현관
13. 보일러실
14. 창고
15. 온실

1 안정된 외관구성에 중점을 둔 중정형 평면의 주택이다. 현관 옆으로 전원생활에서 쓰임새가 큰 온실도 갖췄다.
2 현관으로 들어서면 좌우로 실이 분리되어 독립성이 좋은 평면구성이다.
3 단독주택의 2층 테라스는 아파트에서는 얻을 수 없는 여유 공간이다.

1층 평면도

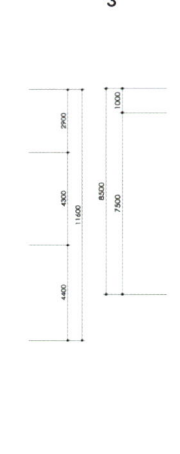

2층 평면도

24. 목조주택
경사지붕으로 연출한 현대적인 집
– 모던C (Modern.C)

58py / 193㎡

경사지붕으로는 모던한 주택을 디자인하기 어렵다고 하지만, 마감자재를 잘 활용하면 현대적인 감각의 주택을 연출할 수 있다. 중후함과 세련미를 절묘하게 연출한 주택으로, 연면적에 비해 웅장한 외관을 지니고 있으며, 각 실에서는 외부 조망을 최대한 즐길 수 있도록 설계한 주택이다.

설계개요
건축면적	130.18㎡ (39.38py)
연 면 적	192.68㎡ (58.29py)
1층 면적	130.18㎡ (39.38py)
2층 면적	62.50㎡ (18.91py)
구 조	일반목구조
외부마감	아연도강판
	스타코플렉스
	파벽돌, 우드사이딩
설 계	노블종합건설(주)
시 공	노블종합건설(주)

1 거실　　8 파우더룸
2 주방 및 식당　9 보조주방
3 안방　　10 데크
4 침실　　11 현관
5 가족실　12 보일러실
6 서재　　13 창고
7 욕실

1 모임지붕을 아연도강판으로 마감하여 전체적으로 중후하면서도 세련된 도시형 주택이 되었다.
2.3 실용성과 경제성을 높인 4각 평면에 개인공간과 공용공간을 분할한 동선이 간결한 평면구성이다.

1층 평면도　　　　　2층 평면도

25. 목조주택
아연도강판을 잘 활용한 현대적인 집 – 모던D(Modern.D)

60 py 200㎡

지붕재인 아연도강판과 스타코 벽체에 우드사이딩으로 부분적으로 포인트를 주어 모던하면서도 조화를 이루는 설계를 하였다. 절제미와 모던함을 컨셉으로 현대적인 디자인을 강조한 주택으로 거실과 가족실의 공용공간은 개방감을 확보하고 각 실에서는 프라이버시를 최대한 고려하여 설계한 주택이다.

설계개요

건축면적	104.83㎡(31.41py)
연 면 적	199.56㎡(60.37py)
1층 면적	104.83㎡(31.41py)
2층 면적	94.73㎡(28.66py)
구 조	일반목구조
외부마감	아연도강판
	스타코플렉스
	우드사이딩
설 계	노블종합건설(주)
시 공	노블종합건설(주)

1 거실　8 보조주방
2 주방 및 식당　9 발코니
3 안방　10 테라스
4 침실　11 데크
5 가족실　12 현관
6 욕실　13 창고
7 드레스룸

1 절제미와 모던함을 컨셉으로 한 주택이다. 지붕과 벽체를 아연도강판으로 같이 마감하여 더 세련되게 연출하였다.
2.3 웅장한 포치가 시선을 사로잡는 주택으로 내부의 각 실은 프라이버시를 최대한 고려하여 설계한 평면구성이다.

1층 평면도　　2층 평면도

:: 주목 朱木

주목은 주목과에 속하는 상록침엽교목으로 줄기의 색깔이 붉은 나무라는 의미이다. 잎은 침엽형이며, 평평하고, 짙은 녹색으로 2~3년 만에 떨어진다. 9월~10월에 붉은 열매는 길이 5밀리미터 정도의 둥근 달걀모양이며 빨간 컵처럼 생긴 가종피假種皮에 싸여서 빨갛게 익는다.

IV

전원주택 사례 75선

20~30평형대(9채)

40평형대(16채)

50평형대(22채)

60평형대(15채)

70평형대 이상(13채)

27 py 88.46㎡
경기도 가평군

01. 목조주택

농촌생활을 배려한 편리한 농가주택

소박하면서 절제미가 느껴지는 외부디자인이다. 반복적인 패턴으로 시공된 흰색의 시멘트사이딩과 목재사이딩 마감재가 잘 어우러져 편안하면서도 아늑함이 느껴진다. 우리 시골 마을에 잘 어울리는 농가주택으로 적합하다. 주방과 거실을 중심으로 2개의 방과 샤워실, 화장실이 분리된 평면은 농촌생활의 편리함을 고려하여 설계했다. 건물 전면에 있는 데크는 파티오도어로 거실과 통하게 하여 거실이 텃밭으로 연장된 느낌이다.

1

2

설계개요

위 치	경기도 가평군
대지면적	204.00㎡(61.71py)
지역지구	도시지역, 제2종 일반주거지역
건축면적	88.46㎡(26.75py)
연 면 적	88.46㎡(26.75py)
건 폐 율	43.36%
구 조	일반목구조
외부마감	시멘트사이딩 적삼목사이딩 아스팔트슁글
설 계	노블종합건설(주)
시 공	노블종합건설(주)

1,2 집의 전면은 남쪽을 향하고 있으며, 현관은 진입로 특성상 배면에 있다. **3,4,5** 내부 인테리어는 불필요한 치장을 최대한 배제한 것이 눈에 띈다. 평소 어머니 혼자 거주하시지만, 자녀와 손자들이 찾는 경우가 많아 거실 면적은 넉넉히 확보했다.

정면도   배면도

1층 평면도   지붕 평면도

1 거실 **2** 주방 및 식당 **3** 안방 **4** 방 **5** 화장실 **6** 샤워실 **7** 다용도실 **8** 데크 **9** 현관

30 py 99.79㎡
충청북도 청원군

02. ALC주택
프로방스 분위기의 주택

파스텔톤 계열의 다양한 외장재를 조합한 프로방스 분위기의 주택이다. 현관 부분뿐만 아니라 주택 전면에 데크를 둘러 단층주택의 안정감을 살렸다. 내부는 거실과 주방을 횡으로 개방하고 공용공간에 많은 비중을 두었다. 옆쪽으로 침실을 배치하고 욕실 2개, 다용도실로 공간의 효율성을 높인 주택이다.

설계개요

위 치	충청북도 청원군
대지면적	825.00㎡(249.56py)
지역지구	관리지역
건축면적	101.99㎡(30.85py)
연 면 적	99.79㎡(30.18py)
건 폐 율	12.36%
구 조	ALC블럭구조
외부마감	스타코플렉스
	점토기와, 파벽돌
설 계	노블종합건설(주)
시 공	노블종합건설(주)

1 외벽을 파스텔톤의 파벽돌과 스타코로 마감하고 지붕을 점토기와로 마감하여 색상과 질감이 조화를 이룬다. **2** 측면 진입로 **3** 깔끔하면서도 따뜻한 느낌의 거실. 거실 아트월의 타일은 건축주가 직접 구매하여 시공했다. **4** 작지만 편리한 동선의 주방. 안쪽으로 다용도실이 자리하고 있다. **5** 현관과 복도 사이에 미닫이 중문을 달아 공간의 효율성을 높였다.

정면도   배면도

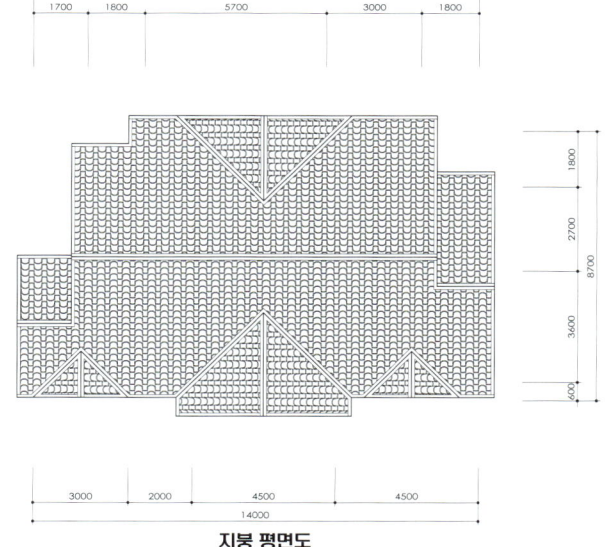

1층 평면도   지붕 평면도

1 거실 **2** 주방 및 식당 **3** 안방 **4** 방 **5** 욕실 **6** 다용도실 **7** 데크 **8** 현관

30py 99.93㎡
경기도 화성시

03. 목조주택

실용성 살린 전형적인 전원주택

전원생활이 지닌 매력 중의 하나는 자연이 주는 혜택을 누리는 것이다. 주택 앞으로는 도심주택에서는 가질 수 없었던 보리밭이 펼쳐져 있고 한쪽으로는 텃밭을 이용해 전원생활의 즐거움을 만끽하고 있다. 남향한 30평 규모의 단아한 단층주택으로 경제성과 실용성을 살린 주택이다. 생활에 불편이 없는 무난함이 가장 큰 특징이다.

1

2

설계개요

위 치	경기도 화성시
대지면적	631.00㎡(190.87py)
지역지구	자연녹지지역
건축면적	99.93㎡(30.22py)
연 면 적	99.93㎡(30.22py)
건 폐 율	15.84%
구 조	일반목구조
외부마감	스타코플렉스, 인조석
설 계	노블종합건설(주)
시 공	노블종합건설(주)

1 남향한 30평 단층주택 앞으로는 보리밭이 펼쳐져 있고 한쪽으로는 텃밭이 자리하고 있다. **2** 배면으로 뒷길에도 진입로가 있어 이동에 편리성을 주었다. **3** 약간 각이진 높은 천장의 거실은 밝은 햇살이 가득하다. **4** 보조난방 기능의 벽난로는 실내장식의 효과가 있다. **5** 거실과 부엌을 이어주는 복도. **6** 주방과 식당은 주부에게 중요한 공간으로 가사노동 이외의 휴식공간이 되기도 한다.

정면도　　　　　　배면도

1층 평면도　　　　지붕 평면도

1 거실　**2** 주방 및 식당　**3** 안방　**4** 침실　**5** 욕실　**6** 드레스룸　**7** 다용도실　**8** 데크　**9** 현관　**10** 보일러실

04. 목조주택

34py 114.04㎡ 전라남도 순천시

적삼목과 벽돌이 어우러진 주택

방향을 달리한 박공지붕들로 변화를 주고 목재 난간으로 포인트를 주었다. 1층 벽면은 옅은 갈색이 섞인 파벽돌로 하고, 2층 벽면은 회색톤의 스타코로 마감하여 중후하면서도 안정감이 있다. 자칫 지루할 수 있는 외관에 갈색톤의 적삼목을 사용하여 변화를 주었다. 1층에는 거실과 마스터룸, 2층은 가족실과 침실을 둔 실속 있는 배치다.

설계개요	
위 치	전라남도 순천시
대지면적	660.00㎡(199.65py)
지역지구	계획관리지역 상대정화구역
건축면적	74.30㎡(22.47py)
연면적	114.04㎡(34.49py)
건폐율	11.26%
구 조	일반목구조
외부마감	스타코플렉스 파벽돌 아스팔트슁글
설 계	노블종합건설(주)
시 공	노블종합건설(주)

1 정면에서 바라본 주택 모습으로 방향을 달리한 박공지붕들로 변화를 주었다. **2** 측면에서 바라본 주택 모습, 1층 벽면은 파벽돌, 2층 벽면은 스타코로 마감하였다. **3** 부엌으로 이어지는 식당 **4** ㄱ자형의 주방으로 실용성을 강조했다. **5** 밝고 화사하게 아이방을 꾸몄다.

정면도   배면도

1층 평면도   2층 평면도

1 거실 **2** 주방 및 식당 **3** 안방 **4** 침실 **5** 가족실 **6** 욕실 **7** 다용도실 **8** 데크 **9** 현관 **10** 테라스

35 py
117.18㎡
경기도 용인시

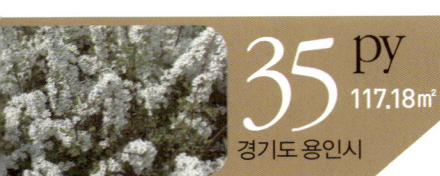

05. 목조주택

전통미가 살아 있는 전원주택

돌출된 거실이 돋보이는 단층 전원주택으로 거실은 보와 서까래가 노출된 연등천창으로 인테리어 하여 전통미가 살아 있는 공간으로 표현했다. 거실은 박공지붕의 경사면을 따라 서까래를 노출해 목조주택의 아름다움을 한껏 드러내며 시원스런 공간으로 만들고 다실의 천장은 세살 문양으로 등을 만들어 전통 다실의 분위기를 내었다. 우측 외쪽지붕의 높은 천장 덕에 건축주가 비밀스럽게 간직하고 싶은 다락방서재를 덤으로 얻었다.

설계개요

위 치	경기도 용인시
대지면적	520.00㎡(157py)
지역지구	계획관리지역 자연보전지역
건축면적	117.34㎡(35.49py)
연 면 적	117.18㎡(35.44py)
건 폐 율	22.56%
구 조	일반목구조
외부마감	스타코플렉스, 파벽돌
설 계	노블종합건설(주)
시 공	노블종합건설(주)

1

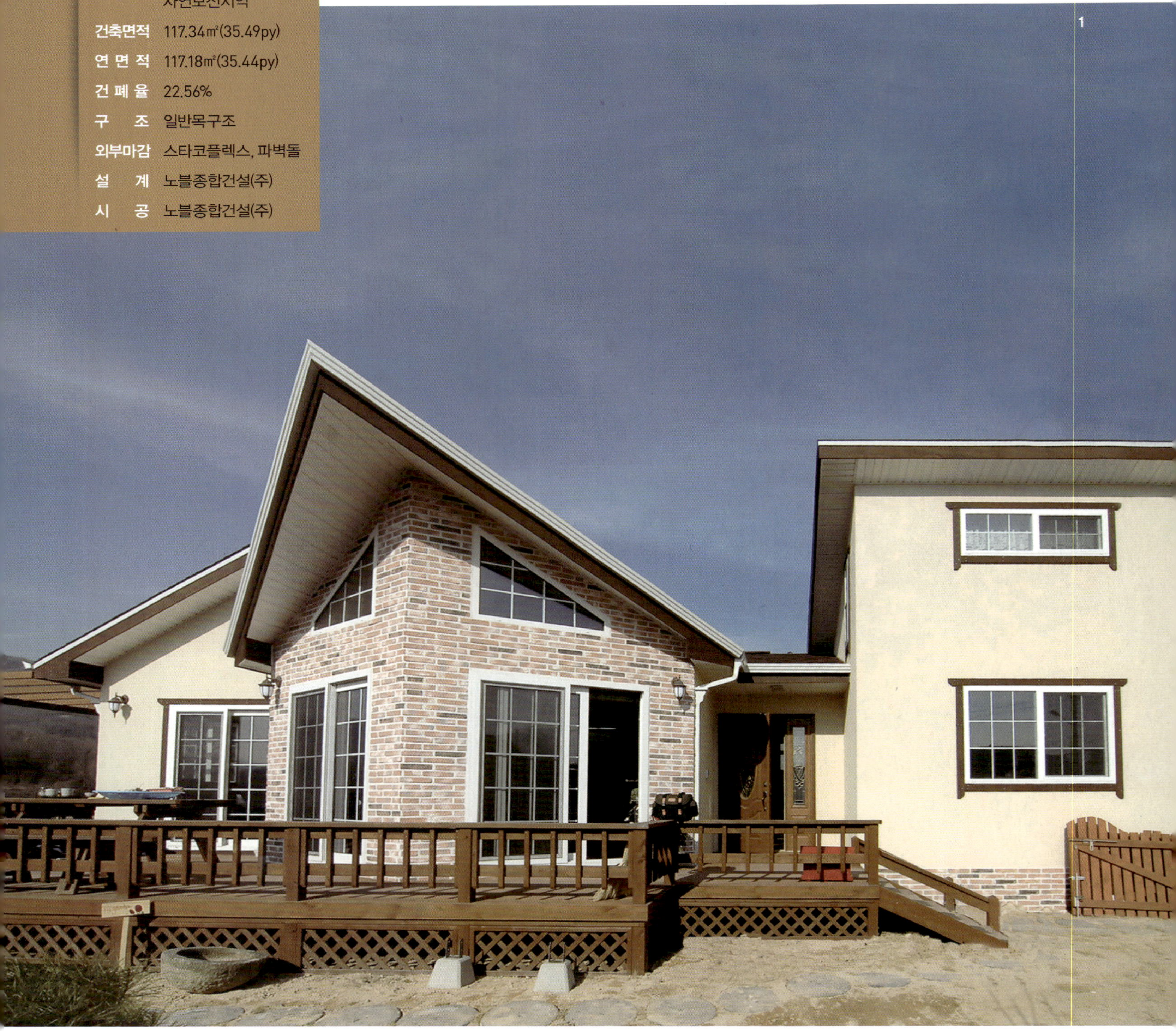

1 돌출된 거실이 돋보이는 전원주택이다. 2 거실은 보와 서까래가 노출된 전통미가 살아 있는 공간으로 표현했다. 3 다실은 다도를 즐기는 건축주의 취향을 엿볼 수 있는 곳이기도 하다. 4 화이트톤으로 깔끔하게 디자인한 주방과 식당. 5 다락방은 건축주만의 공간으로 조용하게 책을 보거나 명상을 위한 곳이다.

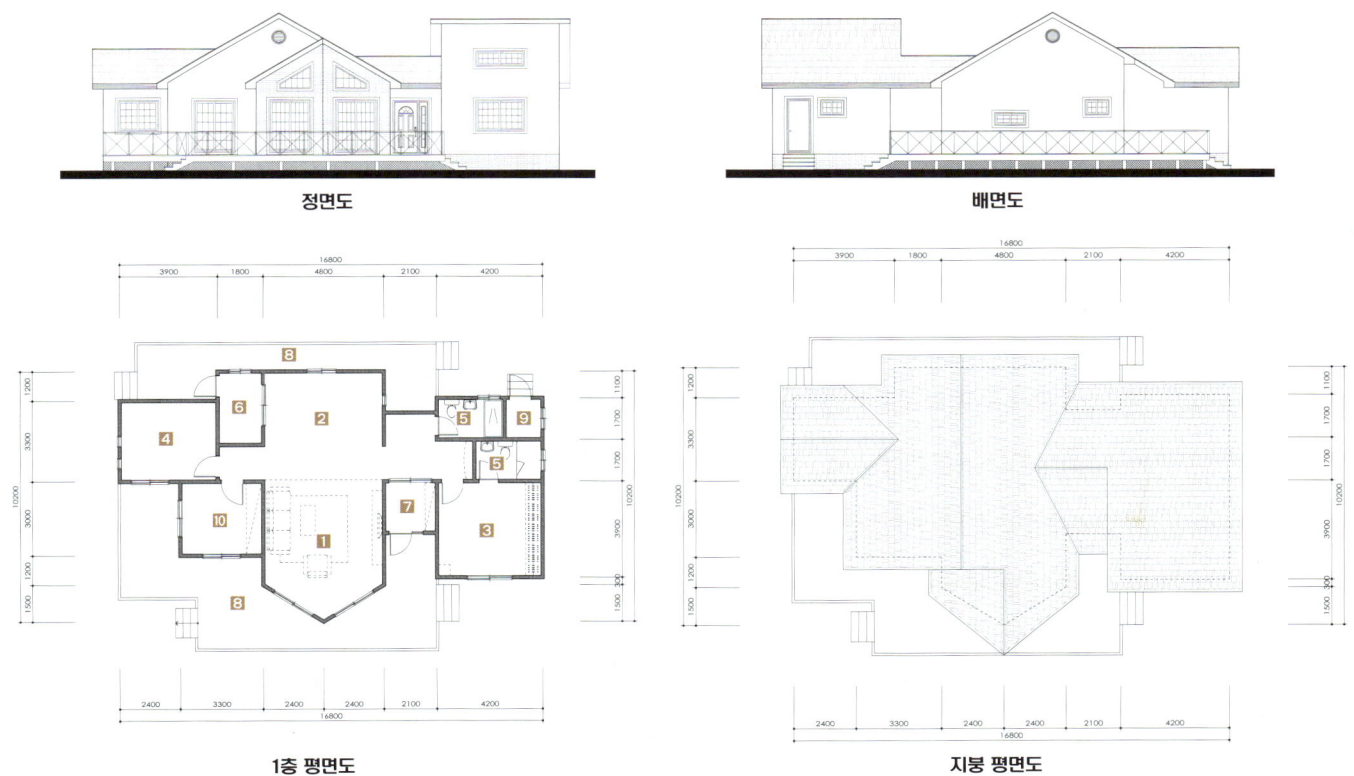

정면도   배면도

1층 평면도   지붕 평면도

1 거실 2 주방 및 식당 3 안방 4 방 5 욕실 6 다용도실 7 현관 8 데크 9 보일러실 10 다실

36py 119.58㎡
강원도 고성군

06. 목조주택

은퇴 후를 위해 준비한 전원주택

학업 등을 위해 분가했던 자녀가 돌아오거나 가까운 친척이 방문할 때 사용할 수 있는 손님방을 현관 가까이 배치해서 불편함이 없게 하였다. 1층에는 2개의 방이 있고, 2층 서재에도 화장실이 딸려 있어 주인 부부의 독립성을 최대한 살린 주택이다. 입면 구성은 박공지붕이 단계적으로 확대되어 가는 볼륨감이 느껴지는 단아한 주택이다.

설계개요

위 치	강원도 고성군
대지면적	918.00㎡(277.69py)
지역지구	계획관리지역
건축면적	92.04㎡(27.84py)
연면적	119.58㎡(36.17py)
건폐율	10.03%
구 조	일반목구조
외부마감	스타코플렉스, 파벽돌 이중그림자쉥글
설 계	노블종합건설(주)
시 공	노블종합건설(주)

1 규모보다 볼륨감이 느껴지는 주택 외관의 모습이다. 2 현관 벽을 파벽돌로 포인트를 주었다. 3 조망을 위해 설치된 발코니 4 화이트톤의 3D 같은 모던한 거실과 천장 5 사람의 눈높이에 맞춘 창과 계단 6 ㄴ자형 가구로 인테리어한 주방. 상부장은 흰색, 하부장은 짙은 브라운으로 선택해 안정감과 모던함을 선사한다.

정면도 배면도

1층 평면도 2층 평면도

1 거실 **2** 주방 및 식당 **3** 안방 **4** 침실 **5** 서재 **6** 욕실 **7** 다용도실 **8** 현관 **9** 데크

36py 119.83㎡
충청남도 금산군

07. 목조주택

자연과 어우러진 전원주택

중앙현관을 중심으로 좌측은 거실과 주방을 배치하고 우측은 침실을 배치해 취침공간을 별도로 분리했다. 사무공간인 2층은 서재와 작은 응접실을 두어 손님이 방문해도 동선이 중복되지 않게 하고, 1,2층에 각각 욕실을 배치하여 독립성을 확보하였다. 남다른 외관 디자인이 주변 환경에 잘 어울리는 집이다.

설계개요

위 치	충청남도 금산군
대지면적	752.00㎡(227.48py)
지역지구	관리지역
건축면적	89.06㎡(26.94py)
연 면 적	119.83㎡(36.24py)
건 폐 율	23.26%
구 조	일반목구조
외부마감	시멘트사이딩 파벽돌, 아스팔트슁글
설 계	노블종합건설(주)
시 공	노블종합건설(주)

1 정면에서 바라본 주택 전경 2 좌측 건물이 주거공간이고 우측 건물은 자녀가 다니고 있는 간디학교의 기숙사 용도로 마련한 건물이다. 3 언덕 아래로 마을 전경이 그림같이 펼쳐지는 정원 한쪽에는 가족의 건강을 위해 지압로를 마련했다. 4 화이트톤의 단순한 오픈천장은 다소 좁게 느껴질 수 있는 공간에 확장감을 부여한다. 5 거실 한쪽에 자리한 노출형 벽난로 6 2층 오르는 계단 난간을 단조철물로 단순하게 처리했다. 7 자녀의 공간인 2층에는 붙박이 책장이 곳곳에 자리하고 있다. 8 2층 창문 너머로 펼쳐진 시골풍경

정면도

배면도

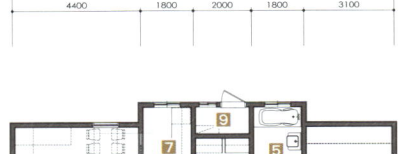

1층 평면도

2층 평면도

1 거실
2 주방 및 식당
3 방
4 서재
5 욕실
6 다락방
7 다용도실
8 현관
9 보일러실
10 발코니
11 데크
12 창고

39 py 129.37㎡
경기도 양평군

08. 목조주택
도시 내외 어디서도 어울리는 모던하우스

디자인에서 설계자의 땀이 느껴지며 합리적인 외장자재의 선택으로 경제성도 고려한 고급주택이다. 별장으로 사용되는 이곳은 전망을 최대한 살리기 위해 거실 전면과 우측에 전면창을 설치하여 실내에 있어도 자연 그대로를 느낄 수 있도록 계획하였다. 많은 시간을 보내는 1층 거실과 부엌은 넓게, 2층에 있는 2개의 방은 주위 풍광을 넓게 조망할 수 있도록 설계하였다.

1

2

설계개요
위치	경기도 양평군
대지면적	608.00㎡(183.92py)
지역지구	계획관리지역
건축면적	79.04㎡(23.90py)
연면적	129.37㎡(39.13py)
건폐율	13.00%
구조	일반목구조
외부마감	노출콘크리트 판넬 스타코플렉스
설계	노블종합건설(주)
시공	노블종합건설(주)

1 평지붕을 얹어 도시적인 이미지를 끌어낸 모던한 주택이다. 2 징크와 노출패널로 마감된 별장으로 자연이 주는 혜택을 누릴 수 있는 중심에 있다. 3 거실 천장등 4 조망이 좋은 이곳은 정면과 우측면에 전면창을 설치하여 조망권을 최대한 살렸다. 5 엔티크한 단조 장식이 돋보이는 2층 복도 6 2층 복도에서도 창밖의 전경을 볼 수 있다. 7 2층에서 내려다본 거실의 아트월과 벽난로

정면도 / 배면도 / 1층 평면도 / 2층 평면도

1 거실
2 주방 및 식당
3 방
4 서재
5 욕실
6 다락방
7 다용도실
8 현관
9 보일러실
10 발코니
11 데크
12 창고

39 py 129.70㎡
울산광역시 남구

09. 목조주택
아이들을 위한 로맨틱한 주택

어린이집으로 용도변경 가능할 정도로 아이의 취향을 고려한 주택이다. 외관은 인조석을 특이한 유럽풍 디자인으로 시공하였고, 인테리어 또한 밝고 경쾌한 리듬이 느껴진다. 여러 가지 꾸미는 것을 좋아하는 건축주의 성향과 호기심 많은 아이를 위해 집의 전체적인 분위기를 밝고 화사하게 계획하여 명랑한 집이 되었다.

설계개요

위 치	울산광역시 남구
대지면적	186.3㎡(56.35py)
지역지구	일반주거지역
건축면적	90.50㎡(27.37py)
연 면 적	129.70㎡(39.23py)
건 폐 율	48.58%
구 조	ALC블럭구조
외부마감	스타코플렉스, 인조석
설 계	노블종합건설(주)
시 공	노블종합건설(주)

1 도로에서 바라본 주택 전경으로 웅장한 포치와 1,2층을 연결한 베이창이 복잡한 도심 속의 주택임에도 시원스러워 보인다. 2 불규칙한 형태의 곡선으로 인조석 마감을 하였다. 3 밝고 경쾌한 거실 아트월 4 개구쟁이 두 사내아이가 있어서인지 거실 분위기도 밝은 느낌이다. 5 주부의 동선을 고려한 프로방스풍의 주방 6 2층으로 오르는 계단으로 바닥과 천장의 색상 대비가 경쾌하다.

정면도

배면도

1층 평면도

2층 평면도

| 1 거실 |
| 2 주방 및 식당 |
| 3 안방 |
| 4 침실 |
| 5 욕실 |
| 6 드레스룸 |
| 7 다용도실 |
| 8 현관 |
| 9 보일러실 |
| 10 데크 |
| 11 발코니 |
| 12 공부방 |
| 13 차고 |

40py 133.25㎡
경상남도 사천시

10. ALC주택
여행지의 펜션 같은 전원주택

펜션으로 용도변경 가능하게 가변성을 고려해 설계한 주택이다. 남해와 인접해 있어서 1층의 거실, 안방과 2층의 2개의 방은 전망과 일조를 고려해 전면에 배치하고, 욕실과 드레스룸은 반대편에 배치했다. 붉은 계열의 외벽마감재와 오지기와는 바다와 어울려 이국적인 느낌마저 들게 한다. 염분에 강한 자재선정에도 주의를 기울였다.

설계개요

위 치	경상남도 사천시
대지면적	410.00㎡(124.02py)
지역지구	계획관리지역
건축면적	95.28㎡(28.82py)
연 면 적	133.25㎡(40.30py)
건 폐 율	23.23%
구 조	ALC블록구조
외부마감	스타코플렉스 파벽돌, 기와
설 계	노블종합건설(주)
시 공	노블종합건설(주)

1 바다를 향해 남향한 주택의 정면 모습 2 소나무 숲을 배경으로 한 폭의 그림 같은 집이다.
3 고급스러운 마감이 돋보이는 1층 거실 4 디자이너가 추천한 거실 아트월 5 반원창이 있는 계단 6 바다와 잘 어울리는 외관으로 이국적인 느낌이다.

정면도

배면도

1층 평면도

2층 평면도

1 거실 2 주방 및 식당 3 안방 4 침실 5 욕실 6 드레스룸 7 발코니 8 데크 9 현관 10 창고 11 화장실

11. 목조주택
옥외공간을 잘 활용한 전원주택

41 py
133.89㎡
경기도 양평군

주택 앞에 설치된 데크로 인해 다양한 외부활동이 가능한 주택으로, 1층은 텃밭과 연결되고 2층은 야외식당이나 전망대로 활용할 수 있다. 다양한 각도로 경관을 감상할 수 있으며 CRC보드와 주택의 하단부에 짙은 색상의 파벽돌을 선택하여 안정적이지만, 무겁게 느껴질 수 있는 주택 외관에 밝고 화사한 포인트로 균형을 갖추고자 했다.

1

설계개요

위 치	경기도 양평군
대지면적	446.00㎡(134.91py)
지역지구	계획관리지역
	자연보전권역
건축면적	92.35㎡(27.93py)
연 면 적	133.89㎡(40.50py)
건 폐 율	20.71%
구 조	일반목구조
외부마감	파벽돌, 적삼목사이딩
	CRC보드
설 계	노블종합건설(주)
시 공	노블종합건설(주)

1 주택의 정면으로 데크와 포치, 발코니로 포인트를 주었다. 2 1층 오픈천장이 적용된 거실, 서까래를 드러낸 디자인을 적용해 전통미를 강조했다. 3 주택의 후면부, 주택의 외부 마감 상단부에는 CRC보드가 적용되었다. 4 2층에 넓게 자리한 베란다는 전망 좋은 휴식공간이다. 5 벽지 마감 및 조명까지 단순한 형태를 적용한 계단부 6 2층 베란다에서 바라본 풍광. 건축주는 이 경치가 마음에 들어 양평에 건축하게 되었다.

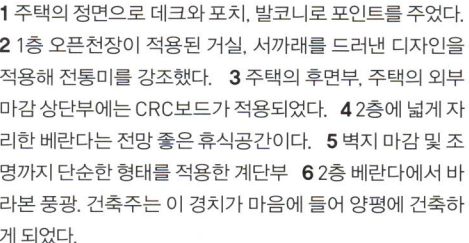

정면도

배면도

1층 평면도

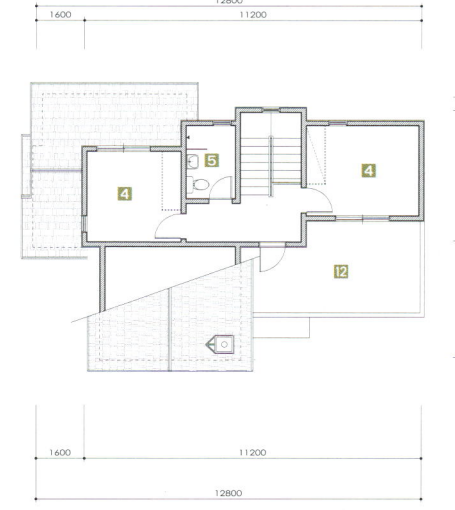

2층 평면도

1 거실
2 주방 및 식당
3 안방
4 방
5 욕실
6 드레스룸
7 다용도실
8 데크
9 현관
10 보일러실
11 창고
12 발코니

41 py 134.37㎡
경기도 가평군

12. 목조주택

채 나눔으로 독립성을 강조한 전원주택

외쪽지붕으로 높고, 채 나눔으로 넓은 규모 있는 주택을 설계했다. 그러면서 채광이 잘되는 평면과 입면 계획을 세워 서로 어우러져 돋보이게 했다. 실내계획은 거실과 주방 사이에 여유 있는 복도를 두어 독립성을 확보하고 동선활용을 좋게 하였으며, 지붕공간을 활용한 오픈 천정과 다락은 내·외부 공간을 더욱 넓어 보이게 함으로써 구조적 아름다움을 강조했다.

1

2

설계개요

위 치	경기도 가평군
대지면적	1372.00㎡(415.03py)
지역지구	계획관리지역
	자연보전권역
건축면적	161.37㎡(48.81py)
연 면 적	134.37㎡(40.64py)
건 폐 율	14.19%
구 조	일반목구조
외부마감	스타코플렉스
	적삼목사이딩, 파벽돌
	이중그림자쉬글
설 계	노블종합건설(주)
시 공	노블종합건설(주)

1 채 나눔으로 넓고 볼륨감 있는 주택의 정면 모습이다. **2** 동남향을 하고 있어 내부의 구석구석 채광이 좋다. **3** 여러 방향으로 펼쳐진 외쪽지붕으로 날갯짓하며 비상하려는 형상이다. **4** 벽면에 적삼목사이딩으로 포인트를 주었다. **5** 직선계단으로 공간 활용성이 좋다. **6** 건축주 취향을 살린 엔티크한 아트월 **7** 주방과 거실의 동선을 분리했다.

정면도   배면도

1층 평면도   2층 평면도

1 거실 **2** 주방 및 식당 **3** 안방 **4** 침실 **5** 가족실 **6** 욕실 **7** 다용도실 **8** 테라스 **9** 현관 **10** 포치

13. ALC주택
스마트하고 현대적인 개성을 표현한 주택

41py 136.87㎡
경기도 남양주시

설계개요
위　치	경기도 남양주시
대지면적	374.00㎡(113.13py)
지역지구	관리지역
건축면적	110.82㎡(33.52py)
연 면 적	136.87㎡(41.40py)
건 폐 율	29.63%
구　조	ALC블럭구조
외부마감	스타코플렉스, 파벽돌, 적삼목사이딩
설　계	노블종합건설(주)
시　공	노블종합건설(주)

　독립성을 강조한 2세대 주택으로 중앙 복도를 중심으로 우측에 주방과 거실 겸 서재가 있고, 왼쪽으로 어머니가 머무는 방과 2층에는 1개의 침실과 욕실을 배치하여 가족구성원에 맞는 맞춤주택으로 계획하였다. 공용공간과 개인공간이 복도를 중심으로 확실하게 구분이 되어 있는 게 특징이며, 넓은 2층 테라스가 있어 훨씬 여유 있는 외부공간을 확보하였다.

1

1 독립성을 강조한 2세대에 맞는 맞춤주택으로 계획하였다.　2 거실 한쪽 벽면에 책장을 설치하고 이동이 쉬운 책상을 두어 서재로 활용하고 있다.　3 갤러리 같은 복도. 다소 단순할 수 있는 공간에 짙은 몰딩으로 포인트를 주었다.　4 모던한 스타일의 주방. 한쪽에는 작은 소파를 두고, 벽면에는 TV를 설치해 주부의 생활편의성을 높였다.　5 건식과 습식으로 분할한 욕실 내부는 친환경 자재인 원목루버를 두루 사용하였다. 특히, 건식 부분은 수분으로 말미암은 미끄러짐을 방지하고 이용 편의성을 높일 수 있는 아이템이다.　6 2층 침실. 출입구 쪽에 가벽을 세워 직접적인 시선을 차단하여 프라이버시를 확보했다.

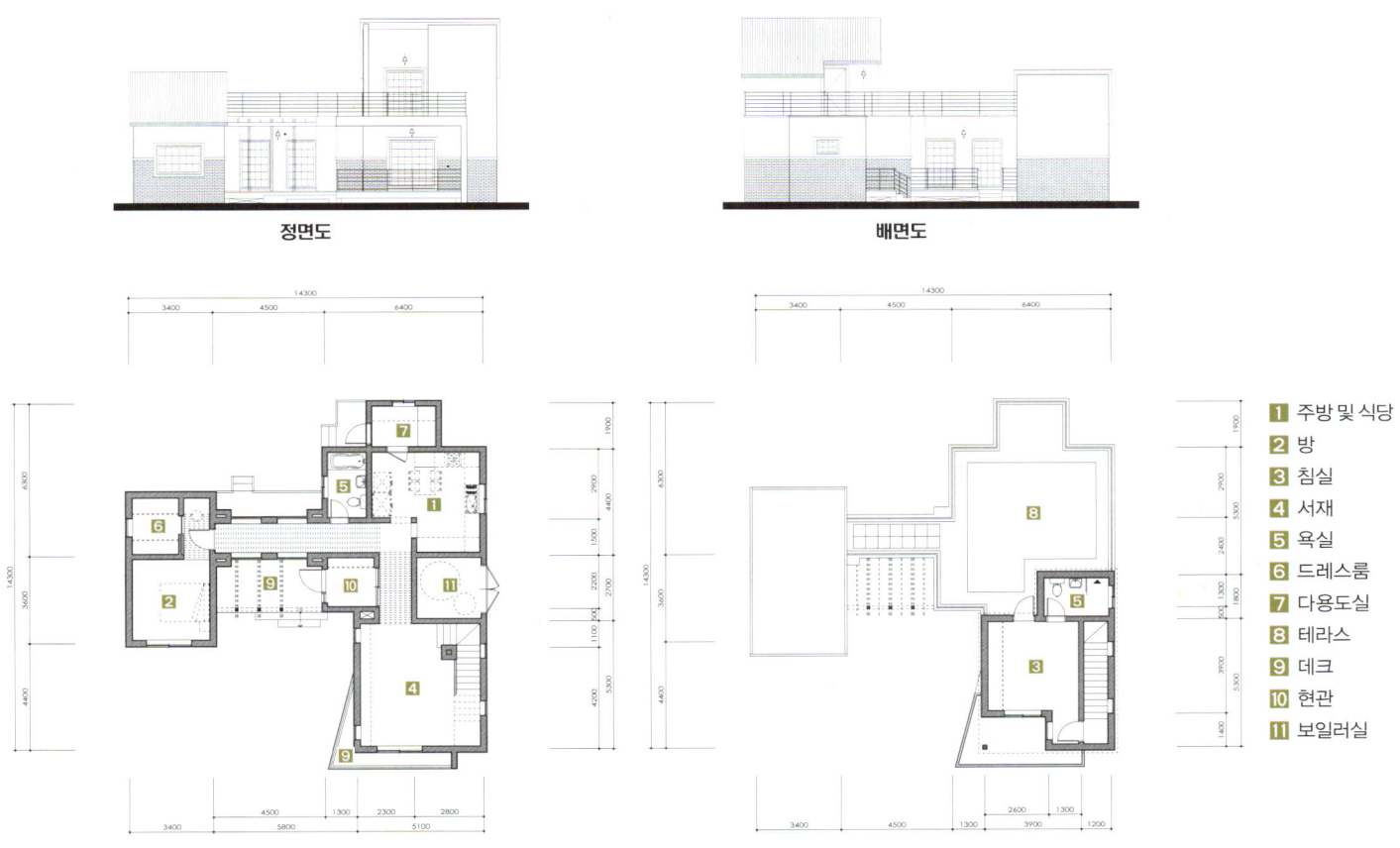

정면도　배면도

1층 평면도　2층 평면도

1 주방 및 식당
2 방
3 침실
4 서재
5 욕실
6 드레스룸
7 다용도실
8 테라스
9 데크
10 현관
11 보일러실

14. 목조주택
모임지붕이 잘 어울리는 전원주택

42py 138.56㎡
강원도 강릉시

짜임새 있는 평면구성이 돋보이고 추녀마루가 경사져 올라가 용마루에서 모이는 모임지붕으로 독특하게 디자인한 주택이다. 또한, 거실 천장만 박공지붕으로 설계한 것도 독특하다. 실제로 가장 많이 이용하는 거실과 부엌, 식당은 조망이 가장 좋은 곳에 배치하고 그 앞으로도 데크를 설치하여 동선이 자연스럽게 이어질 수 있도록 계획하였다.

설계개요

위　　치	강원도 강릉시
대지면적	495.00㎡(149.73py)
지역지구	계획관리지역
건축면적	109.62㎡(33.16py)
연 면 적	138.56㎡(41.91py)
건 폐 율	13.00%
구　　조	일반목구조
외부마감	아스팔트슁글
	스타코플렉스, 인조석
설　　계	노블종합건설(주)
시　　공	노블종합건설(주)

1 지붕을 모임지붕과 박공지붕으로 구성한 주택 전경 2 아이보리톤의 스타코에 파벽돌로 마감된 외관 모습이다. 3 배면. 지붕은 붉은색 아스팔트슁글로 마감했다. 4 브라운톤의 대리석으로 모자이크 처리한 기하학적 구성의 아트월 5 2층으로 오르는 계단, 천장을 원목루버로 마감해 자연미를 살렸다. 6 화이트톤의 깔끔한 주방, 문얼굴에는 대관령 풍경이 선경으로 다가온다.

정면도 / 배면도

1층 평면도 / 2층 평면도

1 거실
2 주방 및 식당
3 안방
4 침실
5 가족실
6 욕실
7 다용도실
8 테라스
9 현관
10 데크
11 보일러실
12 창고

42 py 140.39㎡
경기도 여주군

15. 목조주택
중후함이 느껴지는 전원주택

사람 키 높이 정도의 파벽돌 마감과 순백색의 스타코가 변색기와와 잘 어우러져 돋보이는 주택이다. 대지를 꽉 메운 무게감 있는 설계에 어두운 칼라의 파벽돌과 지붕을 기와로 마감하여 더욱더 안정되어 보이고 중후한 느낌이 든다. 높은 거실과 주방은 충분한 채광을 고려하여 남향으로 배치하고, 인테리어 또한 외관이미지에 맞게 통일감 있는 디자인을 했다.

2

설계개요

위 치	경기도 여주군
대지면적	932.00㎡(281.93py)
지역지구	생산관리지역, 자연보전권역
건축면적	98.14㎡(26.68py)
연 면 적	140.39㎡(42.46py)
건 폐 율	10.53%
구 조	일반목구조
외부마감	스타코플렉스, 파벽돌 스페니쉬 기와
설 계	노블종합건설(주)
시 공	노블종합건설(주)

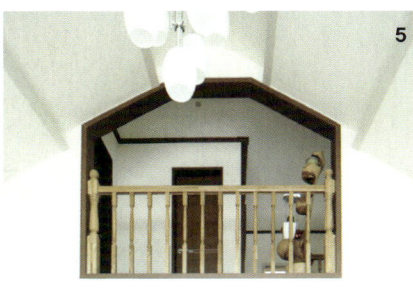

1 중후함이 느껴지는 주택 외관 **2** 외부는 어두운 칼라의 파벽돌과 밝은 화이트톤의 스타코로 하고 지붕은 스페니쉬 기와로 마감했다. **3** 시원스럽게 열린 오픈천장의 거실 **4** 2층에서 내려다본 거실 모습 **5, 6** 2층으로 오르는 계단과 거실에서 바라다본 2층의 구조 **7** 복도를 중심으로 공간을 분할했다.

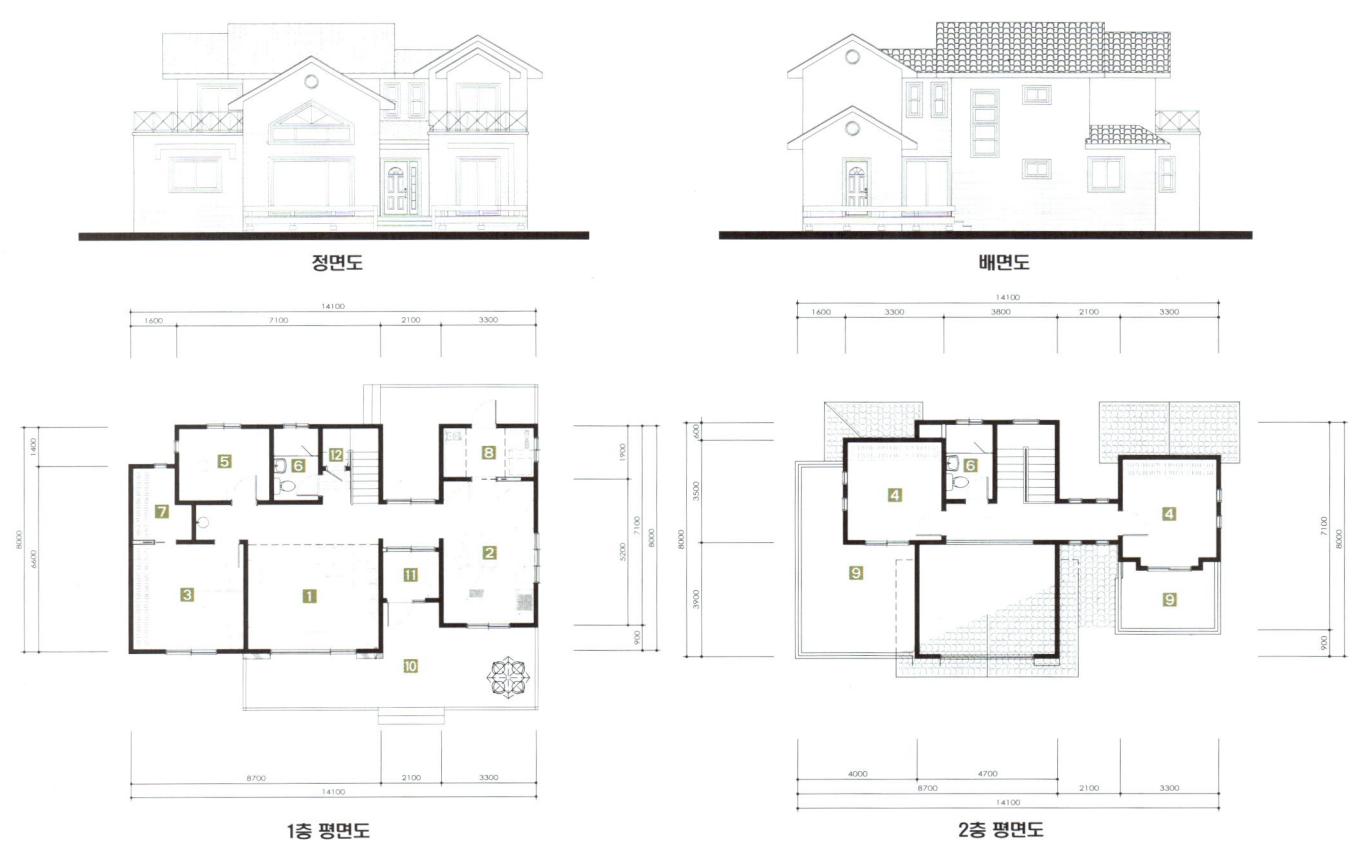

정면도   배면도

1층 평면도   2층 평면도

1 거실 **2** 주방 및 식당 **3** 안방 **4** 방 **5** 서재 **6** 욕실 **7** 드레스룸 **8** 다용도실 **9** 베란다 **10** 데크 **11** 현관 **12** 창고

43py 143.75㎡
제주도 서귀포시

16. 목조주택
넓은 포치가 인상적인 지중해풍 주택

붉은 기와, 회벽 스타코의 마감소재로 이국적인 주택을 설계하였다. 주차장으로 진입하면 넓은 데크와 포치가 먼저 손님을 마중 나온 듯 배치되어 있어서 여유롭고 다정스러운 공간이 형성되었다. 또한, 경관이 좋은 이곳의 특징을 살려 식당, 거실, 서재를 남향으로 배치하였으며 다양한 크기의 창으로 채광도 잘 들어오게 계획하였다. 바닷가와 어울리는 스페니쉬 기와가 지중해의 전원주택을 연상케 한다.

1

2

설계개요

위 치	제주도 서귀포시
대지면적	1125.00㎡(340.31py)
지역지구	보전녹지지역, 자연녹지지역
건축면적	143.75㎡(43.48py)
연 면 적	143.75㎡(43.48py)
건 폐 율	12.77%
구 조	일반목구조
외부마감	스타코플렉스, 파벽돌 기와
설 계	노블종합건설(주)
시 공	노블종합건설(주)

1 데크공사가 한창인 주택 전경 2 지붕이 있고 양옆이 트인 포치는 그늘막이 되어 바다 풍광을 조망할 수 있는 전천후 휴식공간이 되었다. 3 바다의 정취가 어우러지는 붉은 오지기와 지붕이다. 4 화이트톤의 깔끔함이 느껴지는 주방. 이 집 역시 다이닝룸에서 외부로의 연계성을 높였다. 5 오픈천장이 적용된 거실. 서재와 거실 사이에 폴딩도어를 설치해 공간을 분리 통합할 수 있는 가변형으로 벽을 대신한다. 6 길게 자리한 복도. 간접조명으로 은은함을 더한다.

정면도   배면도

1층 평면도   2층 평면도

1 거실 2 주방 및 식당 3 안방 4 방 5 서재 6 욕실 7 드레스룸 8 다용도실 9 데크 10 현관 11 보일러실

45 py 147.20㎡
충청북도 음성군

17. 목조주택
시선을 사로잡는 단아한 전원주택

기와지붕과 인조석 문양이 두드러진 이 주택은 동양적인 느낌을 살리고, 층별로 외벽마감을 다르게 설계해 이지적 느낌을 더하였다. 인테리어는 도장처리로 깔끔하며 거실면적이 넓고 전면에 데크가 넓게 설치된 도시형 주택디자인이다. 침실 수를 줄이고 거실과 주방을 넓게 개방하여 편의성에 중점을 두었고, 거실의 다양한 각의 창은 채광을 만끽할 수 있다.

설계개요

위 치	충청북도 음성군
대지면적	377.00㎡(114.04py)
지역지구	도시지역, 제2종 일반주거지역
건축면적	98.65㎡(29.84py)
연면적	147.20㎡(44.52py)
건폐율	26.17%
구 조	일반목구조
외부마감	파벽돌, 적삼목사이딩 오지기와
설 계	노블종합건설(주)
시 공	노블종합건설(주)

1 중후하면서도 다양한 지붕 모양이 시선을 끄는 집이다. **2** 외장재로 쓰인 파벽돌이 견고한 느낌이다. 적삼목사이딩으로 포인트를 주었다. **3** 벽지와 몰딩을 화이트톤으로 처리하여 내부는 밝고 공간은 확장되어 보인다. **4** 거실과 주방 사이에 아치형 가벽을 세워 공간을 분할했다. **5** 복층 형태의 2층 구조 **6** 거실 지붕의 형태가 돌출된 8각으로 전면창으로 들어오는 햇빛이 밝다. **7** 2층에서 내려다본 거실 모습으로 크리스탈 샹들리에가 흰색의 벽과 순백의 조화를 이룬다. **8** 아트월 쪽에는 벽난로와 피아노가 배치되어 있다.

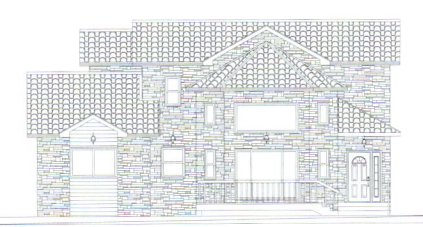
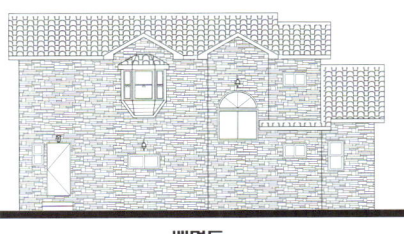
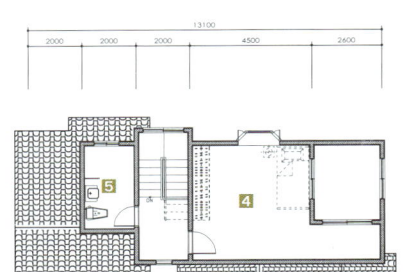

정면도   배면도

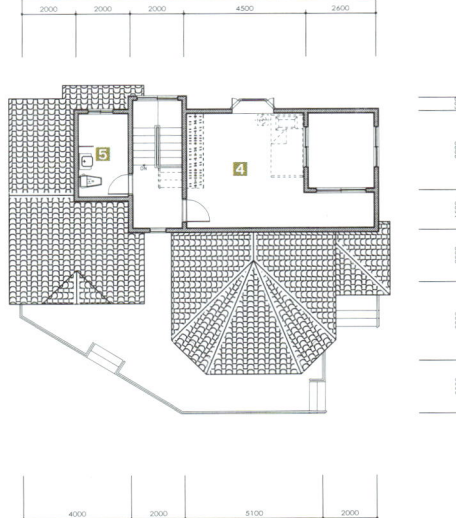

1층 평면도   2층 평면도

1 거실
2 주방 및 식당
3 안방
4 방
5 욕실
6 드레스룸
7 다용도실
8 데크
9 현관

18. 목조주택
직선과 예각으로 구성된 전원주택

45 py 147.36㎡
충청남도 공주시

돌출된 거실의 높은 층고가 돋보이는 단층 전원주택으로 처음에는 단순한 박공지붕으로 계획하였다가 협의 후 외관을 변경하여 독특한 외쪽지붕을 사용했으며, 빠른 판단으로 질 높은 디자인에 경제성도 확보하였다. 좌우 비대칭인 이 집은 건축주 직업상 작업실을 배치해야 했기 때문에 우측으로 건물을 연장하여 설계하였다. 데크를 활용하여 내부와 외부의 연계성을 잘 살린 주택이다.

1

2

설계개요

위 치	충청남도 공주시
대지면적	727.00㎡(219.91py)
지역지구	관리지역
건축면적	147.36㎡(44.57py)
연 면 적	147.36㎡(44.57py)
건 폐 율	20.27%
구 조	일반목구조
외부마감	아스팔트슁글, 소나무
설 계	노블종합건설(주)
시 공	노블종합건설(주)

1 건축주 직업상 우측 작업실을 외쪽지붕으로 연장하여 설계하였다. 2 150여 평의 원형정원 옆으로 이어지는 곡선의 진입로, 돌출된 거실의 직선, 예각의 외쪽지붕이 주변의 산세와 거스르지 않고 순응하며 조화를 이룬다. 3 건물 측면에서 바라본 모습으로 조경과 잘 어우러진 주택이다. 4 중심에 소나무를 심고 주변에 교목과 화초류로 꾸민 원형 조경의 모습 5 거실 벽면을 실크 벽지에 마감하고 목재로 포인트를 주었다. 6 주방 위의 다락을 접이식사다리로 오르내릴 수 있게 했다.

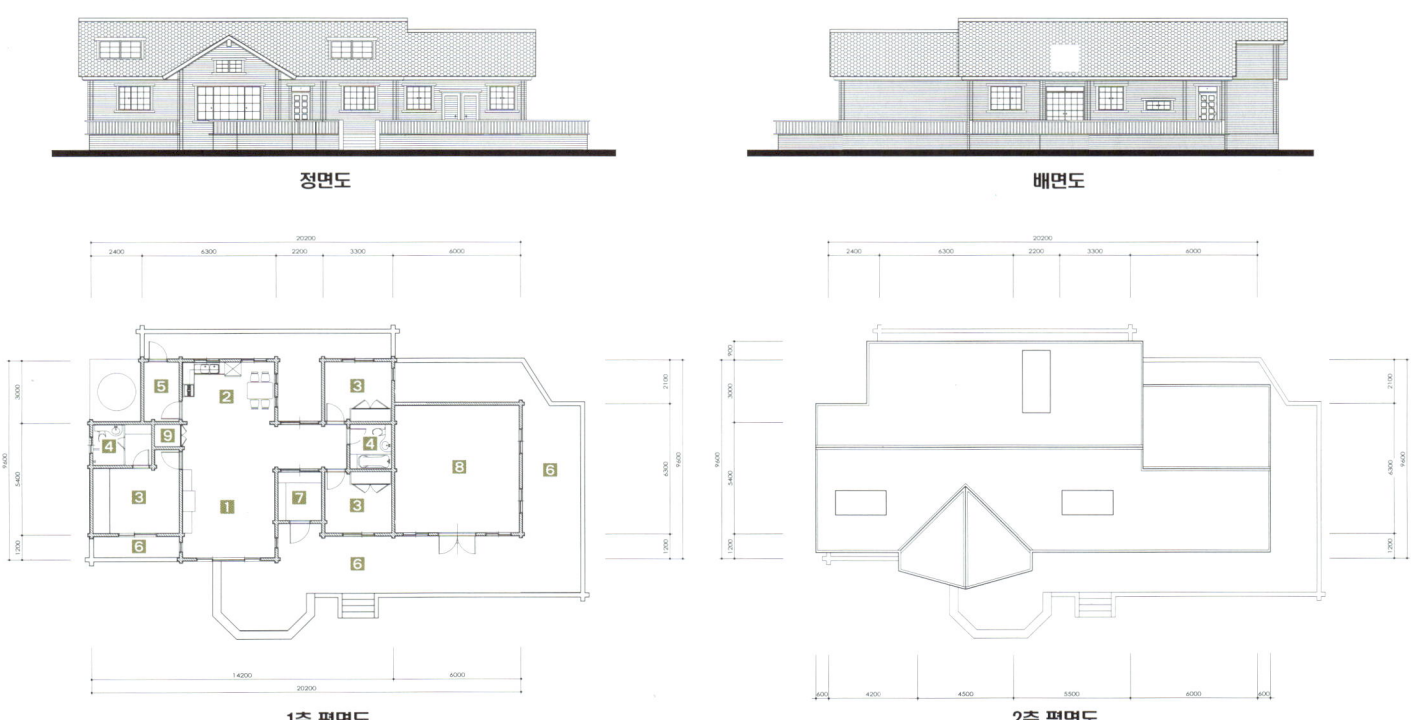

정면도   배면도

1층 평면도   2층 평면도

1 거실 2 주방 및 식당 3 방 4 욕실 5 다용도실 6 데크 7 현관 8 작업실 9 반침

45py 149.17㎡
인천광역시 강화군

19. 목조주택
외관이 균형 잡힌 대칭을 이룬 집

거실을 중심으로 대칭된 외관이 균형 잡힌 안정감을 보인다. 외관이 돋보이도록 파스텔톤의 파벽돌과 사이딩으로 계획된 시공을 하여 아름다우면서도 부드러운 느낌이 든다. 거실과 주방에서 가장 많은 시간을 보내는 건축주를 배려해 조망과 일조를 확보할 수 있게 설계하였으며, 거실, 주방, 배면에는 출입할 수 있는 파티오도어를 설치하여 외부와의 연계성을 높여 편리성을 강조하였다.

1

2

설계개요

위 치	인천광역시 강화군
대지면적	846.00㎡(255.91py)
지역지구	보전관리지역
건축면적	120.05㎡(36.31py)
연 면 적	149.17㎡(45.12py)
건 폐 율	14.19%
구 조	일반목구조
외부마감	적삼목사이딩, 파벽돌 이중그림자싱글
설 계	노블종합건설(주)
시 공	노블종합건설(주)

1 대칭된 외관이 균형 잡힌 안정감을 보인다. **2** 오른쪽에서 바라본 주택의 모습 **3** 측면에는 파티오도어를 설치하여 외부와의 연계성을 높였다. **4** 고풍스러운 가구와 아트월이 조화를 이루며 눈길을 끈다. **5** 2층으로 연결된 계단 **6** 복도 좌·우측으로 공간을 분할해 바람길이 열렸다. **7** 거실과 주방에서 가장 많은 시간을 보내는 건축주를 배려해 조망과 일조를 확보할 수 있게 설계하였다.

정면도   배면도

1층 평면도   2층 평면도

1 거실 **2** 주방 및 식당 **3** 안방 **4** 방 **5** 서재 **6** 욕실 **7** 드레스룸 **8** 다용도실 **9** 베란다 **10** 데크 **11** 현관 **12** 보일러실 **13** 창고

45 py 149.94㎡
강원도 원주시

20. 목조주택
산을 형상화한 주택

산(山)을 형상화한 전면디자인은 목조주택의 표준으로 손색이 없다. 널리 이용하는 박공지붕으로 구조미를 살려 외관을 돋보이게 하고, 돌출된 거실의 네 짝의 넓은 창은 채광은 물론, 조망을 즐길 수 있는 양명한 공간이 되었다. 인테리어 또한 지붕선을 살리고 천장을 노출시켜 목조주택의 아름다움을 한껏 드러내게 했다. 1층은 노후를 위해 건축주 내외의 공간을 배치하고 2층은 자녀와 손님을 위한 방을 배치하였다.

2

설계개요

위 치	강원도 원주시
대지면적	655.00㎡(198.13py)
지역지구	자연환경보전지역
건축면적	99.09㎡(29.97py)
연 면 적	149.94㎡(45.35py)
건 폐 율	15.13%
구 조	일반목구조
외부마감	스타코플렉스, 파벽돌, 목재루버
설 계	노블종합건설(주)
시 공	노블종합건설(주)

1 박공지붕으로 산(山)을 형상화한 주택이다. **2** 앞마당은 층을 주어 정원, 텃밭, 주차장으로 공간을 분할하였다. **3** 꺾인 거실은 채광과 환기는 물론 조망감이 뛰어난 곳이다. **4** 주부를 위해 짧은 동선으로 인테리어 한 ㄷ자형의 주방에 아일랜드 식탁이 보인다. **5** 엔티크한 단조 난간의 배열이 전위예술작품 같다. **6** 거실 천장, 비행기 모형을 달아두어 생동감이 넘친다. **7** 주택 전면에 넓은 데크를 깔고 그 위에는 테이블과 파라솔을 설치했다.

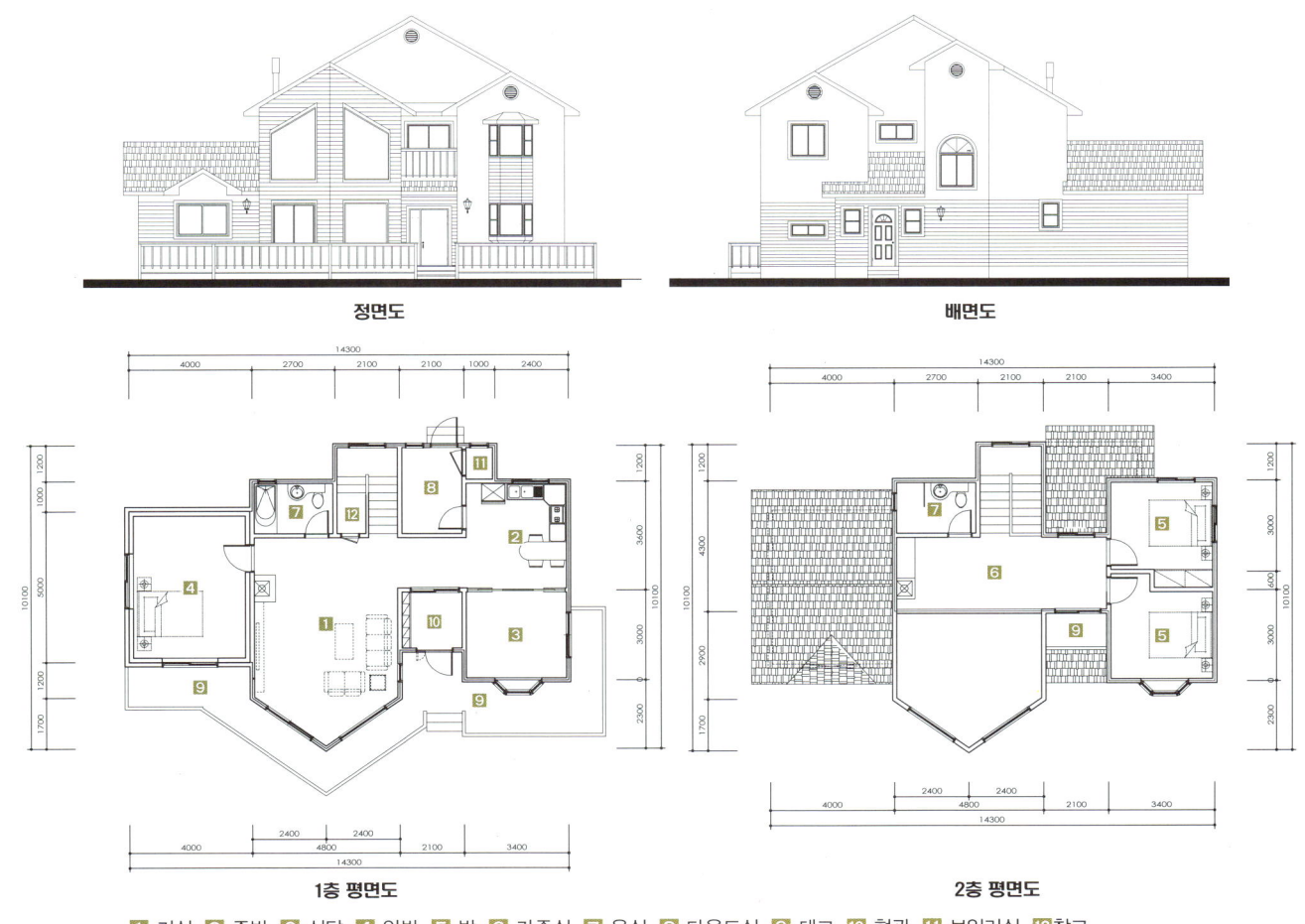

정면도   배면도

1층 평면도   2층 평면도

1 거실 **2** 주방 **3** 식당 **4** 안방 **5** 방 **6** 가족실 **7** 욕실 **8** 다용도실 **9** 데크 **10** 현관 **11** 보일러실 **12** 창고

46py 150.45㎡
광주광역시 남구

21. 철근콘크리트주택
입체감 있는 평면배치가 조화로운 집

설계개요	
위 치	광주광역시 남구
대지면적	253.60㎡(76.71py)
지역지구	제1종 전용주거지역
건축면적	100.84㎡(30.50py)
연 면 적	150.45㎡(45.51py)
건 폐 율	39.76%
구 조	철근콘크리트구조
외부마감	파벽돌, 점토기와
설 계	노블종합건설(주)
시 공	노블종합건설(주)

콘크리트 경사지붕의 장점은 처마를 길게 낼 수 있고, 무게감 있는 안정감에 있다. 단순한 외벽 벽돌마감만으로 훌륭하게 디자인된 사례이다. 여유로운 여가를 위해 안방 가까이 서재를 배치하고 주방 오른쪽 측면에는 다용도실을 배치하여 생활의 편리함을 고려한 평면설계를 했다. 1층 직사각 형태의 단순한 평면구조와는 달리 2층의 평면구성을 입체적으로 구성하여 건물의 입면을 보는 방향에 따라 다양하게 보이도록 색다른 조형미를 구사했다.

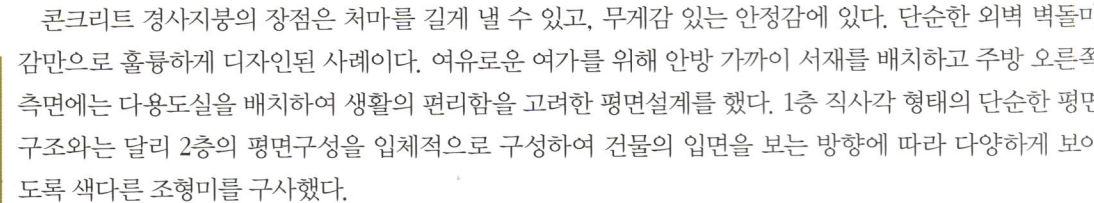

1 외벽 벽돌마감만으로 훌륭하게 디자인된 철근콘크리트주택이다. **2** 보는 방향에 따라 색다른 조형미를 구사한 주택의 후면부분이다. **3** 다각형의 오픈천장. 마감재인 루버와 아트월이 다소 이질적인 느낌이지만, 차갑게 느껴질 수 있는 공간에 따스함을 부여했다. **4** 풍부한 햇살로 화사한 느낌의 넓은 현관. 따뜻하고 아늑한 집안 분위기를 가장 먼저 느낄 수 있는 곳이기도 하다. **5** 외부와의 연계성을 높인 2층에 마련된 휴식공간에서 바라본 계단 모습. **6** 모임지붕의 다각형 오픈천장을 자연미가 살아 있는 원목루버로 마감했다.

정면도   배면도

1층 평면도   2층 평면도

1 거실 **2** 주방 및 식당 **3** 안방 **4** 침실 **5** 서재 **6** 가족실 **7** 욕실 **8** 다용도실 **9** 테라스 **10** 현관 **11** 홀

47py 155.70㎡
경기도 안산시

22. 목조주택

4인 가족의 맞춤 주택

이상적인 전원주택은 주변 환경과 자연스럽게 접할 수 있는 공간이어야 한다. 이런 곳에 평범할 수 있는 연한 회색톤의 아스팔트슁글 지붕과 사이딩에 적삼목사이딩으로 포인트를 주어 무게감이 있고, 1,2층이 잘 배치되어 외부 디자인이 잘 된 4인 가족의 맞춤 주택이다. 외부는 다양한 크기의 창을 적절히 배치하여 집안 곳곳 채광이 들어올 수 있게 하고, 2층 외부로 돌출된 발코니는 누수 등의 하자가 없는 안전한 시공이 되도록 했다.

설계개요

위 치	경기도 안산시
대지면적	480.38㎡(145.31py)
지역지구	도시지역, 생산녹지지역
건축면적	96.03㎡(29.04py)
연 면 적	155.70㎡(47.09py)
건 폐 율	19.99%
구 조	일반목구조
외부마감	아스팔트슁글 시멘트사이딩 적삼목사이딩
설 계	노블종합건설(주)
시 공	노블종합건설(주)

1 1,2층의 평면이 잘 배치되어 외부 디자인이 돋보이는 주택이다. **2** 측면에서 바라본 모습은 웅장한 규모를 느낄 수 있다. **3** 흰색의 대리석 아트월에 바닥 색과 같은 짙은 브라운 계통의 넓은 몰딩으로 포인트를 주었다. **4** 상부장은 흰색 하이그로시, 하부장은 블랙 계열로 선택해 안정감과 모던함을 선사하는 감각적인 주방으로 디자인했다. **5** 1층 복도로 안정감 있는 브라운 계통의 디자인으로 통일감을 주었다. **6** 2층 복도, 2층에는 자녀 방이 있다.

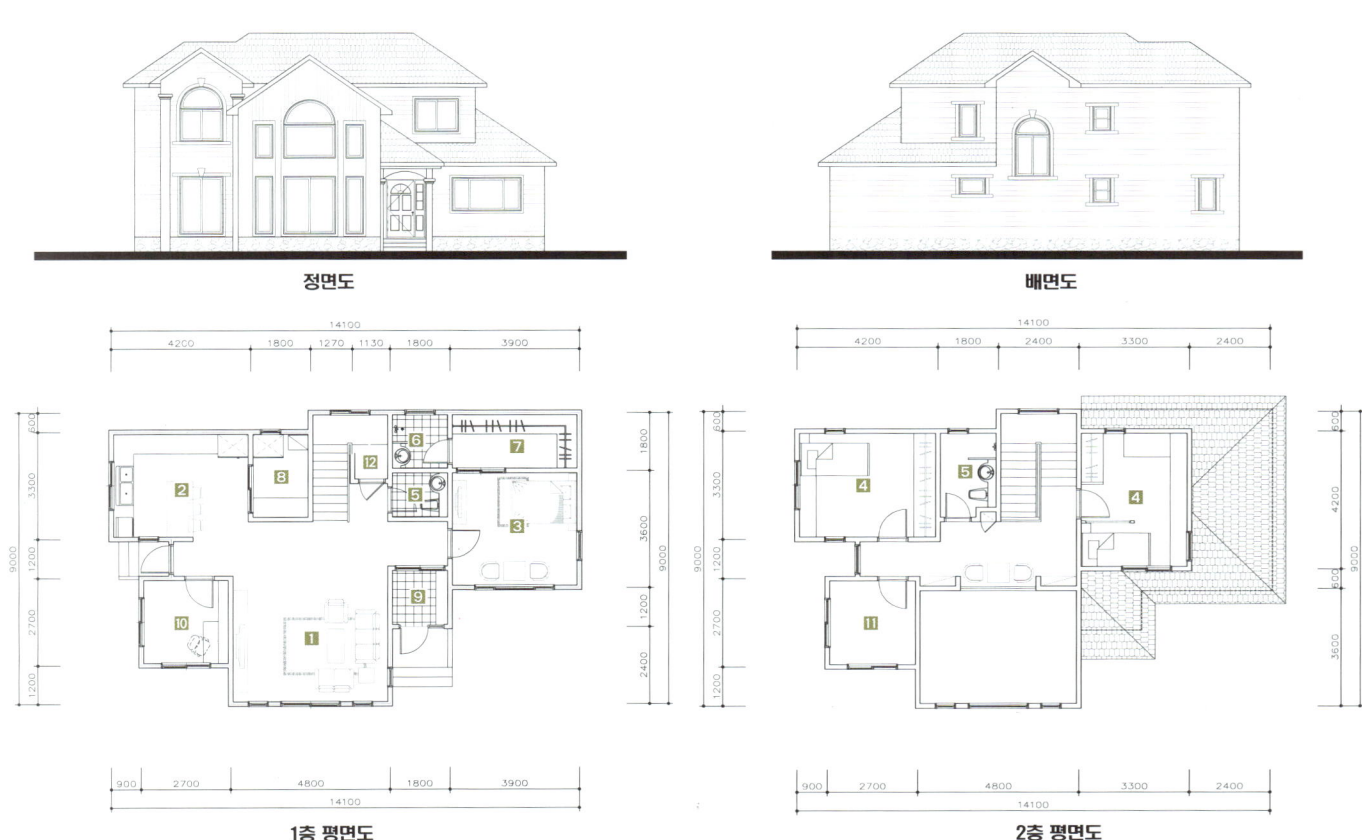

정면도　　　배면도

1층 평면도　　　2층 평면도

1 거실 **2** 주방 및 식당 **3** 안방 **4** 침실 **5** 욕실 **6** 샤워실 **7** 드레스룸 **8** 다용도실 **9** 현관 **10** 운동실 **11** 실내정원 **12** 창고

47py 156.23㎡
경기도 포천시

23. 목조주택
3대가 오순도순 모여 사는 전원주택

따스한 햇살이 두루 비치는 밝은 주택으로 좌우로 늘어선 회양목과 조형 향나무, 반송이 자리를 잡으면 주위와 어우러져 더욱 돋보이는 전원주택이 될 것이다. 남향한 방 깊숙이 따스한 햇살이 드리우는 거실과 부엌은 삶을 풍요롭고 여유롭게 만들어주는 공간이다. 3대가 함께 사는 이곳은 각 방과 방 사이에 여유를 두어 프라이버시를 고려한 설계를 하였다. 여러 형태와 크기의 기와지붕이 모여 있는 것이 꼭 오순도순 모여 사는 우리네 같다.

1.

2.

설계개요

위 치	경기도 포천시
대지면적	654.00㎡(197.83py)
지역지구	계획관리지역
건축면적	110.63㎡(33.46py)
연 면 적	156.23㎡(47.25py)
건 폐 율	16.92%
구 조	일반목구조
외부마감	스타코플렉스, 파벽돌 점토기와
설 계	노블종합건설(주)
시 공	노블종합건설(주)

1 화사한 스타코 마감에 정갈한 기와지붕이 인상적인 주택이다. 2 조경석을 두르고 높게 자리한 주택 모습 3 루버로 마감된 귀접이천장에 간접조명으로 은은한 거실이 되었다. 4 원목으로 수납공간을 꾸민 주방 5 구조미가 돋보이는 계단이 2층으로 연결되어 있다.

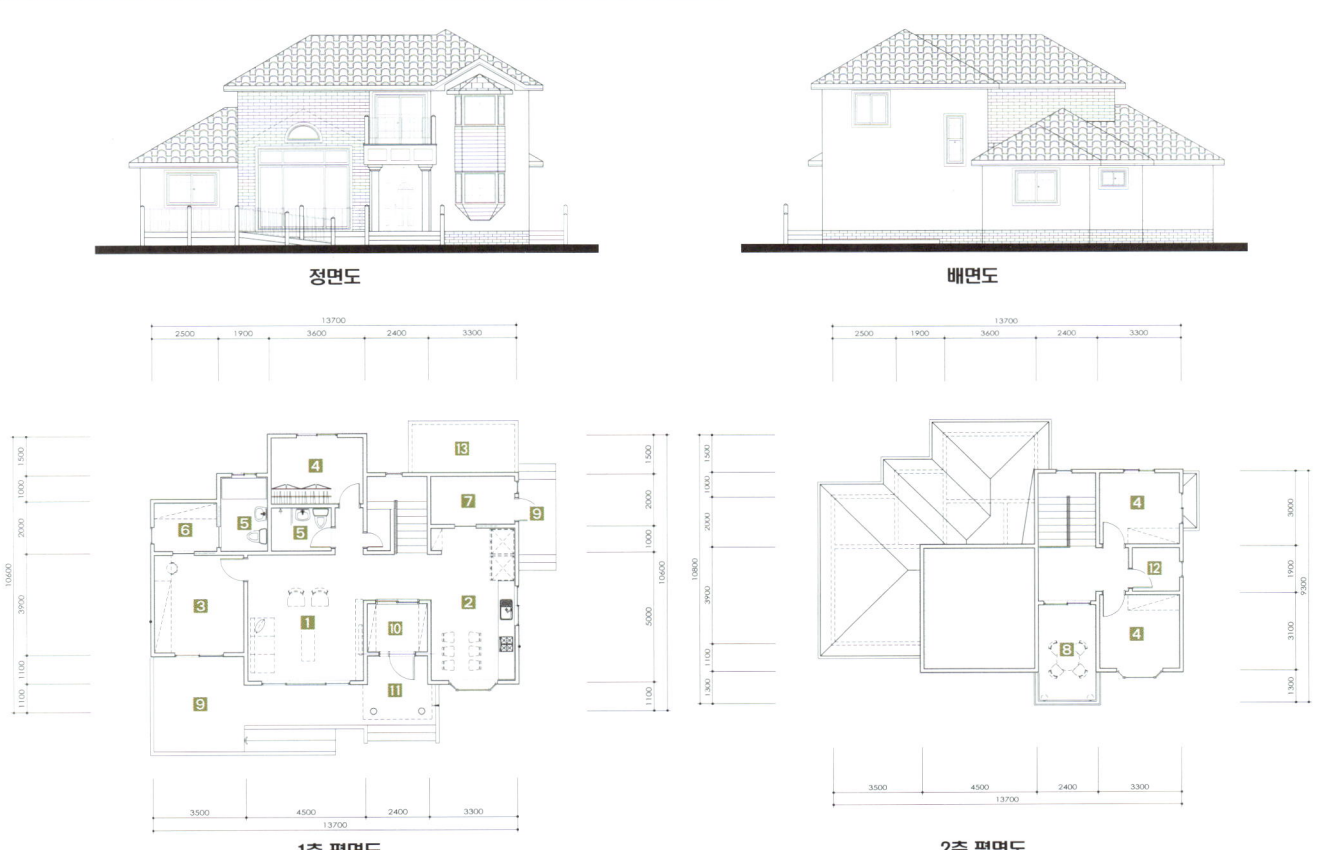

정면도   배면도

1층 평면도   2층 평면도

1 거실 **2** 주방 및 식당 **3** 안방 **4** 침실 **5** 욕실 **6** 드레스룸 **7** 다용도실 **8** 테라스 **9** 데크 **10** 현관 **11** 포치 **12** 창고 **13** 보일러실

48py 157.92㎡
경기도 김포시

24. ALC주택
뜨끈뜨끈한 구들방이 있는 집

평지붕을 얹은 1층 위를 테라스로 활용해 전반적으로 모던한 전원주택이 되었다. 넓은 거실로 1,2층의 내부를 웅장하게 설계하였다. 또한, 외부는 시멘트사이딩의 반복적인 패턴을 1층에서 2층 처마선까지 배열해 웅장한 느낌을 더했다. 1층 안방에는 드레스룸을 지나 욕실로 이어지게 계획하여 편리성을 높였으며, 거실 뒤로는 건강한 삶을 위해 구들을 놓은 온돌방을 만들었다. 뜨끈뜨끈한 아랫목에 등을 지지고 나면 몸이 거뜬해지는 기억이 있어 현대인에게 권하고 싶은 아이템 중 하나다.

설계개요

위 치	경기도 김포시
대지면적	795.00㎡(240.48py)
지역지구	관리지역
건축면적	116.07㎡(35.11py)
연 면 적	157.92㎡(47.77py)
건 폐 율	14.60%
구 조	ALC블럭구조
외부마감	스타코플렉스, 파벽돌 아스팔트슁글
설 계	노블종합건설(주)
시 공	노블종합건설(주)

1 1층 위를 테라스로 활용해 전반적으로 모던한 주택이다. **2** 주택의 후면으로 시멘트사이딩을 처마선까지 배열해 웅장한 느낌이다. **3** 2층 오픈천장이 적용된 거실. 아트월은 파벽돌로 마감했다 **4** 주방 옆으로 데크를 넓게 설치해 야외에서도 식사를 즐길 수 있는 공간이 되었다 **5** 2층 복도. 단조철물로 반원형 난간을 만들어 단순하면서도 조형미가 있다. **6** 2층 계단 아래쪽에 창고와 욕실, 그리고 우측에 작은 온돌방을 배치했다.

정면도   배면도

1층 평면도   2층 평면도

1 거실 **2** 주방 및 식당 **3** 안방 **4** 방 **5** 가족실 **6** 욕실 **7** 드레스룸 **8** 다용도실 **9** 테라스 **10** 데크 **11** 현관 **12** 보일러실 **13** 계단실

48py 158.70㎡
전라남도 순천시

25. 목조주택

따스한 햇살이 복도를 비치는 집

건축주의 바람대로 모던하면서도 깔끔한 디자인이 적용된 목조주택이다. 거실 상부를 들어 올린 박공지붕으로 포인트를 살리고, 동선을 가로로 길게 하여 복도를 중심으로 각 실을 배치하는 공간분할을 했다. 현관을 들어서면 왼쪽으로는 안방이 배치되어 있고 우측으로는 길게 주방, 거실, 방을 배치했다. 거실의 천장은 지붕 형태를 따라서 독특한 모습으로 계획되었다.

1

2

설계개요

위 치	전라남도 순천시
대지면적	363.60㎡(109.98py)
지역지구	제2종 일반주거지역
건축면적	105.00㎡(31.76py)
연 면 적	158.70㎡(48py)
건 폐 율	28.88%
구 조	일반목구조
외부마감	스타코플렉스, 파벽돌 아스팔트슁글
설 계	노블종합건설(주)
시 공	노블종합건설(주)

1 남향한 주택의 정면으로 모던한 디자인이 적용된 목조주택이다 2 진입로 쪽에는 텃밭이 자리하고 있고 디딤돌을 놓은 동선을 따라 현관으로 진입할 수 있다. 3 밝은 화이트톤의 벽지와 우드 몰딩으로 깔끔한 연출을 하였다. 4 지붕선을 그대로 살린 거실과 아트월 5 진입로를 따라 잔디와 조경수가 심어져 있고, 한쪽으로 작은 텃밭이 있다. 6 2층으로 오르는 구조미가 돋보이는 계단이다.

정면도   배면도

1층 평면도   2층 평면도

1 거실 2 주방 및 식당 3 안방 4 방 5 서재 6 욕실 7 드레스룸 8 작업실 9 발코니 10 데크 11 현관

50py 165.18㎡
경기도 용인시

26. 목조주택

두 세대가 살기에 적합한 단독주택

외부환경에 더할 나위 없이 튼튼하게 설계한 주택이다. 2층 외부공간이나 1층 지붕이 없어 방범에 좋고, 태풍, 지진, 적설에 대비할 수 있도록 설계에 반영하였다. 오픈천장을 높게 계획하여 공간을 더욱 넓게 보이게 하였고, 안방과 거실, 주방의 동선을 개방하여 이동의 편리성을 살렸다. 또한, 현관 가까이 계단을 배치해 2층 세대의 출입이 쉬우며, 다용도실 옆으로는 데크가 연결되어 있어 외부공간 활용도가 좋다.

1

2

설계개요

위 치	경기도 용인시
대지면적	594.00㎡(179.68py)
지역지구	자연녹지지역
건축면적	118.44㎡(35.82py)
연 면 적	165.18㎡(49.96py)
건 폐 율	19.93%
구 조	일반목구조
외부마감	스타코플렉스, 파벽돌 아스팔트슁글
설 계	노블종합건설(주)
시 공	노블종합건설(주)

1 태풍, 지진, 적설에 대비할 수 있도록 튼튼하게 설계한 주택이다. 2 파벽돌과 스타코로 간결하게 처리한 주택 외관 모습 3 2층 오픈천장이 적용된 거실. 오픈천장은 공간감을 확장시켜 시원한 느낌을 주는 데 효과적이다. 4 계단 밑의 공간에 수납공간과 욕실을 배치하여 효과적으로 공간을 활용했다. 5 2층에서 내려다본 거실 모습 6 여백의 미가 느껴지는 계단실

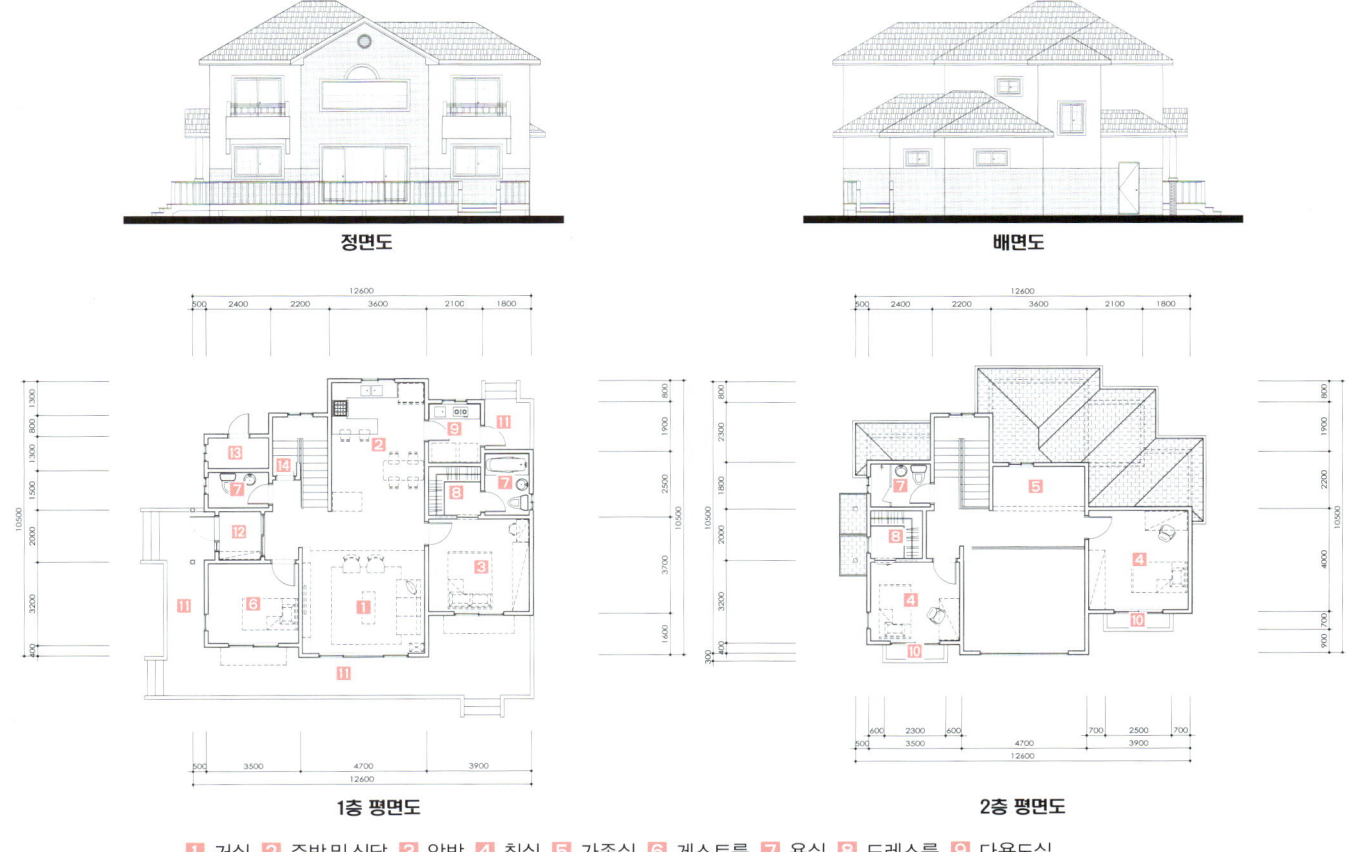

정면도　　　　　　　　　　　　배면도

1층 평면도　　　　　　　　　　2층 평면도

1 거실 2 주방 및 식당 3 안방 4 침실 5 가족실 6 게스트룸 7 욕실 8 드레스룸 9 다용도실 10 발코니 11 데크 12 현관 13 보일러실 14 창고

50 py 165.56㎡
경상남도 양산시

27. ALC주택
유럽풍 디자인의 카페를 겸한 별장

유럽풍 주택디자인을 활용한 카페나 식당은 광고효과가 뛰어나며, 아래 1층은 카페로 2층은 주거공간으로 설계한 주택으로 넓은 홀과 생활공간이 자연스럽게 어우러져 돋보이는 디자인이다. 2층은 2개의 방, 욕실 그리고 꽉 들어찬 주방과 거실 외에 불필요한 공간을 최소화하였고, 독립성을 강조하기 위해 계단실을 따로 구획하였지만, 건축주의 요구로 카페에서 출입할 수 있게 설계를 변경하였다.

1

설계개요

위 치	경상남도 양산시
대지면적	703.00㎡(212.65py)
지역지구	생산녹지지역, 자연취락지구
건축면적	113.02㎡(34.18py)
연 면 적	165.56㎡(50.08py)
건 폐 율	16.08%
구 조	ALC블럭구조
외부마감	파벽돌, 시멘트사이딩 아스팔트쉬글
설 계	노블종합건설(주)
시 공	노블종합건설(주)

1 1층은 카페로 2층은 주거공간으로 설계한 주택이다. **2** 입구에서 바라본 주택 전경. 단정하게 손님 맞을 준비가 되었다. **3** 카페로 활용할 수 있게 미리 계획한 주방이다. **4** 1층에는 ㄱ자형의 넓은 홀이 자리하고 있다. **5** 2층에 자리한 컴팩트한 방으로 공간을 최소화하였다.

정면도   배면도

1층 평면도   2층 평면도

1 거실
2 주방 및 식당
3 침실
4 욕실
5 발코니
6 데크
7 홀
8 주방
9 화장실
10 직원휴게실
11 보일러실

50py 166.05㎡
경기도 파주시

28. 목조주택
돛단배를 연상케 하는 내부의 전원주택

돌출되고 높게 설계된 거실에 돛단배를 연상케 하는 모티브로 오픈천장과 아트월을 계획했다. 이 집은 거실과 주방, 식당이 하나로 이어지는 전형적인 LDK구조로 공용공간인 거실, 주방, 가족실 디자인은 단순한 형태의 디자인에 고급스러운 대리석 느낌의 석재마감재를 적용하고, 개인공간인 침실은 다마스크 문양의 벽지로 포인트를 주어 전체적인 실내공간계획으로 디자인을 통한 용도구분을 명확히 했다.

1

2

설계개요

위 치	경기도 파주시
대지면적	645.00㎡(195.11py)
지역지구	계획관리지역
건축면적	114.71㎡(34.69py)
연 면 적	166.05㎡(50.23py)
건 폐 율	17.78.%
구 조	일반목구조
외부마감	스타코플렉스, 파벽돌
설 계	노블종합건설(주)
시 공	노블종합건설(주)

1 주택 전경. 돌출되고 높게 설계된 거실부분의 외관이 시원스런 표정을 만들어 내었다. 2 주택 후면으로 마무리 공사가 한창이다. 3 돌출된 거실 전면에 사선으로 자리한 창은 햇살을 더 오래 집안에 끌어들일 수 있다. 4 2층 복도는 다양한 표정의 문얼굴을 인테리어 요소로 활용하여 밝고 경쾌한 여백의 미가 돋보인다. 5 주부의 동선을 최적화해 배치한 ㄷ자형 주방으로 아일랜드 테이블을 설치해 홈바와 보조 테이블로 사용한다.

1 거실 2 주방 및 식당 3 안방 4 침실 5 가족실 6 욕실 7 드레스룸 8 다용도실 9 베란다 10 데크 11 현관 12 보일러실 13 포치

29. 스틸하우스
카페의 홈바를 연상케 하는 집

50py 166.22㎡
인천광역시 중구

설계개요	
위 치	인천광역시 중구
대지면적	274.70㎡(83.09py)
지역지구	제1종 전용주거지역
건축면적	133.42㎡(40.35py)
연 면 적	166.22㎡(50.28py)
건 폐 율	48.52%
구 조	경량철구조
외부마감	스타코플렉스
	아스팔트슁글
설 계	노블종합건설(주)
시 공	노블종합건설(주)

집이 자리한 곳은 영종도 공항신도시 내에 있는 단독택지로, 넓은 도로에 인접해 있으면서도 병풍처럼 둘러싼 소나무 조경이 있어 정감이 가는 곳이다. 소나무와 어우러진 주택의 밤 풍경은 분위기 좋은 카페나 한적한 숲 속의 펜션을 연상시키며, 평범한 설계를 샾드로잉, 인테리어 협의 등을 통해 고급주택으로 변화시켰다. 홈바를 연상케 하는 내부 거실과 주방은 가족들이 오랫동안 머물고 싶게 하는 곳이 되었다.

1

1 카페나 한적한 숲 속의 펜션을 연상케 하는 단독주택이다. 2 2층에서 내려다본 거실. 전체적인 거실의 분위기는 모던한 느낌이다. 3 미니 홈바가 설치된 주방. 넉넉한 공간은 아니지만, 건축주 부부에게는 더없이 소중한 공간이다. 4 구조미가 있는 원형계단을 오르면 2층에 가족실과 아이들 방이 있다. 5 아내의 고집으로 완성된 원형계단. 가족들이 가장 선호하는 아이템이기도 하다. 6 2층 가족실. 남편과 두 자녀가 사용하는 책상이 나란히 자리하고 있다. 한쪽 벽면은 전체를 붙박이책장으로 마감했다. 7 주위 환경과 어우러진 주택 외관

정면도   배면도

1층 평면도   2층 평면도

1 거실
2 주방 및 식당
3 안방
4 방
5 공부방 및 가족실
6 욕실
7 드레스룸
8 다용도실
9 데크
10 현관
11 포치

50py 166.82㎡
인천광역시 서구

30. ALC주택
정육면체가 모인 도심형 전원주택

다양한 크기의 정사각형 면으로 이루어진 3차원 정육면체의 큐브(cube)가 모인 도심형 전원주택으로 연한 파벽돌과 어두운 칼라의 파벽돌을 매치하여 중후하면서도 부드러운 느낌을 살렸다. 안방, 거실, 주방에서 데크로 나갈 수 있도록 계획하고 시스템도어를 설치하여 정원과 일체감을 주는 한편 연계성을 살린 도심 속 전원주택이다.

1

2

설계개요
위 치	인천광역시 서구
대지면적	495.90㎡(150py)
지역지구	제1종 일반주거지역
건축면적	103.02㎡(31.16py)
연 면 적	166.82㎡(50.46py)
건 폐 율	20.77%
구 조	ALC블럭구조
외부마감	파벽돌
설 계	노블종합건설(주)
시 공	노블종합건설(주)

1 연한 파벽돌과 어두운 칼라의 파벽돌을 매치한 주택 전경 2 진입로에서 바라본 주택 측면으로 같은 톤의 파벽돌로 통일감을 주었다. 3, 4 어두운 칼라를 매치하여 무게감 있는 거실을 연출했다. 5 2층에서 내려다본 계단실 6 2층에 있는 단출한 모습의 가족실

정면도   배면도

1층 평면도   2층 평면도

1 거실 2 주방 및 식당 3 안방 4 침실 5 가족실 6 욕실 7 드레스룸 8 다용도실 9 테라스 10 데크 11 현관 12 포치 13 창고

51 py 170.19㎡
경기도 양평군

31. 목조주택
친척들을 배려한 전원주택

목조주택의 평범한 이미지를 지양하는 건축주를 위해 모던하면서도 개성 있는 외관을 선보였다. 외관은 아이보리톤의 스타코와 옅은 갈색톤의 파벽돌을 처마선까지 시공하여 전체적으로 웅장하면서도 은은한 색상의 조화를 이룬다. 최초 30평을 계획하였으나 주말마다 친인척이 모이는 관계로 50평형대로 계획을 변경한 사례이다. 주방과 거실이 개방되어 있어서 거실과 주방 공간을 더욱더 넓게 활용할 수 있도록 하고 각 방에는 욕실이 배치하여 이용하는데 불편함을 최소화하였다.

설계개요
위 치	경기도 양평군
대지면적	721.00㎡(218.10py)
지역지구	관리지역
건축면적	134.10㎡(40.56py)
연면적	170.19㎡(51.48py)
건폐율	18.60%
구 조	일반목구조
외부마감	스타코플렉스, 파벽돌
설 계	노블종합건설(주)
시 공	노블종합건설(주)

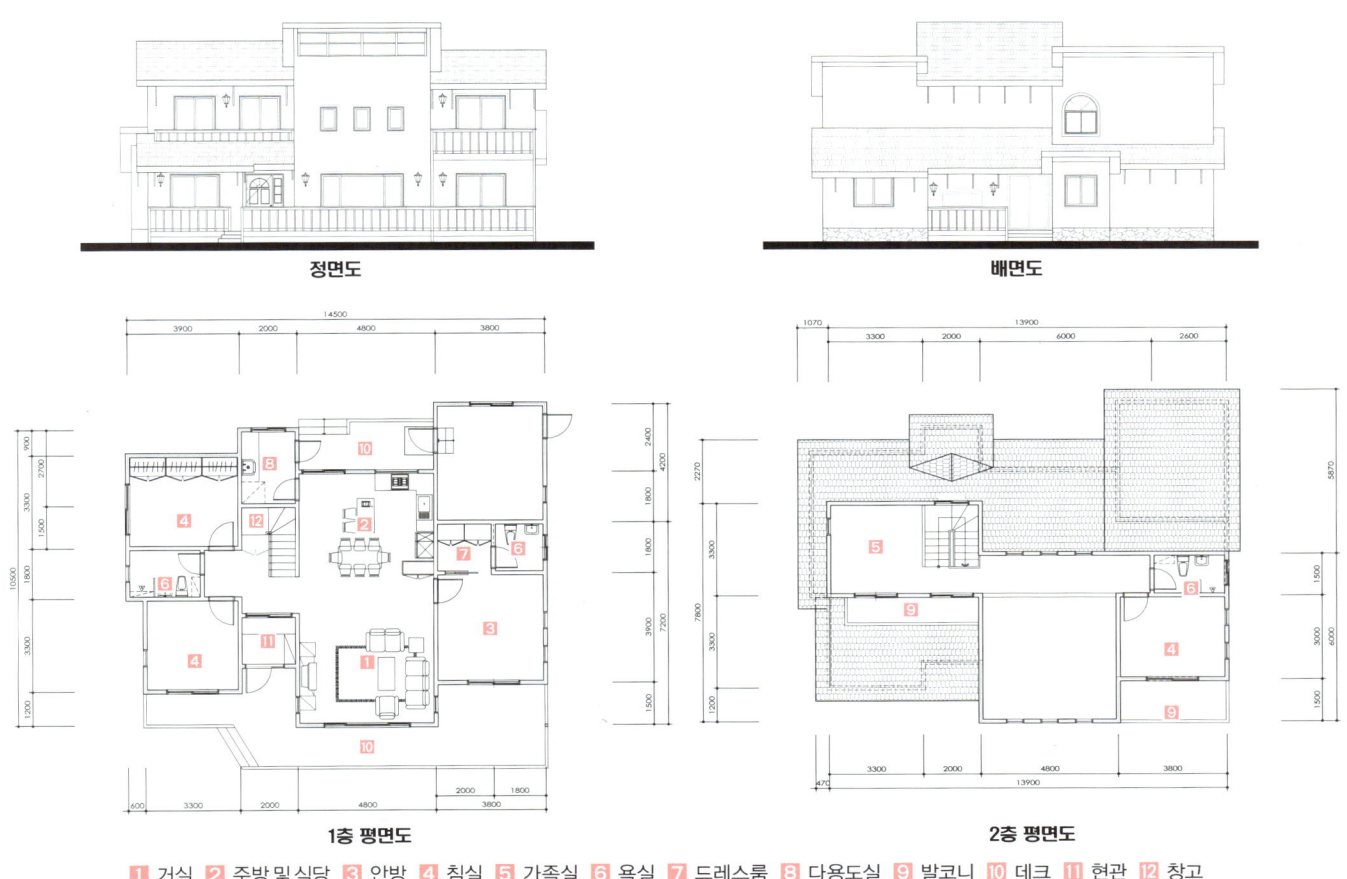

1 파벽돌을 처마선까지 시공하여 전체적으로 웅장하면서도 은은한 색상의 조화를 이룬 개성 있는 집이다. 데크 하단은 트랠리스로 마감했다. 2 진입 계단에서 바라본 현관 입구 모습 3 거실에서 본 부엌과 2층 복도. 거실 및 주방과 식당이 한 동선으로 이어지는 단순한 구조다. 4 2층에서 내려다본 거실 5 2층 복도. 2층은 주말마다 오는 자녀를 위한 공간이다.

정면도

배면도

1층 평면도

2층 평면도

1 거실　2 주방 및 식당　3 안방　4 침실　5 가족실　6 욕실　7 드레스룸　8 다용도실　9 발코니　10 데크　11 현관　12 창고

52 py 171.14㎡
경기도 안성시

32. 목조주택

개인과 공용공간의 경계를 명확히 한 집

사방에서 지붕의 사선을 즐길 수 있는 외관으로 현관 우측으로 스타코와 적삼목사이딩으로 마감되어 있다. 거실은 나무 느낌을 최대한 살리고 아이보리톤의 벽지로 마감해 전체적인 통일성을 유지하는데 주안점을 두었고 거실을 중심으로 좌측으로 안방과 드레스룸, 욕실이 연결되어 있고 우측으로는 작은방들이 2층까지 배치되어 공용공간과 개인공간의 경계를 명확히 하고 이용자의 동선을 고려한 합리적인 공간 설계를 하였다.

1

2

설계개요

위 치	경기도 안성시
대지면적	1107.00㎡(334.86py)
지역지구	계획관리지역
건축면적	124.06㎡(37.52py)
연면적	171.14㎡(51.76py)
건폐율	11.21%
구 조	일반목구조
외부마감	벽돌, 스타코플렉스, 적삼목
설 계	노블종합건설(주)
시 공	노블종합건설(주)

1 치장벽돌과 스타코로 마감하고 횡으로 길게 펼쳐진 주택이다. 2 주택 후면의 모습 3 화이트톤의 상부와 무늬목 하부가 조화를 이뤄 안정감이 있는 주방이다. 왼쪽에는 가까이 다용도실을 두어 편리하게 가사를 돌볼 수 있도록 했다. 4 2층에는 가족실과 욕실, 방 2개가 배치되어 있다. 5 2층으로 오르는 계단으로 구조미가 돋보인다.

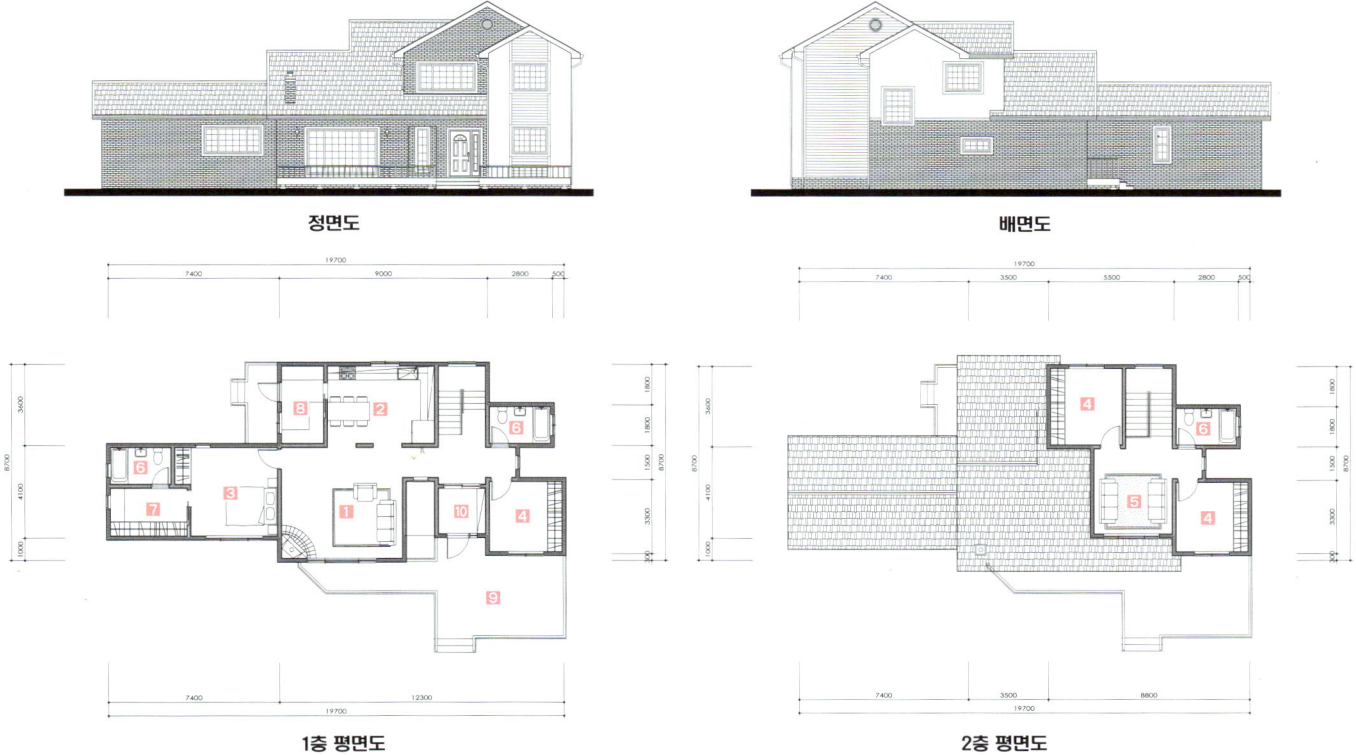

정면도　　　　　　　　　**배면도**

1층 평면도　　　　　　　**2층 평면도**

① 거실　② 주방 및 식당　③ 안방　④ 방　⑤ 가족실　⑥ 욕실　⑦ 드레스룸　⑧ 다용도실　⑨ 데크　⑩ 현관

52 py 171.79㎡
경기도 고양시

33. 목조주택

평면구성을 달리해 입면이 다양한 집

입체감 있는 평면배치를 조화시킨 이 집은 도심 속 기능을 중요시한 전원주택으로 방범과 단열을 위해 창을 적게 냈으며, 현관을 중심으로 오른쪽에는 거실과 주방을 왼쪽에는 침실을 배치하여 프라이버시를 확보했다. 2층에는 가족실과 2개의 침실이 있어 동적 공간과 정적 공간을 분리했다. 외부마감은 건물 하단부에 파벽돌을 상부에는 스타코로 마감하여 단열성을 높임과 동시에 안정감 있는 느낌이 든다.

설계개요	
위 치	경기도 고양시
대지면적	226.10㎡(68.39py)
지역지구	제1종 일반주거지역
건축면적	102.79㎡(31.09py)
연 면 적	171.79㎡(51.96py)
건 폐 율	45.46%
구 조	일반목구조
외부마감	스타코플렉스, 파벽돌 아스팔트슁글
설 계	노블종합건설(주)
시 공	노블종합건설(주)

1 도심 속 기능을 중요시한 도심형 전원주택이다. 2 도로면에서 본 주택 측면으로 입체감 있는 평면배치를 했다. 3 거실 오픈천장 디자인은 모던한 스타일로 구현되었다. 간접 조명이 운치를 더한다. 4 세로창을 내어 밝게 구성한 계단 5 2층에도 공동의 휴식공간으로 활용할 수 있는 가족실을 마련했다. 6 포인트 벽지로 단순하게 처리한 침실. 창을 많이 낸 대신 시스템창호를 사용해 기밀성을 높였다.

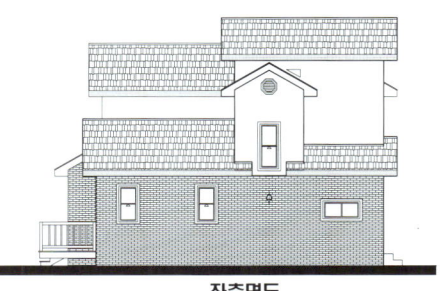

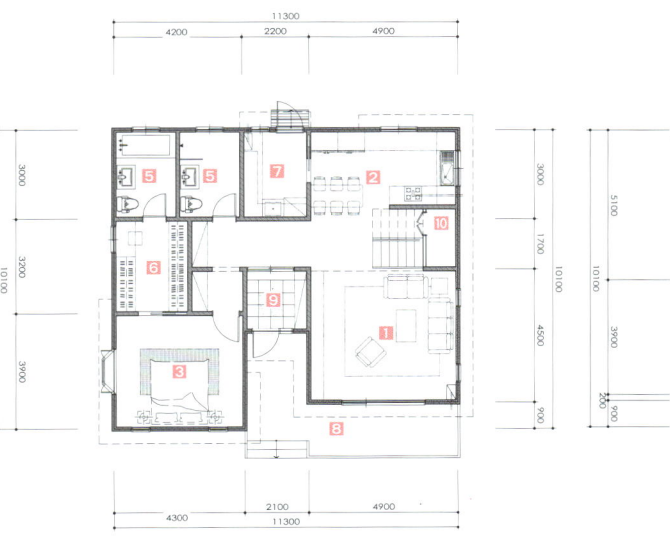

정면도   좌측면도

1층 평면도   2층 평면도

1 거실
2 주방 및 식당
3 침실
4 가족실
5 욕실
6 드레스룸
7 다용도실
8 데크
9 현관
10 창고

52 py 173.25㎡
경기도 양평군

34. 목조주택
짜임새 있는 지붕구조가 돋보이는 전원주택

　박공지붕의 구조미와 모임지붕의 단아함과 외쪽지붕이 주는 모던함이 함께 어우러져 미관을 향상한 짜임새 있는 지붕구조가 돋보이는 주택이다. 단색계열의 마감을 사용해 복잡한 구조에 간결성을 부여했다. 앞마당에 자리하고 있는 텃밭과 진입부와 이어지는 산책로가 인상적인 주택이다. 지형을 살려 산 모양 그대로 데크 길을 설치하여 중간마다 테마를 주었다. 내부 또한 실용적이고 편리성을 고려하여 계획하였다.

설계개요

위 치	경기도 양평군
대지면적	803.00㎡(242.90py)
지역지구	보전관리지역
건축면적	125.43㎡(37.94py)
연 면 적	173.25㎡(52.40py)
건 폐 율	15.62%
구 조	ALC블록구조
외부마감	파벽돌, 스타코플렉스 적삼목사이딩, 스페니쉬 기와
설 계	노블종합건설(주)
시 공	노블종합건설(주)

1 박공지붕, 모임지붕, 외쪽지붕이 함께 어우러져 미관을 향상한 지붕구조가 돋보이는 주택이다. 2 진입부와 이어지는 목재계단의 산책로가 인상적인 주택이다. 3 조경석으로 쌓은 옹벽 사이로 산길을 따라 데크를 깔아 건축주만의 운치 있는 산책로를 만들었다. 4 대문에서 바라본 주택 측면으로 2층 지붕 전면에는 태양광 집열판을 설치해 가정에 필요한 전기를 충당하고 있다. 5 거실의 벽면과 천장을 원목루버로 마감해 자연미를 살렸다. 6 2층에서 바라본 거실 아트월 부분 7 2층 복도로 벽면과 천장, 몰딩이 대조를 이루며 안정감이 있다.

정면도   **배면도**

1층 평면도   **2층 평면도**

1 거실　2 주방 및 식당　3 안방　4 방　5 욕실　6 파우더룸　7 다용도실　8 베란다　9 데크　10 현관　11 창고

52py
173.34㎡

강원도 영월군

35. ALC주택
넓은 2층 테라스가 있는 전원주택

지붕의 왼쪽은 평지붕으로 하고 오른쪽은 박공지붕으로 조망권을 살리면서도 실용적인 구조로 2층에는 넓은 테라스가 계획되어 시골생활의 일상에서 일어날 수 있는 다목적 공간으로 사용할 수 있는 장점이 있다. 외관은 어두운 톤의 인조석 마감으로 고풍스러운 느낌이 들게 하였다면 내부는 클래식한 느낌을 살려 자연스럽게 그 느낌을 이어주었다. 화이트톤의 모던한 느낌의 주방가구와 단조 난간 등 인테리어가 돋보인다.

설계개요

위 치	강원도 영월군
대지면적	760.00㎡(229.9py)
지역지구	계획관리지역
건축면적	144.24㎡(43.63py)
연 면 적	173.34㎡(52.43py)
건 폐 율	18.98%
구 조	ALC블럭구조
외부마감	파벽돌, 적삼목, 기와
설 계	노블종합건설(주)
시 공	노블종합건설(주)

1 2층에는 넓은 테라스가 계획되어 다목적 공간으로 사용할 수 있는 집이다. 2 파벽돌, 적삼목 포인트로 마감된 외관 3 전면창을 3단으로 구성하고 차경을 끌어들여 자연 속에 묻혀 있는 거실이 되었다. 4 복층의 오픈천장으로 2층에는 가족실을 배치했다. 5 화이트톤의 주방에 브라운톤의 타일로 포인트를 주었다. 6 2층 오르는 계단을 엔티크한 단조철물난간으로 했다

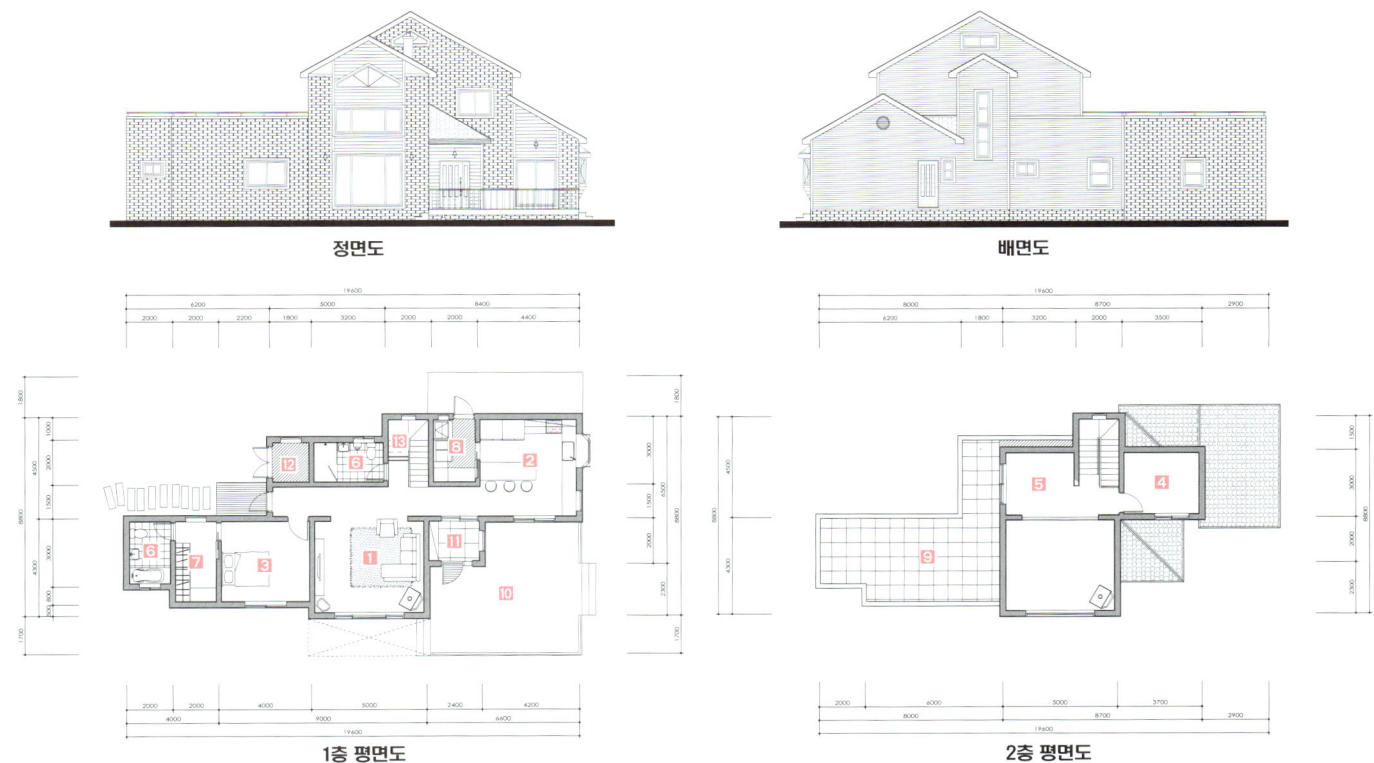

정면도   배면도

1층 평면도   2층 평면도

1 거실 2 주방 및 식당 3 안방 4 방 5 가족실 6 욕실 7 드레스룸 8 다용도실 9 테라스 10 데크 11 현관 12 보일러실 13 창고

36. ALC주택
안정적인 외부, 모던한 내부의 주택

외부는 아이보리 색상의 파벽돌과 스타코로 마감하여 안정적이고 부드러운 느낌이 들며 내부의 전체적인 인테리어디자인은 모던스타일로 계획하고, 아이보리컬러와 우드컬러의 조합으로 자칫 차갑게 느껴질 수 있는 분위기를 따뜻하게 연출했다. 마스터룸은 부부 욕실, 파우더룸, 드레스룸을 두어 공간을 넓게 배치하고 2층까지 탁 트인 오픈천장은 거실에 시원한 공간감을 부여했다.

53py 175.08㎡
경기도 안성시

설계개요
위 치	경기도 안성시
대지면적	655.00㎡(198.13py)
지역지구	생산녹지지역, 자연취락지구
건축면적	132.72㎡(40.14py)
연 면 적	175.08㎡(52.96py)
건 폐 율	20.26%
구 조	ALC블럭구조
외부마감	스타코플렉스, 파벽돌 이중그림자쉰글
설 계	노블종합건설(주)
시 공	노블종합건설(주)

1 진입로에서 바라본 주택 전경 **2** 모던스타일로 계획된 인테리어. 아이보리컬러와 우드컬러의 조합으로 분위기를 따뜻하게 연출했다. **3** 2층까지 탁 트인 오픈천장은 거실에 시원한 공간감을 부여한다. **4** 주방으로 블랙과 화이트톤의 강렬한 대비가 모던함을 더한다. **5** 주택의 중심을 가르는 복도 양쪽 벽면의 인테리어는 상반된 느낌으로 시선을 끈다. **6** 2층으로 향하는 계단실과 복도. 계단실 아래의 자투리 공간을 이용해 창고를 만들었다.

1 거실 2 주방 및 식당 3 안방 4 방 5 가족실 6 욕실 7 드레스룸 8 다용도실 9 테라스 10 데크 11 현관 12 보일러실 13 창고

55 py
180.86㎡
광주광역시 북구

37. 목조주택
도심 속 경사지를 잘 활용한 주택

많은 주택이 모여 있는 이곳의 특징상 땅의 형태는 제한적이었다. 각진 형태의 땅에서 ㄱ자형의 집으로 배치하고 건축면적이 아닌 나머지 공간은 조경과 텃밭으로 활용하였다. 1층은 안방의 독립성을 살리고 공용공간인 거실, 주방을 넓게 활용할 수 있도록 계획하였다. 도시지역에서도 경사지를 평지로 만들려면 건축허가 외에 개발행위허가가 수반되는 것을 염두에 두어야 한다.

설계개요

위 치	광주광역시 북구
대지면적	309.30㎡(93.56py)
지역지구	제2종 일반주거지역
건축면적	110.79㎡(33.51py)
연면적	180.86㎡(54.71py)
건폐율	35.82%
구 조	일반목구조
외부마감	아연도강판
	목재사이딩, 파벽돌
설 계	노블종합건설(주)
시 공	노블종합건설(주)

1 남향한 주택의 정면으로 평면은 ㄱ자형으로 배치했다. 2 박공지붕이 입체감 있게 나와 있는 곳은 안방으로 독립성을 살리고 아래층은 주차공간으로 했다. 3 가족과 함께 사용하는 거실과 식당, 주방은 아치형 가벽을 세워 넓게 소통되도록 구성, 배치하였다. 4 격자로 천장을 인테리어 한 거실은 채광과 조망이 확보된 건물의 중심에 있다. 5 외벽의 형태와 같은 포인트 벽지를 한 벽과 계단 모습 6 2층에 있는 딸 방은 파스텔톤의 가구와 화사한 꽃무늬 벽지로 꾸몄다.

정면도 · 배면도 · 1층 평면도 · 2층 평면도

1 거실
2 주방 및 식당
3 안방
4 방
5 가족실
6 욕실
7 드레스룸
8 다용도실
9 테라스
10 데크
11 현관
12 창고

38. ALC주택
대지모양에 맞게 설계한 3세대 도시형 주택

55py 183.30㎡
울산광역시 중구

설계개요
위 치	울산광역시 중구
대지면적	251.00㎡(75.92py)
지역지구	제2종 일반주거지역
건축면적	115.68㎡(34.99py)
연 면 적	183.30㎡(55.44py)
건 폐 율	46.09%
구 조	ALC블럭구조
외부마감	스타코플렉스, 파벽돌 적삼목사이딩
설 계	노블종합건설(주)
시 공	노블종합건설(주)

이 주택은 대지가 협소하고 부정형의 삼각형 대지라 대지 형태에 맞춰 설계한 사례이다. 평형에 비해 좁은 대지에 설계하다 보니 마당은 옹색해졌으나 주변의 주택과는 차별화한 외관으로 눈에 띄는 도심형 주택이 되었다. 이 도시형 주택을 바라보면서 많은 이웃의 부러움을 사고 있다. 현관을 중앙에 배치하고 계단실을 바로 앞에 두어 1층과 2층 세대를 분리하여 3세대 가족구성원을 위한 평면 구성이 특징이다.

1 부정형의 삼각형 대지라 대지 형태에 맞춰 설계한 도심형 주택이다. **2** 전면에 넓은 창을 설치한 거실의 전체적인 디자인은 모던 스타일로 단순하게 처리했다. **3** 진입로에서 바라본 주택 측면의 모습이다. **4** 거실과 주방의 연계성을 높였다. 최근에는 주부가 가사를 돌보면서 최대한 가족과 같이 할 수 있는 평면구성에 관심이 높다. **5** 발코니로 이어지는 2층 복도.

정면도   배면도

1층 평면도   2층 평면도

1 거실 **2** 주방 및 식당 **3** 안방 **4** 방 **5** 욕실 **6** 드레스룸 **7** 다용도실 **8** 테라스 **9** 데크 **10** 현관 **11** 창고

56 py 184.80㎡
경기도 양평군

39. 목조주택
클래식한 전원주택

이국적이면서 클래식한 이 주택은 경사진 땅 때문에 조경석으로 옹벽을 쌓아 기초를 높이고, 그 위에 집을 지어 더욱더 조망권을 확보할 수 있는 전망 좋은 집이 되었다. 조경석과 평석으로 만든 외부계단은 누운 소나무와 주목이 어우러져 집을 돋보이게 하는 요소가 되었다. 내부는 클래식한 분위기로 인테리어 하고 2층에도 간이주방을 설치하여 편리성과 독립성을 주었다.

설계개요

위 치	경기도 양평군
대지면적	884.00㎡(267.41py)
지역지구	자연녹지지역
건축면적	165.72㎡(50.13py)
연 면 적	184.80㎡(55.90py)
건 폐 율	18.75%
구 조	일반목구조
외부마감	스타코플렉스, 인조석, 점토기와
설 계	노블종합건설(주)
시 공	노블종합건설(주)

1 동남향한 주택 외관으로 경사진 땅에 옹벽을 쌓아 전망 좋은 집이 되었다. 2 측면 외관, 창문마다 단조철물을 설치하고 작은 화분을 올릴 수 있도록 했다. 3 거실의 천장을 반자로 해 아늑함이 느껴진다. 4 세련된 감각의 클래식한 주방이다. 아일랜드 테이블은 홈바, 식탁, 조리대 등 다양하게 활용할 수 있어 많이 사용한다. 5 2층 중앙에 가족실을 두고 간이주방도 설치했다.

정면도   배면도

1층 평면도   2층 평면도

1 거실 2 주방 및 식당 3 안방 4 침실 5 가족실 6 서재 7 욕실 8 파우더룸 9 간이주방 10 테라스 11 데크 12 현관 13 포치 14 창고

56 py 185.75㎡
인천광역시 서구

40. 목조주택
천상의 화원 같은 집

중후한 분위기의 이 집은 어두운 색상으로 외벽과 지붕을 마감하여 무게감이 있으면서 중후한 느낌이 든다. 주차장으로 진입하면 판석 마감재가 깔려있고, 잔디가 잘 관리된 마당을 지나 건물을 둘러보면 마치 이국적인 외관이 시선을 끌고 주위를 꼼꼼히 둘러보면 잘 가꾸어진 조경에 마음을 빼앗기는 집이다. ㄱ자형의 정원은 각종 조경수와 국화류, 야생화가 덮여 있는 천상의 화원이다. 작은 연못도 배치되어 있어 그 풍경이 마치 작은 수목원에 있는 느낌이다.

1

2

설계개요

위 치	인천광역시 서구
대지면적	377.40㎡(114.36py)
지역지구	1종일반주거지역, 지구단위계획구역
건축면적	124.71㎡(37.72py)
연 면 적	185.75㎡(56.18py)
건 폐 율	33.04%
구 조	일반목구조
외부마감	아스팔트쉬글 목재사이딩, 인조석
설 계	노블종합건설(주)
시 공	노블종합건설(주)

1 주택 정면으로 어두운 톤의 마감재를 사용하여 중후한 느낌을 강조하였다. **2** 중후한 느낌의 건축물과 밝은 정원이 잘 어울려 아름다운 풍경이 되었다. **3** 2층에서 내려다본 입구 모습 **4** 마당 한편에 작은 연못을 마련하고 돌단풍과 수련 등 수생식물을 심었다. **5** 1층 복도와 거실 곳곳에서 건축주의 집 사랑을 엿볼 수 있다. **6** 오픈천장, 천장을 높게 하여 난방을 걱정하였지만, 입주하고 난 뒤 그 고민은 사라졌다고 한다. 잘 된 단열과 남향으로 나 있는 전면창으로 햇볕을 오래 담고 있기 때문이다. **7** 2층 가족실은 서재를 겸해서 이용하고 있다.

정면도   좌측면도

1층 평면도   2층 평면도

1 거실 **2** 주방 및 식당 **3** 안방 **4** 침실 **5** 가족실 **6** 서재 **7** 욕실 **8** 드레스룸 **9** 다용도실 **10** 테라스 **11** 데크 **12** 현관 **13** 포치 **14** 창고 **15** 보일러실

56 py 186.60㎡
충청남도 공주시

41. 목조주택
산과 호수를 끼고 자리 잡은 펜션

주택이나 펜션을 목구조로 설계하면 구조미를 살리거나 지붕공간을 다락으로 활용할 수도 있으며, 유럽풍 디자인을 경제성 있게 연출할 수 있는 장점이 있다. 자연의 아름다움을 이야기할 때 빼놓을 수 없는 산과 호수, 이 두 경치를 끼고 자리 잡은 펜션이다. 내·외부가 좌우대칭으로 설계된 펜션은 6개의 객실로 구성되었으며, 각 실에는 조망권 확보를 위해 전면창을 설치하고 복층 침실에는 하늘을 볼 수 있는 작은 창을 내어 동심을 자극하는 곳이다.

1.

2.

설계개요

위 치	충청남도 공주시
대지면적	3729.0㎡(1128.02py)
지역지구	관리농림지역
건축면적	132.40㎡(40.05py)
연 면 적	186.60㎡(56.44py)
건 폐 율	3.55%
구 조	일반목구조
외부마감	시멘트사이딩, 파벽돌 아스팔트쉥글
설 계	노블종합건설(주)
시 공	노블종합건설(주)

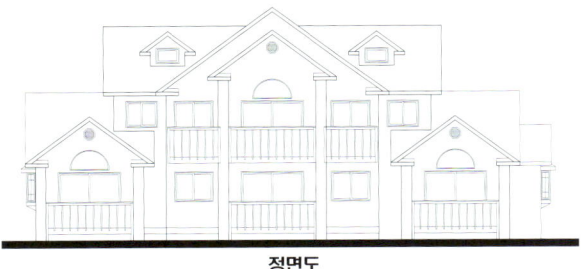
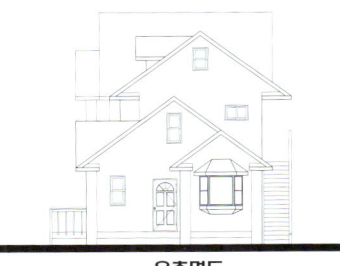

1 좌우대칭으로 설계된 펜션의 측면으로 6개의 객실을 갖추고 있다. **2** 동남향을 한 펜션 외관은 흰색톤의 시멘트 사이딩에 적삼목사이딩으로 포인트를 주었다. **3** 펜션 너머로 보이는 저수지 풍경 **4** 객실의 거실, 모든 객실은 복층 형태에 전면창으로 설계되어 있다. **5** 동심을 자극하는 다락방의 계단은 공간을 최소화하는 직선의 계단으로 했다. **6** 아담하게 꾸며진 객실의 아트월

정면도

우측면도

1층 평면도   2층 평면도

1 가족실 및 주방   **2** 침실   **3** 커플룸 및 주방   **4** 욕실   **5** 다락방   **6** 데크

57 py 189.10㎡
경상남도 합천군

42. 목조주택
해변 휴양시설 같은 전원주택

다양한 표정의 창들과 유럽의 낭만을 담은 스페니쉬 점토기와, 미색 스타코, 연한 파벽돌의 외장재를 사용하여 여행지의 리조트 같은 주택을 계획하였다. 내부는 인테리어 팀과 건축주의 맞춤 설계로 구석구석 작은 디테일까지 섬세하게 설계에 반영하고, 공용공간과 개인공간을 명확하게 평면을 분할하였다. 2층에 있는 미니바는 가족들을 위한 여유로운 공간으로 미리 계획된 아이템 중 하나이다.

설계개요

위 치	경상남도 합천군
대지면적	649.00㎡(196.32py)
지역지구	계획관리지역
건축면적	125.75㎡(38py)
연 면 적	189.10㎡(57py)
건 폐 율	19.38%
구 조	일반목구조
외부마감	스타코플렉스, 파벽돌
설 계	노블종합건설(주)
시 공	노블종합건설(주)

1 다양한 표정이 있는 주택 정면으로 여행지의 리조트 같은 주택이다. **2** 유럽의 낭만을 담은 붉은색 스페니쉬 기와와 푸른 하늘과 초록빛 숲이 어울려 강한 표정이 멀리서도 한 눈에 들어온다. **3** 스페니쉬 점토기와, 미색 스타코, 연한 파벽돌의 외장재로 마감하여 조화를 이룬다. **4** 거실의 천장을 보와 서까래가 노출된 연등천장으로 디자인하여 전통미가 살아 있다. **5** 통일감이 있는 흰색톤의 복도에 은은한 빛과 선반의 장식이 심미성을 더한다. **6** 단순하게 꾸민 침실에 햇살이 가득하다. **7** 2층 복도 끝으로 주변 풍광을 조망할 수 있는 와이드창 앞에 테이블을 놓여 있다.

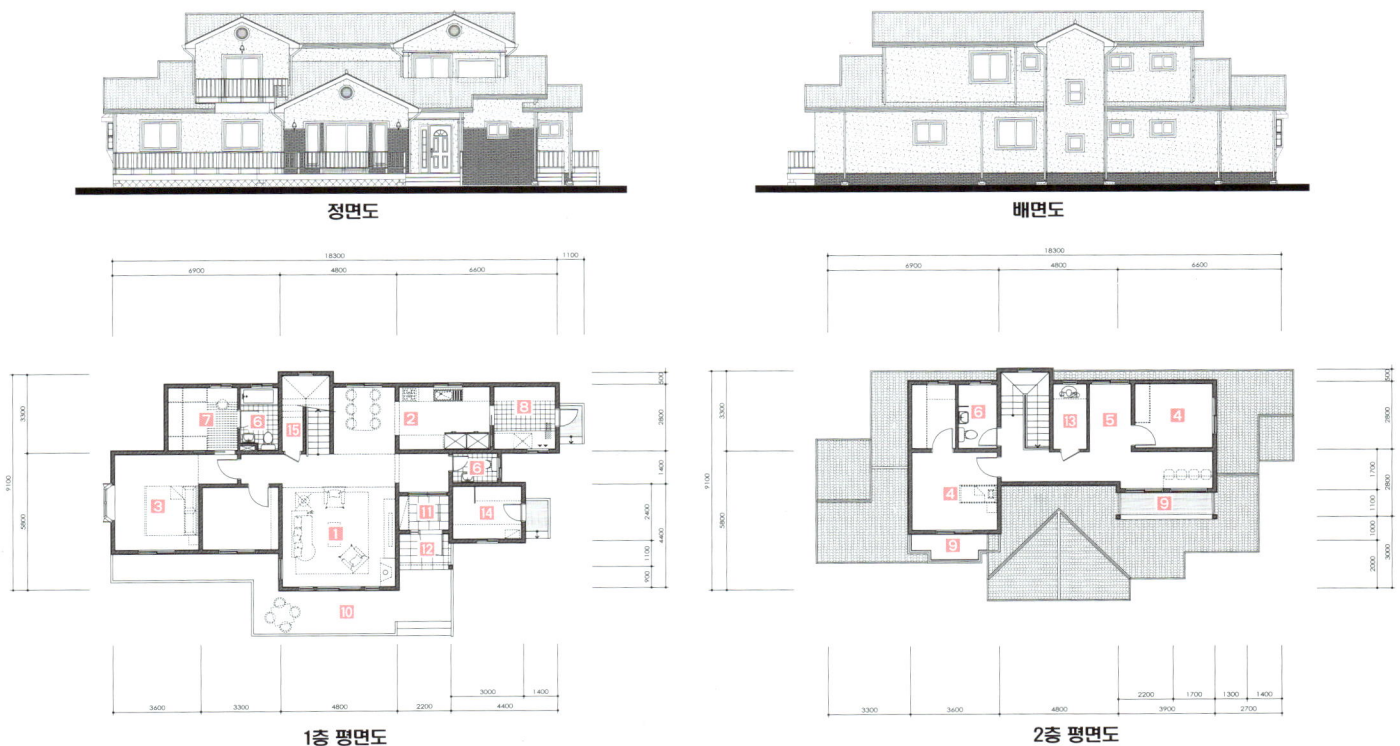

정면도 | 배면도

1층 평면도 | 2층 평면도

1 거실 **2** 주방 및 식당 **3** 안방 **4** 방 **5** 가족실 **6** 욕실 **7** 드레스룸 **8** 다용도실 **9** 테라스 **10** 데크 **11** 현관 **12** 포치 **13** 참배실 **14** 세탁실 및 보일러실 **15** 창고

58 py 191.17㎡
경기도 김포시

43. 목조주택
넓은 들에 자리한 목조주택

전원주택이 주는 매력 중 하나는 자연의 혜택을 마음껏 누리는 것이다. 건축주는 도심주택에서 누릴 수 없는 너른 텃밭으로 풍요로움을 만끽하고 있다. 이 주택의 외관은 스타코와 파벽돌 마감, 그리고 우드 사이딩으로 포인트를 주고 거실, 안방, 2층 방 2개에는 박공지붕으로 계획하여 정면에서 보는 집은 산뜻하면서도 안정감이 느껴진다. 정면, 측면, 배면에 큰 창과 작은 창을 적절하게 배치하여 내부가 항상 포근한 느낌이 들도록 계획했다.

설계개요

위 치	경기도 김포시
대지면적	1320.00㎡(399py)
지역지구	농림지역, 농업진흥구역
건축면적	126.22㎡(38.18py)
연 면 적	191.17㎡(57.82py)
건 폐 율	24.56%
구 조	일반목구조
외부마감	스타코플렉스, 파벽돌 적삼목사이딩
설 계	노블종합건설(주)
시 공	노블종합건설(주)

1 도심주택에서 누릴 수 없는 너른 텃밭과 박공지붕으로 계획하여 정면에서 보는 집은 산뜻하면서도 안정감이 있다. 2 스타코와 파벽돌로 마감하고 우드사이딩으로 포인트를 주었다. 3 오픈천장이 적용된 거실 4 1층 오픈천장은 2층 오픈천장보다 공간감은 덜하지만, 에너지비용 절감에는 더 효과적이다. 5 최소의 공간으로 실용성을 강조한 주방이다. 6 디자인적인 선반장은 사생활의 공간을 더욱 아늑하게 하면서 장식적인 기능도 있다.

정면도   배면도

1층 평면도   2층 평면도

1 거실 **2** 주방 및 식당 **3** 침실 **4** 가족실 **5** 욕실 **6** 드레스룸 **7** 다용도실 **8** 테라스 **9** 데크 **10** 현관 **11** 창고

59 py 195.04㎡
전라남도 담양군

44. 목조주택
가족의 심신 건강을 위한 전원주택

건축주는 늘 더 나은 환경에서 자연과 접할 수 있는 전원생활을 꿈꾸어 왔다. 은퇴 후를 위한 전원생활이 아닌 가족들의 건강을 위해서다. 전원생활을 하면서 아이들에게 좋은 추억을 만들어 주고, 가족의 심신건강을 위해 준비한 전원주택이다. 이 집의 특징 중 하나는 가장 중심에 있는 1층 거실의 반을 나누어 유리 온실로 쓰고 있다는 점이다. 그만큼 환경에 대한 생각이 깊다. 또한, 1개 방에 홈시어터를 설치해 안방극장을 만들고 여가생활을 즐길 수 있도록 했다.

설계개요

위 치	전라남도 담양군
대지면적	567.00㎡(171.51py)
지역지구	계획관리지역
건축면적	127.93㎡(39.69py)
연 면 적	195.04㎡(59py)
건 폐 율	25.56%
구 조	일반목구조
외부마감	스타코플렉스, 파벽돌 이중그림자슁글
설 계	노블종합건설(주)
시 공	노블종합건설(주)

1 남향한 주택으로 가족의 심신건강을 위해 준비한 전원주택이다. 2 경사지를 활용해 정원 밑으로는 실내 주차공간을 만들었다. 3 파벽돌과 스타코로 적절하게 조화된 유럽풍 주택이다. 4 이 집의 중심에 있는 거실의 반을 나누어 유리 온실을 만들었다. 5 2층 가족실 겸한 서재 6 홈시어터를 설치하여 영화관을 만들어 여가생활도 적극적이다.

정면도   배면도

1층 평면도   2층 평면도

1 거실
2 주방 및 식당
3 안방
4 방
5 가족실
6 욕실
7 다용도실
8 발코니
9 데크
10 현관
11 보일러실
12 취미실
13 유리온실
14 창고

59py 195.42㎡
경기도 양평군

45. ALC주택
휴식이 있는 별장

주변 환경을 고려한 외관 설계가 돋보이는 집으로 외벽에 벽돌을 쌓아 견고하게 처리하고 상부는 밝은 스터코 처리를 했다. 일자로 계획된 계단실 밑으로 수납공간과 욕실을 배치해 공간의 효율성을 높였다. 계단 벽면에는 긴 직사각형의 세로창 8개를 배치해 풍부한 채광이 가능케 설계하였고, 1층에 있는 주방, 식당, 거실을 계단식으로 평면을 배치하여 채광과 조망감을 높이면서 외부로의 연계성도 높였다. 또한, 2층에 있는 발코니와 베란다는 조망을 만끽할 수 전망대 같은 곳이다.

1

2

설계개요

위 치	경기도 양평군
대지면적	1879.00㎡(568.39py)
지역지구	보전관리지역
건축면적	145.02㎡(43.86py)
연 면 적	195.42㎡(59.11py)
건 폐 율	14.64%
구 조	ALC블럭구조
외부마감	스타코플렉스, 파벽돌 적삼목사이딩
설 계	노블종합건설(주)
시 공	노블종합건설(주)

1 외벽에 벽돌을 쌓아 견고하게 처리하고 상부는 밝은 스터코 처리를 했다. 외관 설계가 돋보이는 집이다. 2 주택 후면 진입로에 현관을 내었다. 3 2층에 있는 발코니와 베란다는 조망을 만끽할 수 전망대 같은 곳이다. 4 주방, 식당, 거실을 계단식으로 평면을 배치하여 채광과 조망감을 높였다. 5 일자로 형성된 계단실 벽면에는 긴 직사각형의 창 8개를 배치해 풍부한 채광이 가능하다. 6 2층 방 후면에 발코니를 설치했다.

정면도　　　　　　　　　　배면도

1층 평면도　　　　　　　　2층 평면도

1 거실　2 주방　3 식당　4 안방　5 방　6 가족실　7 욕실　8 파우더룸　9 다용도실
10 발코니　11 테라스　12 데크　13 현관　14 포치　15 보일러실　16 계단실(창고)

46. 철근콘크리트주택
실용성과 편의성을 강조한 모던주택

59py 196.28㎡
경기도 고양시

설계개요
위 치	경기도 고양시
대지면적	276.00㎡(83.49py)
지역지구	제1종 일반주거지역
건축면적	119.38㎡(36.11py)
연 면 적	196.28㎡(59.37py)
건 폐 율	43.25%
구 조	철근콘크리트구조
외부마감	목조사이딩, 파벽돌
설 계	노블종합건설(주)
시 공	노블종합건설(주)

건축주는 주변의 집들과 차별화를 두고 싶어 실용성과 편의성을 강조한 모던주택의 디자인을 요구했다. 모던주택의 차가운 이미지에 변화를 주기 위해 짙은 점토벽돌과 밝은 목재마감으로 안정적이고 차분한 주택으로 설계하였다. 현관을 들어서면 2층으로 오르는 모던한 스타일의 계단실이 있어 진입부와 2층의 동선을 최소화하였고, 욕실에는 히노끼 욕조를 설치하여 피톤치드 성분이 다량 함유된 나무 향이 은은하다. 이 주택은 방마다 크고 작은 데크와 발코니로 연결하여 개방된 구조이다.

1

1 평지붕에 점토벽돌과 밝은 목재 마감으로 안정적이고 차분한 주택이다. **2** 모던한 스타일의 거실. 단차를 두어 공간을 구획했다. **3** 최소의 면적으로 꾸민 일자형 주방으로 왼쪽으로 다용도실을 두었다. **4** 복도 옆으로 시원스런 창을 내고 테라스와 연결했다. **5** 2층 복도, 적용된 창호는 알우드(Al-wood)시스템창호이고 복도 끝의 간접조명과 메입등으로 한껏 고급스러운 분위기를 높였다 **6** 모던한 계단실로 노출콘크리트 회색 벽과 붉은 펜던트 조명등 색감의 대비가 이채롭다.

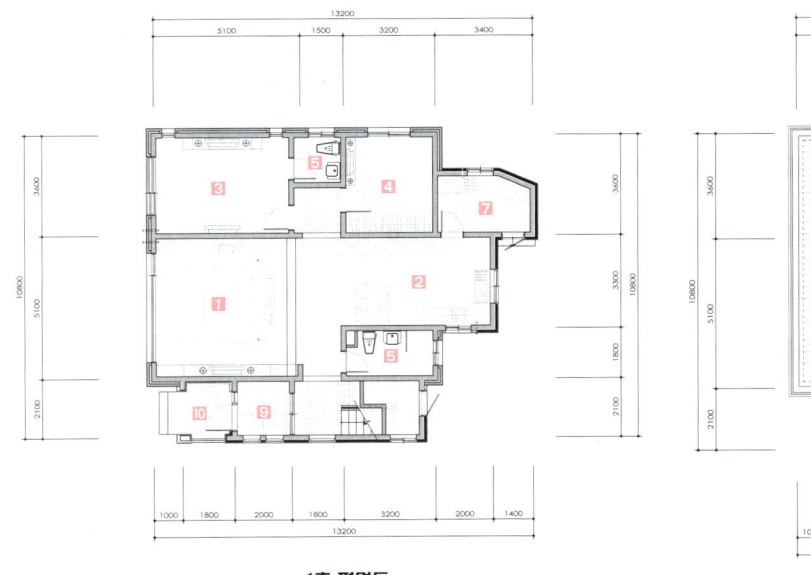
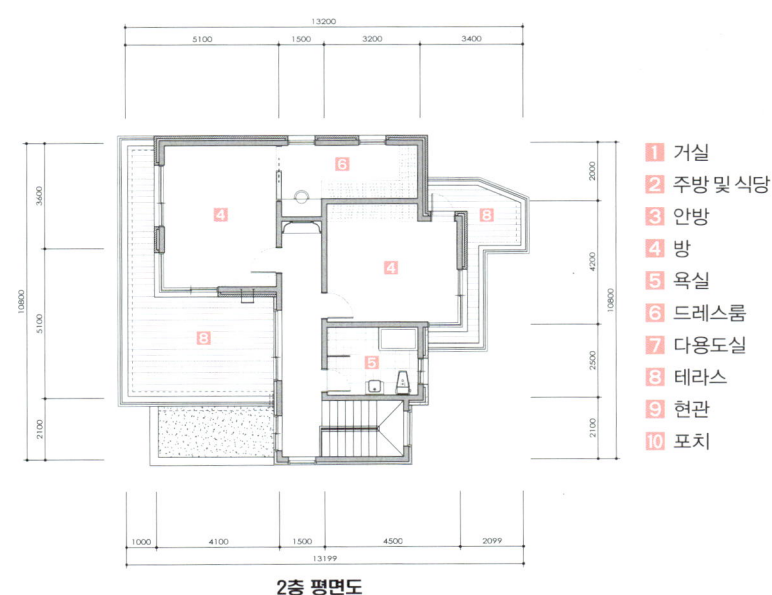

1층 평면도　　　　**2층 평면도**

1 거실　2 주방 및 식당　3 안방　4 방　5 욕실　6 드레스룸　7 다용도실　8 테라스　9 현관　10 포치

47. 목조주택
고풍스러운 단독주택

59py 196.60㎡
경기도 고양시

설계개요
위 치	경기도 고양시
대지면적	512.00㎡(154.88py)
지역지구	자연녹지지역
건축면적	115.33㎡(34.88py)
연 면 적	196.60㎡(59.47py)
건 폐 율	22.53%
구 조	일반목구조
외부마감	스타코플렉스, 파벽돌 프랑스산 기와
설 계	노블종합건설(주)
시 공	노블종합건설(주)

모든 사람은 이상적인 전원주택을 짓고 전원생활을 즐기기를 원한다. 건축주는 다른 사람이 갖추지 못한 직업 겸 취미인 목공 DIY를 집안 곳곳에 시연했다. 이 집은 어두운 톤의 벽돌을 선택하여 고풍스럽고 무게감 있는 디자인으로 계획하였다. 시간이 지날수록 고풍스러운 멋이 더 느껴질 수 있도록 외관 디자인에 중점을 둔 사례이다. 공방을 운영하는 건축주 직업의 특성상 내부 인테리어는 자연스러우면서도 세련미를 강조하였고 건축주가 직접 만든 가구들이 내부 분위기에 큰 몫을 한다.

1 시간이 지날수록 고풍스러운 멋이 더 느껴질 수 있도록 디자인을 고려한 외관이다. 2 주택 후면과 측면 모습 3 2층 오픈천장이 적용된 거실. 목공 DIY를 하는 건축주의 작품이 집안 곳곳에 자리하고 있다. 4 거실과 주방 사이에 좌우대칭 가벽을 세우고 노출벽난로를 설치했다. 시원하게 솟은 천장까지 파벽돌로 마무리해서 중후함이 있다. 5 아일랜드 테이블과 주방가구는 건축주가 손수 만든 감각이 가장 많이 드러나는 곳이다. 6 1층 화장실로 간단히 씻을 수 있는 건식공간과 화장실을 분리했다. 7 동심의 날개를 한껏 펼칠 수 있는 파스텔톤의 핑크빛 자녀 방이다.

1 거실 2 주방 및 식당 3 안방 4 방 5 가족실 6 서재 7 욕실 8 음악실 9 세탁실 10 현관 11 창고 12 계단실

48. ALC주택
자연채광을 마음껏 누릴 수 있게 설계된 주택

60py 196.79㎡
경기도 평택시

자연채광을 마음껏 누릴 수 있도록 설계한 주택으로 벽돌마감과 포인트 모임지붕이 정갈한 느낌이 든다. 차가울 수도 있는 모던주택을 따뜻한 소재의 마감으로 안정적인 설계가 되었다. 안방과 현관 앞에 시선을 사로잡는 웅장한 포치를 두어 여유로운 공간이 되고, 2층은 앞뒤로 넓은 테라스를 두어 운동 등 다목적 외부공간으로 사용할 수 있게 하였다. 또한, 침실과 거실을 남향으로 배치하고 그 뒤로 계단실, 주방, 욕실 등 배치하였다.

설계개요

위 치	경기도 평택시
대지면적	667.00㎡(201.76py)
지역지구	자연녹지지역
	비행안전구역
건축면적	132.17㎡(39.98py)
연 면 적	196.79㎡(59.52py)
건 폐 율	19.82%
구 조	ALC블럭구조
외부마감	파벽돌, 적삼목
설 계	노블종합건설(주)
시 공	노블종합건설(주)

1 집으로 이어지는 반대편 샛길 입구 2 넓은 테라스와 자연채광을 마음껏 누릴 수 있도록 설계한 주택이다. 3 외부 마감재는 파벽돌과 적삼목으로 하고 외부에서 느껴지는 톤이 내부까지 이어지도록 통일감을 주었다. 4 현관 홀, 계단, 주방, 벽난로가 집중된 거실 모습. 거실과 주방은 유리 미닫이문으로 분리해 시선은 통하되 냄새는 차단하도록 했다. 5 거실 한 편에는 식물들이 가득해 건축주의 정성스런 손길을 느낄 수 있다.

정면도

배면도

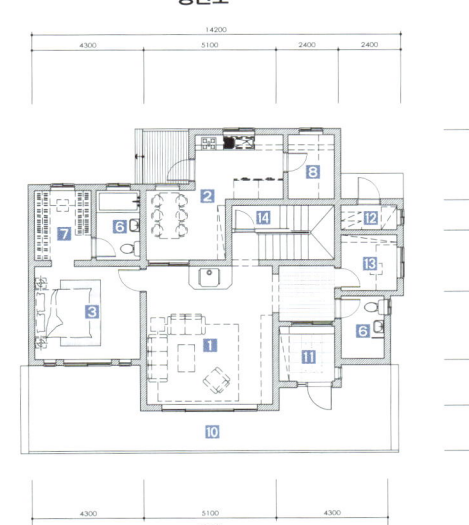
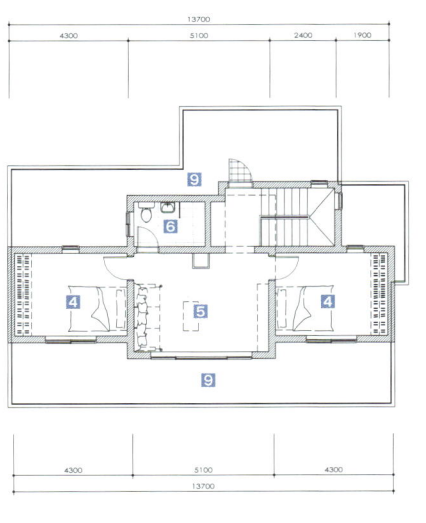

1층 평면도

2층 평면도

1 거실
2 주방 및 식당
3 침실
4 방
5 가족실
6 욕실
7 드레스룸
8 다용도실
9 테라스
10 데크
11 현관
12 보일러실
13 작업실
14 창고

60py 196.91㎡
경기도 용인시

49. 목조주택

4인 가족을 위한 행복한 집

잘 꾸며진 조경과 거실의 높은 층고가 돋보이는 2층 전원주택으로 하부는 파벽돌로 치장하고 상부는 아이보리톤의 스타코로 마감하여 안정감이 있고 지붕을 붉은색의 스페니쉬 점토기와로 하여 전체적으로 고급스러운 외관이다. 내부 디자인과 조경은 가족들의 화합을 컨셉으로 하였으며 거실과 식당에서도 외부정원으로 이동할 수 있도록 하였다. 2층에는 2개의 아이방과 작은 가족실이 배치되어 있고 가족실 옆으로는 넓은 테라스가 있어 여러 용도로 이용할 수 있다.

설계개요

위 치	경기도 용인시
대지면적	635.00㎡(192.08py)
지역지구	자연녹지지역
	자연취락지구
건축면적	125.48㎡(37.95py)
연 면 적	196.91㎡(59.56py)
건 폐 율	19.07%
구 조	일반목구조
외부마감	스타코플렉스, 파벽돌
	기와
설 계	노블종합건설(주)
시 공	노블종합건설(주)

1 잘 꾸며진 진입로와 조경과 잘 어울리는 층고가 돋보이는 2층 전원주택이다. 2 스타코, 파벽돌, 테릴 점토기와로 마감한 주택 외관은 고급스러우면서도 안정감이 있다. 3 앞마당에는 작은 조경수와 꽃들이 심어져 있고 뒷마당에는 텃밭과 야외테이블이 배치되어 있다. 4 거실을 오픈천장으로 하여 실 평수에 비해 더 넓은 느낌이 든다. 5 화이트 앤 블랙톤의 모던한 주방. 빌트인으로 설계되어 모든 주방기구의 깔끔한 수납이 가능하다. 6 두 짝의 여닫이 세살문을 이용하여 전통미를 살린 가족실이 은은하면서도 아늑한 느낌이 든다.

정면도   배면도

1층 평면도   2층 평면도

1 거실 2 주방 및 식당 3 안방 4 방 5 가족실 6 욕실 7 드레스룸 8 다용도실 9 데크 10 현관 11 창고

4장. **전원주택 사례 75선** | 227

60py 196.91㎡
충청북도 청주시

50. 목조주택

주부와 아이들이 중심이 된 내부구조의 단독주택

데크가 거실에서부터 주방까지 길게 이어져 있고, 알록달록 유아용 그네가 처마 밑에 매달려 있다. 아파트생활에서는 어려운 자연과의 교감에 우선하여 신경을 썼다. 오픈천장의 거실은 1층 132㎡, 2층은 66㎡의 규모로 집안 어디에서나 막힘없는 중심적인 소통의 공간이다. 1층은 주방과 거실, 안방, 막내딸의 방이 별도로 있고 위층에는 나머지 세 자녀의 방이 거실을 중심으로 배치되어 있다. 전원주택이지만 아파트와 같이 모던하면서도 클래식한 인테리어는 건축주의 취향을 짐작하게 한다.

설계개요

위 치	충청북도 청주시
대지면적	630.00㎡(190.57py)
지역지구	도시지역
	자연녹지지역
건축면적	125.48㎡(37.95py)
연 면 적	196.91㎡(59.56py)
건 폐 율	19.92%
구 조	일반목구조
외부마감	파벽돌, 스타코플렉스
	적삼목사이딩
설 계	노블종합건설(주)
시 공	노블종합건설(주)

1 건축주 부부는 네 딸과 더 행복하기 위해 2년 만에 전원생활을 결정하고 지은 집이다. 2 대문은 단조철물로 하고 담은 목재로 낮은 담을 둘렀다. 3 거실은 1층 132㎡, 2층은 66㎡의 큰 규모로 집안 어디에서나 막힘없는 소통의 중심이다. 4 실내의 오픈천장은 일반적으로 나비 모양의 간접조명으로 디자인해 주택에서 가장 인상적인 디테일이다. 5 구조미가 돋보이는 직선형 계단으로 엔티크한 단조철물로 조형미를 더 했다. 6 주방과 거실, 식당을 LDK구조로 설계하고 아일랜드 테이블에는 후드까지 달린 요리대를 설치해 가족과 소통하며 요리할 수 있게 했다. 7 세 딸의 방이 있는 2층에 복도와 연결된 넓은 음악실을 만들었다.

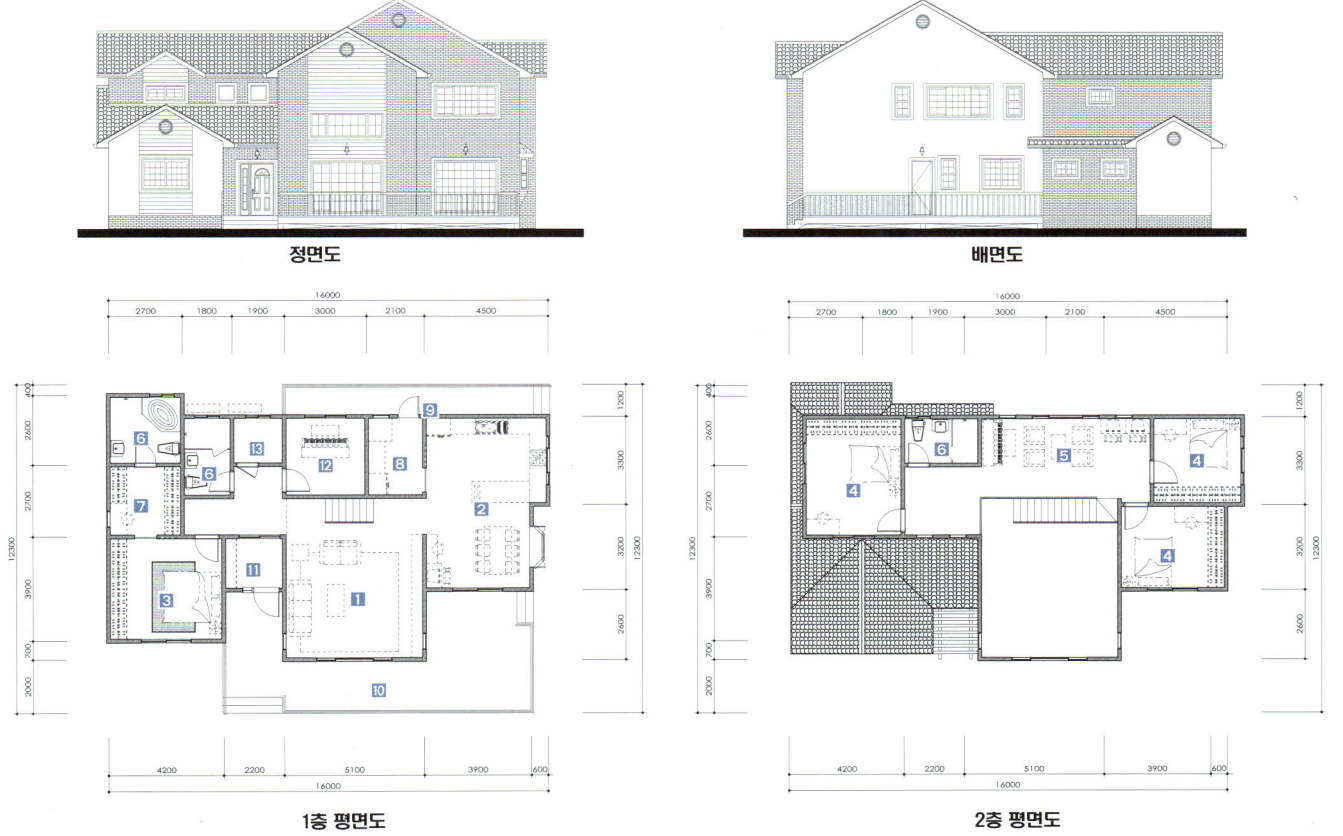

정면도   배면도

1층 평면도   2층 평면도

1 거실 **2** 주방 및 식당 **3** 안방 **4** 방 **5** 가족실 **6** 욕실 **7** 드레스룸 **8** 다용도실 **9** 테라스 **10** 데크 **11** 현관 **12** 작업실 **13** 보일러실

60py 197.41㎡
경기도 파주시

51. 철근콘크리트주택
모던한 노출콘크리트주택

일반 전원주택과 다르게 도심의 주택을 닮았다. 세 개의 매스에 평지붕을 얹어 직사각형의 모양이다. 외부는 송판, 평판 노출콘크리트에 수직방식의 하드우드로 포인트를 주어 모던한 스타일의 주택을 완성하고 내부는 클래식하면서도 고풍스러운 느낌을 살려 브라운톤의 가구와 세련된 소품을 활용하여 조화롭게 인테리어를 계획하였다. 주변여건을 고려하여 자외선차단과 방범을 위해 썬팅 필름을 부착한 창호도 인상적이다.

설계개요

위 치	경기도 파주시
대지면적	434.00㎡(131.28py)
지역지구	계획관리지역
	보전관리지역
건축면적	158.31㎡(47.88py)
연 면 적	197.41㎡(59.71py)
건 폐 율	36.48%
구 조	철근콘크리트구조
외부마감	노출콘크리트
	하드우드
설 계	노블종합건설(주)
시 공	노블종합건설(주)

1 세 개의 매스에 평지붕을 얹은 주택 외관 모습이다. 2 송판, 평판 노출콘크리트에 하드우드로 포인트를 주어 모던한 스타일의 주택을 완성했다. 3 주택의 외관상 차갑게 느껴질 수 있는 무채색의 노출콘크리트에 수직 방식으로 하드우드를 설치하고 코너창으로 매스에 변화를 주었다. 4 브라운톤으로 고풍스러운 분위기를 살린 거실. 5 빌트인한 주방가구와 와인바를 겸한 아일랜드 테이블을 설치했다. 6 2층 계단과 복도로 난간을 강화유리와 평철을 사용했다. 7 남향한 주택 전면에 전면창과 폴딩도어로 외부와 소통할 수 있게 개방감을 높였다.

정면도　　배면도

1층 평면도　　2층 평면도

1 거실　2 주방 및 식당　3 안방　4 방　5 욕실　6 드레스 및 파우더룸　7 발코니　8 현관

52. 목조주택

60py 198.46㎡
경기도 시흥시

휴양지 같은 전원주택

시골에 이런 전원주택이 있다면 대저택이나 별장도 부러울 것이 없다. 모든 게 적정하게 배분되어 균형감이 있는 주택이다. 경사지를 적절히 활용한 대지 면적이나 주택규모 면에 있어서도 황금분할의 미적 감각이 설계에 반영되었다. 집을 둘러싸고 있는 사면에 다양한 크기의 창을 설치하여 전망과 채광을 고려한 설계를 하였다. 사면이 푸른빛의 산으로 둘러싸여 있고 거실과 각 방에 데크와 발코니를 설치하여 매일 상쾌한 공기를 마시며 휴식을 취할 수 있는 휴양지 같은 주택이다.

설계개요

위 치	경기도 시흥시
대지면적	284.00㎡(85.91py)
지역지구	제1종 일반주거지역
건축면적	104.86㎡(31.72py)
연 면 적	198.46㎡(60.03py)
건 폐 율	36.92%
구 조	일반목구조
외부마감	스타코플렉스, 파벽돌 아스팔트싱글
설 계	노블종합건설(주)
시 공	노블종합건설(주)

1

1 경사지를 적절히 활용한 대지 면적이나 주택규모 면에서도 균형감이 있는 주택이다. **2** 거실은 밝은 톤으로 온화한 분위기를 연출했다. **3** 주방에서 본 거실과 침실 입구. 주방은 브라운톤의 파벽돌로 포인트를 주고, 화이트톤의 식탁과 조명으로 깔끔한 분위기를 냈다. **4** 2층으로 오르는 계단과 부엌 입구 **5** 2층에서 바라본 계단실. 목재가 주를 이루는 공간에서 블루계열의 벽지로 포인트를 주었다.

정면도 · 좌측면도 · 1층 평면도 · 2층 평면도

1 거실 **2** 주방 및 식당 **3** 안방 **4** 방 **5** 가족실 **6** 욕실 **7** 드레스룸 **8** 발코니 **9** 데크 **10** 현관 **11** 포치

60 py 198.99㎡
경기도 양평군

53. ALC주택
산책로가 있는 전원주택

넓은 마당에는 잔디를 깔고 한편에는 다양한 과실수와 단풍나무, 교목류, 초화류를 심었다. 진입로는 패턴 콘크리트를 깔아 산책로가 있는 전원주택으로 설계하였다. 외관은 파벽돌을 주요 마감재로 사용하여 단정하고 깔끔하다. 2층 오픈천장이 적용된 거실은 시원한 공간감을 주고 여유로운 공간의 주방과 식당은 화사한 인테리어디자인으로 차별화된 공간 분할을 시도했다. 안방과 거실, 각 방은 남향으로 배치되어 집안 전체가 포근한 느낌이 든다.

설계개요

위 치	경기도 양평군
대지면적	882.00㎡(266.80py)
지역지구	관리지역
건축면적	148.56㎡(44.93py)
연 면 적	198.99㎡(60.19py)
건 폐 율	16.84%
구 조	ALC블럭구조
외부마감	파벽돌, 적삼목사이딩
설 계	노블종합건설(주)
시 공	노블종합건설(주)

1 파벽돌을 주요 마감재로 사용하여 단정하고 깔끔한 집이다. **2** 주택 전면에는 쓰임에 따라 진입로, 야생화 화단, 지압로, 잔디, 관목류로 위계를 세웠다. **3** 한편에 자리하고 있는 풍성한 텃밭은 가족의 건강을 위해 식탁에 제공될 것이다. **4** 2층 오픈천장이 적용된 거실. 시원한 공간감을 부여했다. **5** 여유로운 공간의 주방과 식당. 화려한 인테리어로 차별화된 공간 분할을 시도했다. **6** 다락방으로 향하는 계단. 사용하지 않을 시에는 천장에 매립하는 접이식 사다리이다.

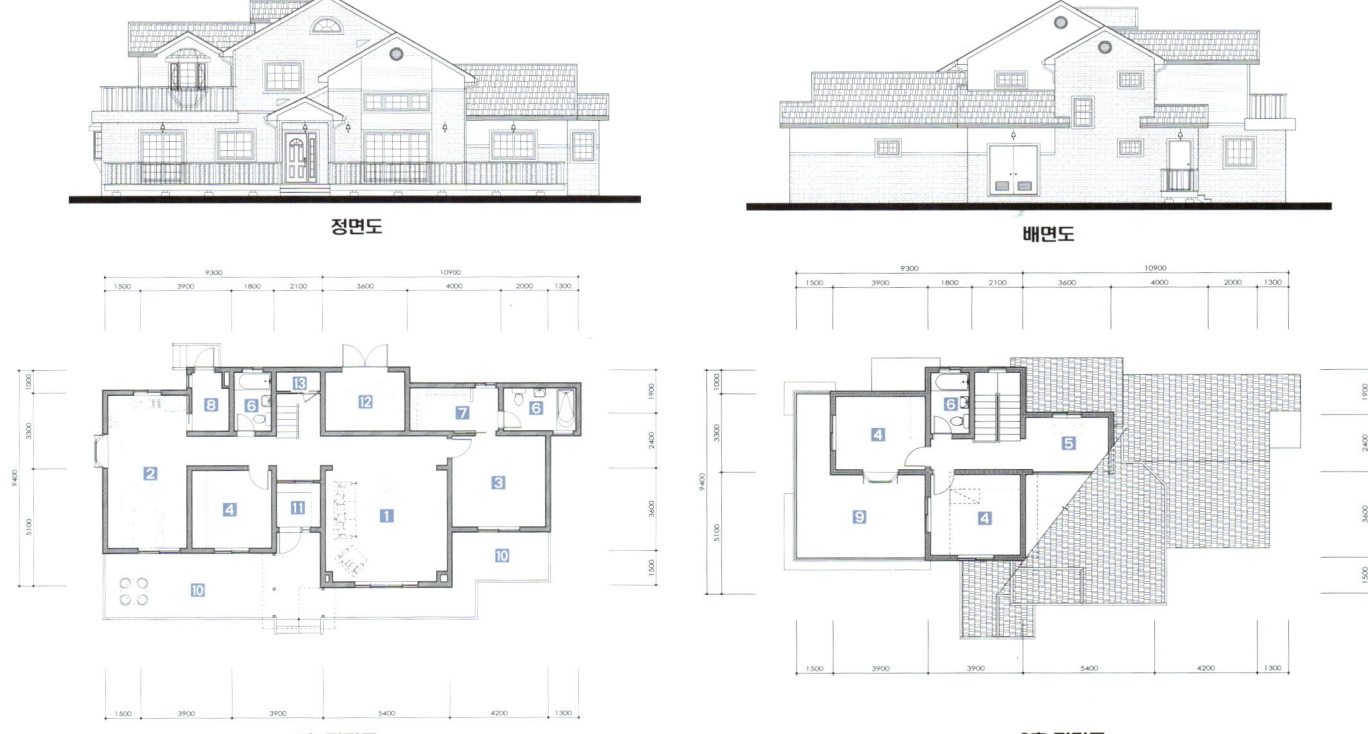

정면도   배면도

1층 평면도   2층 평면도

1 거실 **2** 주방 및 식당 **3** 안방 **4** 방 **5** 가족실 **6** 욕실 **7** 드레스룸 **8** 다용도실 **9** 테라스 **10** 데크 **11** 현관 **12** 보일러실 **13** 창고

60py 199.74㎡
경기도 남양주시

54. ALC주택
배산임수의 터에 자리 잡은 전원주택

뒤로는 산을 등지고 앞으로는 물이 흐르는 배산임수背山臨水의 터에 자리 잡은 전원주택이다. 경사진 대지 위에 옹벽을 쌓고 ㄱ자형으로 집을 배치하였으며 주변경관에 맞게 조경과 담장공사가 잘된 주택이다. 건물과 주차장, 정문 등이 잘 연계되어 있어 이 주택을 방문할 때 남다른 즐거움과 기대감을 준다. 평면설계는 독립성을 우선하여 현관을 기준으로 우측으로 거실과 주방이 있으며, 좌측으로는 안방, 드레스룸, 1개의 방을 배치하여 공간의 구분을 명확히 했다.

1

2

설계개요

위 치	경기도 남양주시
대지면적	339.00㎡(102.54py)
지역지구	제1종 전용주거지역
건축면적	123.39㎡(37.32py)
연 면 적	199.74㎡(60.42py)
건 폐 율	36.40%
구 조	ALC블럭구조
외부마감	스타코플렉스, 파벽돌 적삼목사이딩
설 계	노블종합건설(주)
시 공	노블종합건설(주)

1 경사진 대지 위에 옹벽을 쌓고 건물을 지어 주차장과 정문이 잘 연계되어 있다. **2** 앞마당에서 본 주택 외관. ㄱ자형으로 집을 배치하였다. **3** 도로에서 바라본 주택의 후면 **4** 주택 너머로 보이는 전경. 배산임수의 터에 자리 잡은 전원주택이다. **5** 1층 거실의 천장은 푸른빛 간접조명을 설치했다. **6** 정원에서 바라본 정문

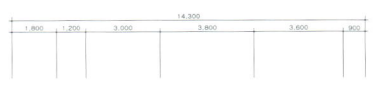

정면도

배면도

1층 평면도

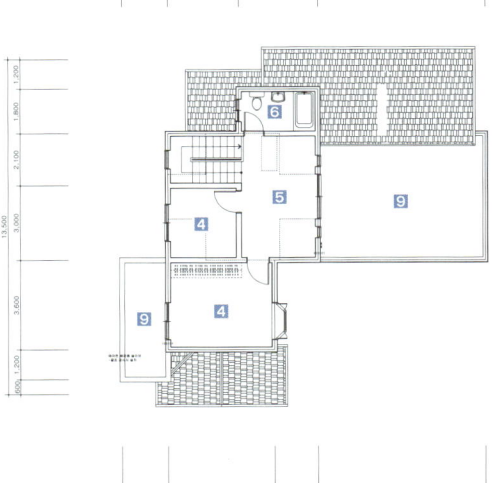

2층 평면도

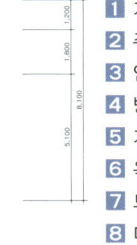

1 거실
2 주방 및 식당
3 안방
4 방
5 가족실
6 욕실
7 드레스룸
8 다용도실
9 테라스
10 데크
11 현관
12 창고

4장. **전원주택 사례 75선** | 237

62 py 206.36㎡
충청남도 천안시

55. 목조주택

구조, 기능, 미美의 삼박자를 갖춘 목조주택

경사지에 자연석으로 토목공사를 마무리하고, 평탄한 조경공간을 확보하였으며, 지하주차장을 별도로 두어 대지활용도를 높인 주택이다. 가족들이 주로 시간을 보내는 거실과 주방은 조망권 확보를 위해 전면창 설치를 하였고 외부로의 연계성도 살렸다. 내부구조 또한 공용공간과 개인공간의 구분을 명확히 하였고 복층형식으로 하여 2층 가족실에서도 조망권을 확보할 수 있도록 계획되었다.

설계개요

위 치	충청남도 천안시
대지면적	926.00㎡ (280.11py)
지역지구	보전관리지역
건축면적	105.38㎡ (31.87py)
연 면 적	206.36㎡ (62.42py)
건 폐 율	11.38%
구 조	일반목구조
외부마감	스타코플렉스, 파벽돌, 오지기와
설 계	노블종합건설(주)
시 공	노블종합건설(주)

1 경관을 살리기 위한 주택배치를 북향으로 했다. **2** 경사지를 이용하여 주차장을 만들어 대지활용도를 높였다. **3** 주택의 측면. 거실에서 다양한 조망을 위해 3면으로 큰 창을 내었다. **4** 주방과 2층 가족실. 주방은 ㅁ자로 배치하여 공간의 효율성을 높이고 지브라 무늬로 세련된 주방을 연출했다. **5** 거실 코너에 자리한 노출벽난로로 인조석으로 천장까지 마감하여 보조난방의 기능과 실내장식의 효과가 있다. **6** 3면에 큰 창을 설치하여 조망권을 확보하고 앞마당으로는 문을 설치하여 연계성을 높였다. **7** 2층으로 오르는 계단

정면도   배면도

1층 평면도   2층 평면도

1 거실 **2** 주방 및 식당 **3** 안방 **4** 방 **5** 가족실 **6** 욕실 **7** 드레스룸 **8** 다용도실 **9** 데크 **10** 현관

62 py
206.43㎡
경기도 파주시

56. ALC주택
좌우대칭의 모던한 주택

좌우대칭인 이 주택은 좌측은 징크패널, 우측은 수입인조석, 중앙은 CRC보드로 마감하여 모던하면서 개성 있는 디자인을 선보이고 있다. 좌·우측의 지붕은 외쪽지붕으로 하고 중앙은 낮은 평지붕으로 조화를 이루고 밝은 톤의 CRC보드는 무겁게만 느껴질 수 있는 외관에 포인트가 되었다. 도심주택에 맞게 주거공간을 2층에 배치한 내부는 주생활공간인 거실, 방, 식당은 남쪽을 향하게 하고 욕실과 드레스룸 등 잠시 머무르는 공간은 북쪽으로 배치하였다.

설계개요

위 치	경기도 파주시
대지면적	334.60㎡(101.21py)
지역지구	제1종 일반주거지역
건축면적	121.77㎡(36.83py)
연 면 적	206.43㎡(62.44py)
건 폐 율	36.39%
구 조	ALC블럭구조
외부마감	스타코플렉스, 파벽돌 CRC보드
설 계	노블종합건설(주)
시 공	노블종합건설(주)

1 좌·우측의 지붕은 외쪽지붕으로 하고 중앙은 낮은 평지붕으로 조화를 이루며 개성 있는 외관을 선보이고 있다. **2** 밝은 톤의 CRC보드는 무겁게만 느껴질 수 있는 외관에 포인트가 되었다. **3** 거실에서 안방 쪽을 바라본 1층 복도 **4** 주방과 식당을 겸하고 모던한 컨셉의 주방 **5** 흰색톤으로 디자인한 2층 복도는 자연채광과 매입등, 간접조명과 어울려 전체적으로 은은함이 돋보이는 공간이 되었다.

정면도   배면도

1층 평면도   2층 평면도

1 거실 **2** 주방 및 식당 **3** 안방 **4** 방 **5** 가족실 **6** 욕실 **7** 드레스룸 **8** 파우더룸 **9** 다용도실 **10** 테라스 **11** 데크 **12** 현관

4장. **전원주택 사례 75선**

57. 철근콘크리트+목조주택
도시에 어울리는 상가주택

63py 209.36㎡
경상북도 김천시

경사지를 이용해 1층은 상가로 하고 2층은 주거공간으로 넉넉지 않은 면적을 최대한 효율적으로 활용해 설계된 도시에 어울리는 상가주택이다. 지붕 경사도가 높은 유럽풍 디자인으로 상가 층과 2층 하단은 붉은색 파벽돌로 마감하고 상부는 아이보리톤의 스타코, 지붕은 스페니쉬 기와로 마감하여 전체적인 통일감을 부여했다. 내부계획은 현관을 기준으로 우측에는 거실과 주방의 공용공간을 배치하고 좌측에는 안방과 2개의 방이 배치되어 있다.

설계개요
- **위　치**: 경상북도 김천시
- **대지면적**: 264.00㎡(79.86py)
- **지역지구**: 제2종 일반주거지역
- **건축면적**: 126.64㎡(38.30py)
- **연 면 적**: 209.36㎡(63.33py)
- **건 폐 율**: 47.97%
- **구　조**: 철근콘크리트구조, 일반목구조
- **외부마감**: 스타코플렉스, 파벽돌, 기와
- **설　계**: 노블종합건설(주)
- **시　공**: 노블종합건설(주)

1

1 경사지를 이용해 1층은 상가로 하고 2층은 주거공간으로 설계된 도시에 어울리는 상가주택이다. 2 안방. 브라운톤으로 통일감을 주고 빛의 양은 흰색 커튼으로 조절한다. 3 아트월은 흰색톤의 대리석으로 마감했다. 4 ㄴ자형 주방. 주방은 주부의 주활동 공간으로 대형화, 고급화되고 있다. 5 화장실 전체를 브라운톤으로 디자인하고 화사한 꽃무늬로 포인트를 주었다.

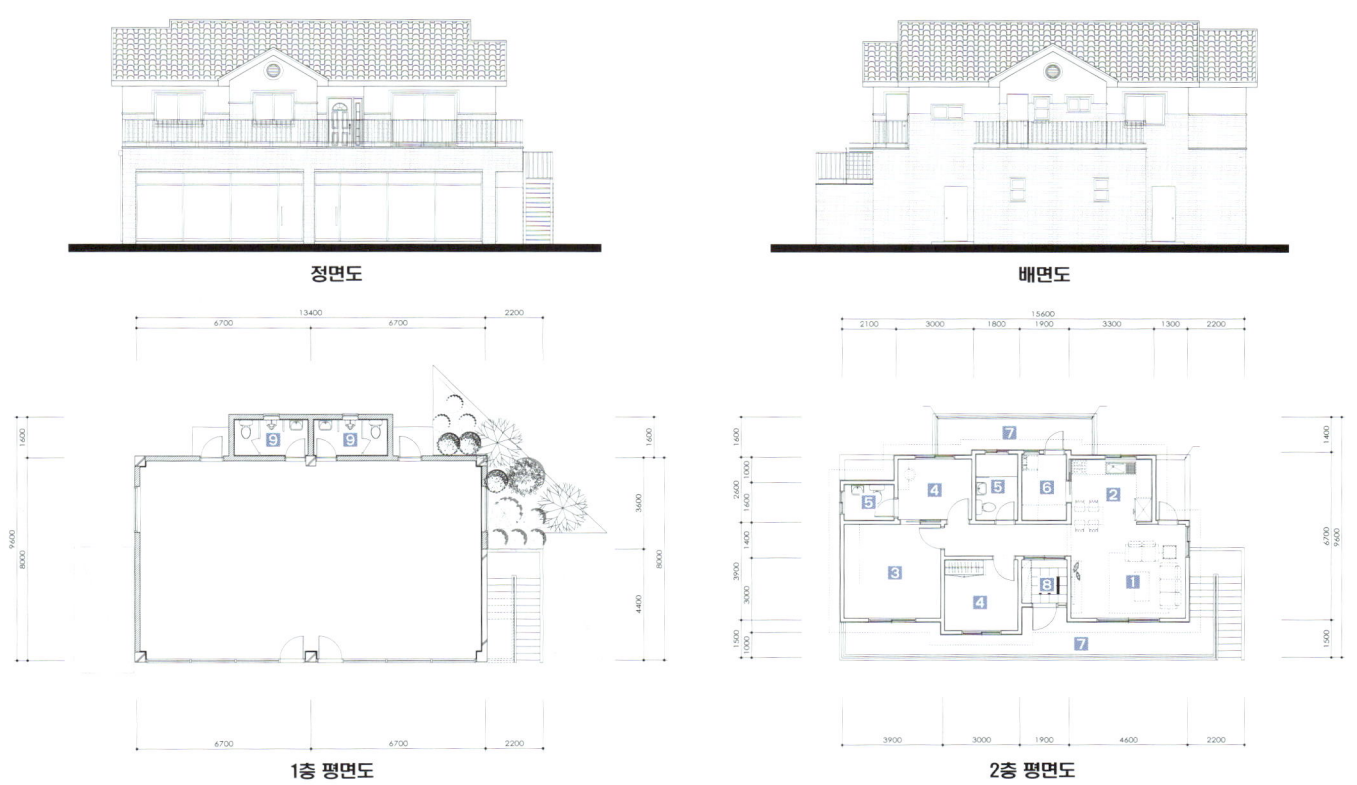

정면도　　　　　　　　　　　　　　　배면도

1층 평면도　　　　　　　　　　　　　2층 평면도

1 거실　**2** 주방 및 식당　**3** 안방　**4** 방　**5** 욕실　**6** 다용도실　**7** 발코니　**8** 현관　**9** 화장실

64py 211.36㎡
인천광역시 옹진군

58. 목조주택
바다와 솔밭이 있는 경사지 펜션

두 채가 자연지형을 그대로 이용해 지어 단을 이루면서 붙어 있는 모습이다. 경사지를 최대한 활용한 펜션으로 독립성과 대지효율성을 높였다. 바다와 솔밭이 잘 어우러진 이 펜션은 객실이 2개이며 실제 주거공간과 같게 복층형식으로 계획되었고, 구조미를 살린 거실의 지붕선을 따라 노출된 천장은 웅장함이 느껴진다. 복층에서 거실을 내려다볼 수 있도록 아이들이 좋아하는 공간을 설계에 반영하였다. 야외에 넓은 데크가 있어 노천카페나 바비큐장으로 활용할 수 있다.

설계개요

위 치	인천광역시 옹진군
대지면적	1838.0㎡(555.99py)
지역지구	계획관리지역
건축면적	498.03㎡(150.65py)
연 면 적	211.36㎡(63.93py)
건 폐 율	27.10%
구 조	일반목구조
외부마감	아스팔트슁글 시멘트사이딩 적삼목
설 계	노블종합건설(주)
시 공	노블종합건설(주)

1 바다를 향해 서향한 정면. 경사지를 최대한 활용한 펜션으로 솔밭을 지나면 해수욕장이 펼쳐져 있다. 2 난간과 주택 외부는 짙은 원목 색상의 채널사이딩으로 마감했다. 3 후면에 있는 데크. 두 동으로 배치가 된 펜션은 단체손님을 받기 때문에 데크를 넓혀 노천 카페나 바비큐장으로 활용하고 있다. 4 복층 형태의 객실 내부는 거실, 방, 욕실, 부엌, 복층 다락방으로 구성했다. 5 거실은 서까래를 노출해 전통미를 살리고 엔티크한 등을 설치하여 분위기를 연출했다. 6 각 객실의 컨셉을 달리하여 한 동은 엔티크한 느낌으로 다른 한 동은 봄 향기가 나는 산뜻한 분위기로 연출했다. 7 복층에서 거실을 내려다볼 수 있도록 아이들이 좋아하는 다락방을 설계에 반영하였다.

정면도

배면도

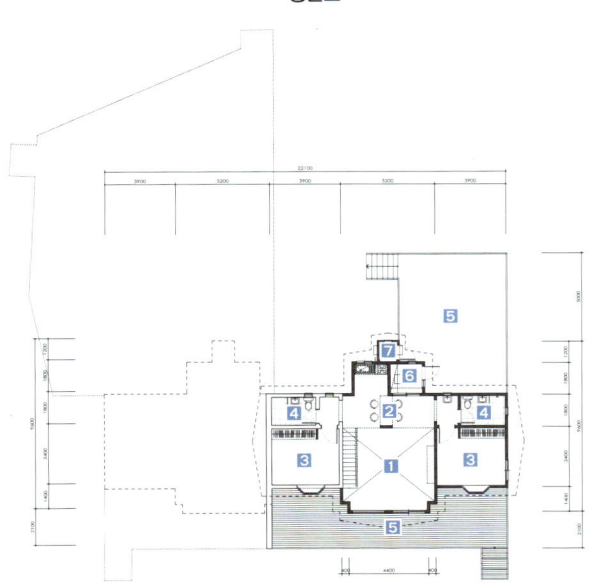

1층 평면도

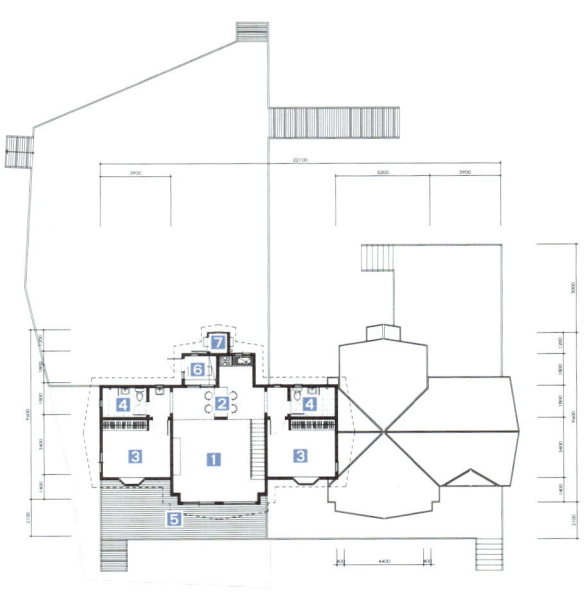

2층 평면도

1 거실 2 주방 및 식당 3 침실 4 욕실 5 테라스 6 현관 7 보일러실

64 py 212.01㎡
인천광역시 논현동

59. ALC주택
지붕 속에 지붕이 있는 집

주택 외관을 밝은 브라운톤의 인조석으로 마감하고 정면과 배면에는 진한 인조석으로 포인트를 주어 중후하면서도 안정감이 있는 주택으로 계획했다. 거실천장의 디자인 컨셉은 지붕 속의 지붕이라는 모티브를 구현됐다. 간접조명으로 포인트를 주고 2층 계단난간은 목재 난간이 아닌 벽식구조로 계획하되 자칫 답답해 보일 수 있는 1층과 2층 사이의 벽체 난간에 다양한 사각모양을 디자인해 답답함을 해결하고자 했다.

설계개요	
위 치	인천광역시 논현동
대지면적	294.00㎡(88.93py)
지역지구	제1종 전용주거지역
건축면적	136.68㎡(41.34py)
연 면 적	212.01㎡(64.13py)
건 폐 율	46.49%
구 조	ALC블럭구조
외부마감	스타코플렉스, 인조석 오지기와
설 계	노블종합건설(주)
시 공	노블종합건설(주)

1

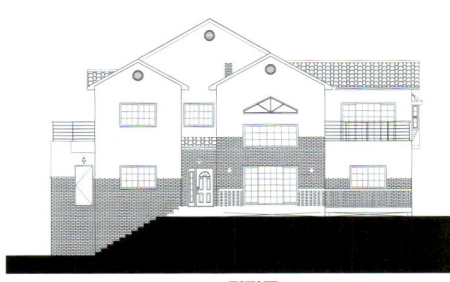

1 주택 외관 전체를 밝은 브라운톤의 인조석으로 마감하고 정면과 배면에는 진한 인조석으로 포인트를 주었다. 2 진입로에서 바라본 주택의 현관 3 오픈천장이 적용된 거실. 대리석으로 마감된 아트월 역시 주조색인 골드톤을 적용했다. 4 주방 역시 흰색톤과 골드톤으로 고급스럽게 표현했다. 5 계단난간은 목재 난간이 아닌 벽식구조로 난간에 다양한 사각모양으로 디자인해 답답함을 해결하고자 했다. 6 계단실. 하부는 원목루버로 하고 상부는 덩굴 모양의 벽지로 마감.

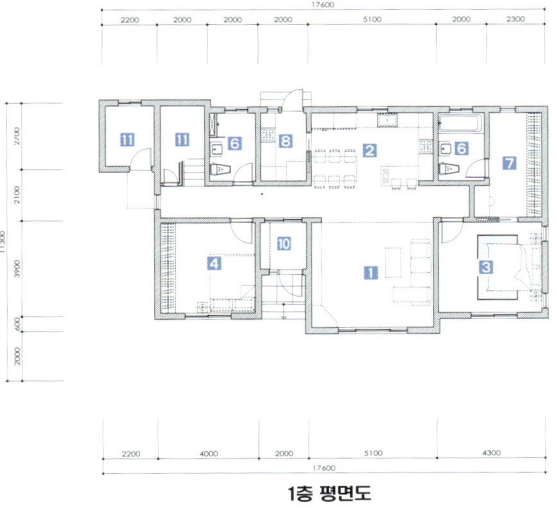

정면도

배면도

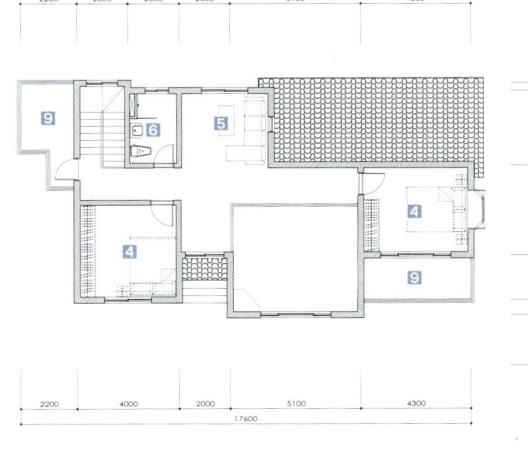

1층 평면도   2층 평면도

1 거실 2 주방 및 식당 3 안방 4 방 5 가족실 6 욕실 7 드레스룸 8 다용도실 9 테라스 10 현관 11 창고

67 py 221.78㎡
경기도 부천시

60. 목조주택

도심 속 편안한 단독주택

택지지구가 만들어지면서 단독주택단지가 분양되었고, 지구단위지침이 덜 까다로운 지역으로 건물이 다닥다닥 붙어 있을 수밖에 없는 상황이었다. 이런 경우의 외관은 정면과 측면 정도만 디자인해도 무방하며, 디자인의 비중을 실내에 더 두는 쪽이 낫다고 판단해 설계에 반영했다. 1층과 2층의 구조는 대칭을 이루지만 컨셉은 달리하여 인테리어를 계획하였다. 주방과 식당은 거실의 연장선에 배치, 주부들의 가족과의 단절현상을 최소화할 수 있도록 배려했다.

설계개요

위 치	경기도 부천시
대지면적	229.20㎡(69.33py)
지역지구	제1종 전용주거지역
건축면적	114.19㎡(34.54py)
연 면 적	221.78㎡(67.08py)
건 폐 율	49.82%
구 조	일반목구조
외부마감	파벽돌, 적삼목사이딩 스타코플렉스
설 계	노블종합건설(주)
시 공	노블종합건설(주)

1 건물이 다닥다닥 붙어 있을 수밖에 없는 주택단지로 정면과 측면 디자인에 집중했다. 2 진입로에서 바라본 현관 입구의 모습 3 전반적으로 실내 인테리어는 밝은 채광을 고려한 모던 스타일이다. 4 주방 및 식당을 거실과 같이 개방한 LDK구조로 특별한 구획 없이 소통되도록 배치했다. 5 오픈천장의 거실로 아트월과 푸른빛의 간접조명이 공간에 운치를 더한다. 6 브라운톤으로 디자인한 복도로 중후함이 돋보인다. 7 2층에서 내려다본 계단

정면도　　　우측면도

1층 평면도　　　2층 평면도

1 거실　2 주방 및 식당　3 안방　4 방　5 욕실　6 드레스룸　7 다용도실　8 발코니　9 데크　10 현관　11 창고

67 py
223.02㎡
경상남도 거창군

61. 목조주택
대가족을 위해 설계된 집

이웃들이 살아가는 이야기를 담은 홈드라마 "한지붕 세 가족"이란 드라마를 생각나게 하는 집이다. 부모님, 자매 부부와 아이들이 한지붕에 함께 사는 이 집은 요즘은 쉽게 볼 수 없는 대식구의 보금자리다. 1층과 2층을 비슷한 구조로 설계를 계획하였으며 1층과 2층에 큰 주방과 거실이 각각 배치되어 있어 2층 세대를 따로 분리할 수도 있다. 널찍한 구조에 아름다운 외관과 멋들어진 조경이 잘 어우러져 이웃의 부러움을 사는 집이다.

설계개요

위 치	경상남도 거창군
대지면적	333.10㎡(100.76py)
지역지구	제2종 일반주거지역
건축면적	124.88㎡(37.77py)
연 면 적	223.02㎡(67.46py)
건 폐 율	37.49%
구 조	일반목구조
외부마감	스타코플렉스, 파벽돌 점토기와
설 계	노블종합건설(주)
시 공	노블종합건설(주)

1 1층과 2층을 비슷한 구조로 설계하여 2층 세대를 따로 분리할 수 있는 대가족을 위한 주택이다.   **2** 진입로에서 대문을 바라본 모습으로 스타코, 파벽돌, 점토기와로 마감된 산뜻한 주택이 보인다.   **3** 골드톤으로 마무리한 중후한 거실이다.   **4** 식당을 겸한 ㄴ자형의 주방. 아치형 가벽을 세워 거실과 분리했다.   **5** 1층 복도, 1층과 2층의 구조는 매우 흡사하게 설계되었다.   **6** 좁은 공간을 활용하여 파우더룸을 설치했다.   **7** 2층 거실은 지붕 형태를 살려 개방하였다.

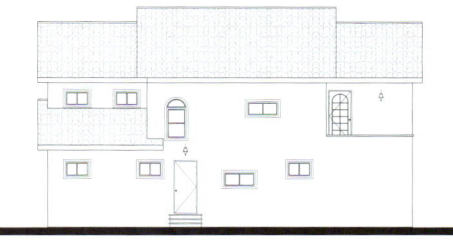

정면도 배면도

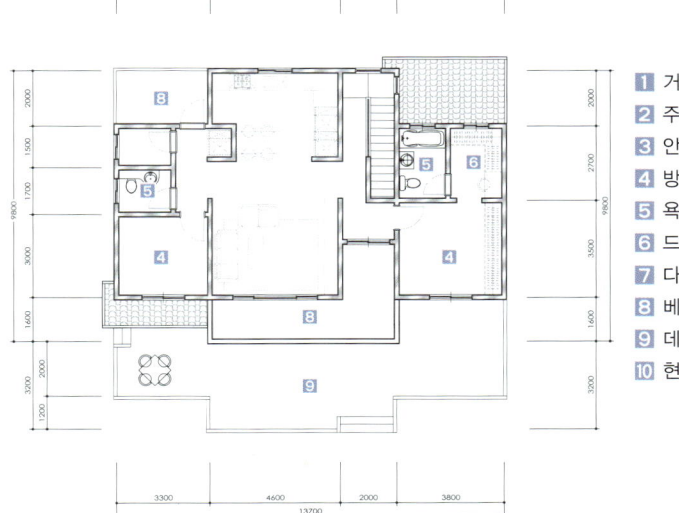

1층 평면도   2층 평면도

1 거실
2 주방 및 식당
3 안방
4 방
5 욕실
6 드레스룸
7 다용도실
8 베란다
9 데크
10 현관

69 py 229.10㎡
경기도 양평군

62. 목조주택
독립성을 강조한 주택

침실은 밝게 하고 손님이 와도 불편하지 않게 해달라는 건축주의 의견을 최대한 반영한 독립성을 강조한 주택이다. 박공지붕으로 채광을 위해 지붕에 변화를 주어 주택의 규모가 더 웅장해 보인다. 식당 앞 데크를 넓혀 야외식사도 가능하게 외부와의 연계성을 높이고, 2층 외부계단을 별도로 두어 세대분리가 가능하게 했다. 특히 2층에는 방, 욕실, 파우더룸과 가족실을 마련해 취미활동도 같이 할 수 있는 소통의 공간으로 활용하고 있다.

설계개요

위 치	경기도 양평군
대지면적	620.00㎡(187.55py)
지역지구	계획관리지역
건축면적	167.94㎡(50.80py)
연 면 적	229.10㎡(69.30py)
건 폐 율	27.09%
구 조	일반목구조
외부마감	스타코플렉스
설 계	노블종합건설(주)
시 공	노블종합건설(주)

1 2층에 외부계단을 별도로 두어 세대분리가 가능하게 독립성을 강조한 주택이다. **2** 박공지붕에 채광 지붕을 많이 적용해 주택의 규모가 더 웅장해 보인다. **3** 박공지붕을 살려 구조미를 살린 거실이다. 외부의 채광을 충분히 받을 수 있게 다양한 형태의 창을 설치했다. **4** 거실과 주방 사이의 벽에 반복적인 직사각형으로 디자인해 조형미가 있다. **5** 식탁에서 바라보는 푸른빛의 전경은 한 폭의 그림으로 다가온다. **6** 2층 오르는 계단, 계단 옆으로 벽난로가 설치되어 있다. **7** 가족실, 작은 홈바가 설치되어 있어 카페의 느낌이 든다.

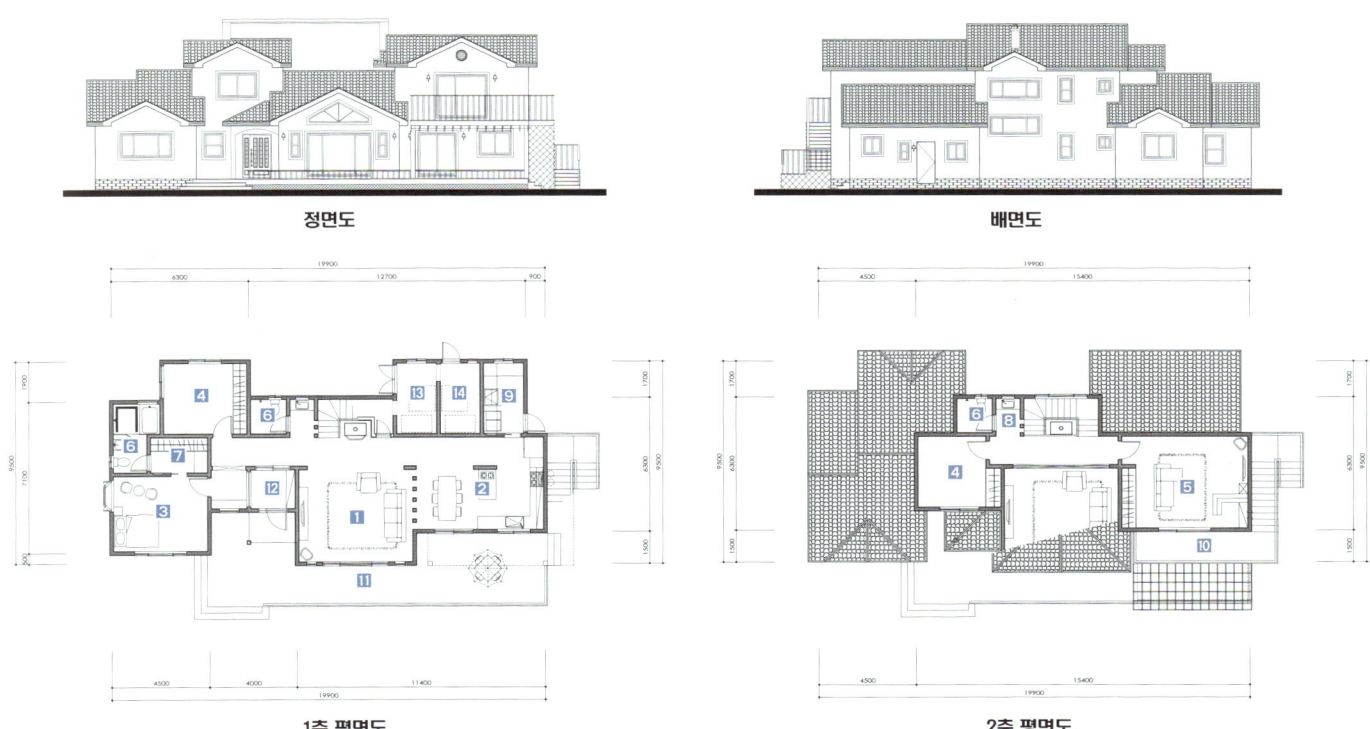

정면도   배면도

1층 평면도   2층 평면도

1 거실 **2** 주방 및 식당 **3** 안방 **4** 방 **5** 가족실 **6** 욕실 **7** 드레스룸 **8** 파우더룸 **9** 다용도실 **10** 발코니 **11** 데크 **12** 현관 **13** 보일러실 **14** 창고

76 py 250.05㎡
전라남도 광양시

63. 목조주택
차고가 있는 도심형 주택

미국의 『홈플랜』을 살펴보면 전면에 차고와 마당이 있고, 뒤뜰에는 파티공간이나 수영장이 있는 도시형 전원주택을 쉽게 접할 수 있다. 미국식 도면은 우리 실정에 맞지 않는 부분이 많으나 설계를 잘 다듬으면 좋은 디자인을 얻을 수 있다. 창고 겸 차고는 북측도로나 후면에 배치하면 좋고, 남향을 최대한 활용하면서 각 실의 기능을 살려주면 더할 나위 없는 좋은 디자인이 된다. 좋은 디자인에 마감자재를 잘 선정해서 현대적인 감각이 느껴지는 모던한 전원주택이 되었다.

1

2

설계개요		
위 치	전라남도 광양시	
대지면적	456.30㎡(138.03py)	
지역지구	도시지역, 제1종 일반주거지역	
건축면적	189.33㎡(57.27py)	
연 면 적	250.05㎡(75.64py)	
건 폐 율	41.48%	
구 조	일반목구조	
외부마감	인조석, 적삼목 점토기와	
설 계	노블종합건설(주)	
시 공	노블종합건설(주)	

1 주택의 정면으로 전체적으로 아이보리톤의 인조석에 짙은 인조석과 적삼목으로 포인트를 주어 현대적인 감각이 느껴지는 모던한 전원주택이 되었다. **2** 주택의 측면으로 적삼목을 빗살로 대어 입면에 변화를 주었다. **3** 창고 겸 차고는 북측도로의 후면에 배치하였다. **4** 거실 아트월. 전면창을 통해 반송이 차경으로 다가온다. **5** 2층 복도와 오픈천장. 천장은 보와 서까래가 노출된 연등천장으로 자연스러운 전통미가 있다. **6** 채광이 좋은 주방으로 일본에서 수입한 지브라 패턴의 유광도어가 눈에 띈다. **7** 남향한 부엌은 항상 밝은 기운이다.

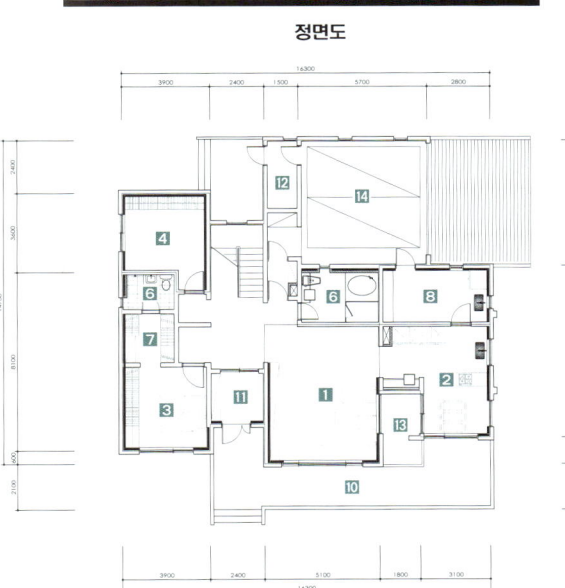
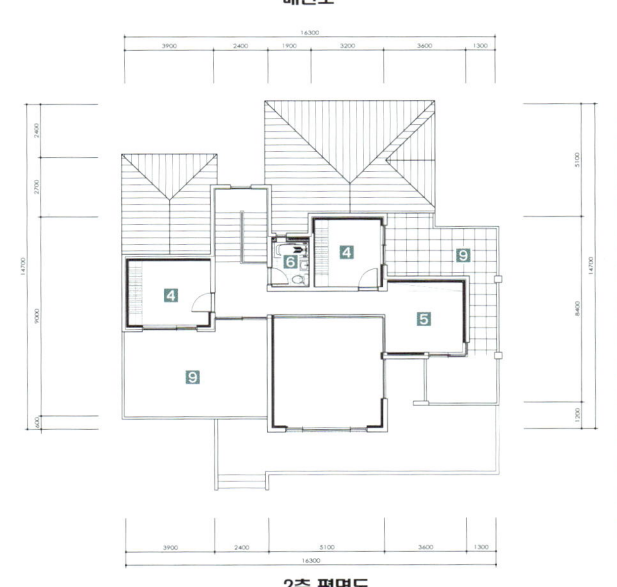

정면도   배면도

1층 평면도   2층 평면도

1 거실
2 주방 및 식당
3 안방
4 침실
5 가족실
6 욕실
7 드레스룸
8 다용도실
9 발코니
10 데크
11 현관
12 보일러실
13 온실
14 주차장

64. 철근콘크리트주택
패션디자이너 감각의 모던하우스

패션디자이너라는 직업에 걸맞게 건축주 부부의 디자인에 대한 감각은 상당히 탁월했고 공간의 효율성과 함께 비쥬얼적인 요소가 가미된 주택의 내·외관은 모던스타일에 충실하다. 그 어떤 군더더기도 없는 깔끔함이 맞춤 정장을 입은 것처럼 딱 떨어진다. 3층 공간까지 개방한 거실은 갤러리를 연상케 하고, 개방된 계단과 2,3층 복도 난간을 단조와 원목으로 깔끔하게 시공하여 다른 건축주도 여기처럼 설계해달라는 주문이 많은 집이다.

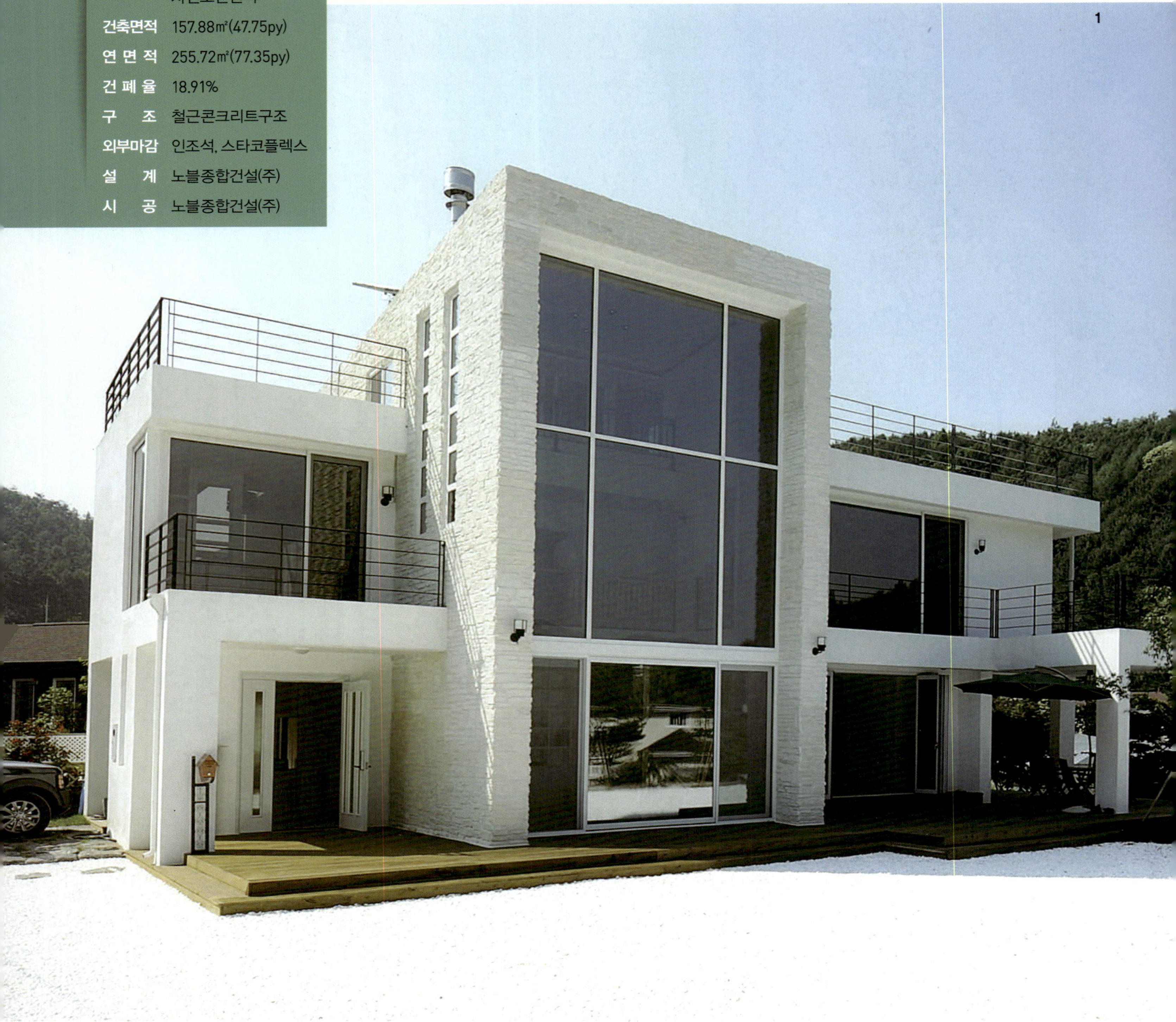

설계개요

위 치	경기도 양평군
대지면적	835.00㎡(252.58py)
지역지구	보전관리지역, 자연보전권역
건축면적	157.88㎡(47.75py)
연 면 적	255.72㎡(77.35py)
건 폐 율	18.91%
구 조	철근콘크리트구조
외부마감	인조석, 스타코플렉스
설 계	노블종합건설(주)
시 공	노블종합건설(주)

1

1 공간의 효율성과 함께 비쥬얼적인 요소가 가미된 모던한 주택이다. 2 3층 공간까지 열린 거실은 시원한 공간감을 부여한 갤러리를 연상케 한다. 3 단조와 원목으로 깔끔하게 시공한 2층 복도. 복도 끝에는 마스터룸이 자리하고 있다. 4 인테리어의 주 조색은 화이트로 거실과 주방 사이에는 단차를 두어 공간을 구획했다. 5 빌트인한 주방가구와 식기에서도 건축주의 감각이 돋보인다. 찰스 임스레이의 작품으로 유명한 의자 디자인이 시선을 사로잡는다.

정면도   배면도

1층 평면도   2층 평면도

1 거실   2 주방 및 식당   3 안방   4 방   5 가족실   6 욕실   7 드레스룸   8 다용도실   9 테라스   10 발코니   11 데크   12 현관   13 보일러실

78py 256.97㎡
경상북도 김천시

65. ALC주택
잘 가꾸어진 정원의 전원주택

잘 가꾸어진 정원은 한정된 생활공간을 확장시켜 줌과 동시에 넉넉한 자연과의 교감을 통해 마음을 바로 세우는 도장이 되기도 한다. 정원과 어우러진 이 주택은 수명이 반영구적인 점토기와 지붕으로 표현해 주변 환경과 어우러지는 고급주택의 품격이 있다. 외부는 다양한 크기의 모임지붕이 섞여 있는 형태로 입체감을 주고 내부는 클래식한 디자인 컨셉으로 계획하여 마치 모델하우스를 연상시킬 정도의 감각 있는 인테리어를 선보인다.

설계개요

위 치	경상북도 김천시
대지면적	843.80㎡(255.24py)
지역지구	관리지역, 개발진흥지구
건축면적	193.09㎡(58.40py)
연 면 적	256.97㎡(77.73py)
건 폐 율	22.88%
구 조	ALC블럭구조
외부마감	스타코플렉스, 파벽돌 적삼목사이딩
설 계	노블종합건설(주)
시 공	노블종합건설(주)

1 잔디가 잘 가꾸어진 정원 한편에는 수생식물도 가꾸고 있다. 건축주 부부의 계절은 앞마당에서부터 시작된다. 2 모임지붕이 섞여 있는 형태로 입체감이 있는 주택이다. 3 엔티크한 거실 곳곳에 장식한 꽃꽂이는 10년째 꽃꽂이를 배우고 있는 건축주의 작품이다. 집안에서도 야생화 향기를 느낄 수 있다. 4 침실은 아치형 가벽을 따로 두어 부부의 아늑한 보금자리로 조성했다. 5 2층은 1층과 같은 컬러의 강화마루로 클래식한 분위기가 이어지지만, 빈티지 느낌으로 페인팅한 수납장과 벽에 건 아이들 사진액자 등이 더하여 경쾌한 공간이 되었다. 6 아이와 외지에서 대학에 다니는 큰아이의 침실. 7 2층에서 내려다본 계단. 곳곳에 살아 있는 식물과 같이 생동감이 넘친다.

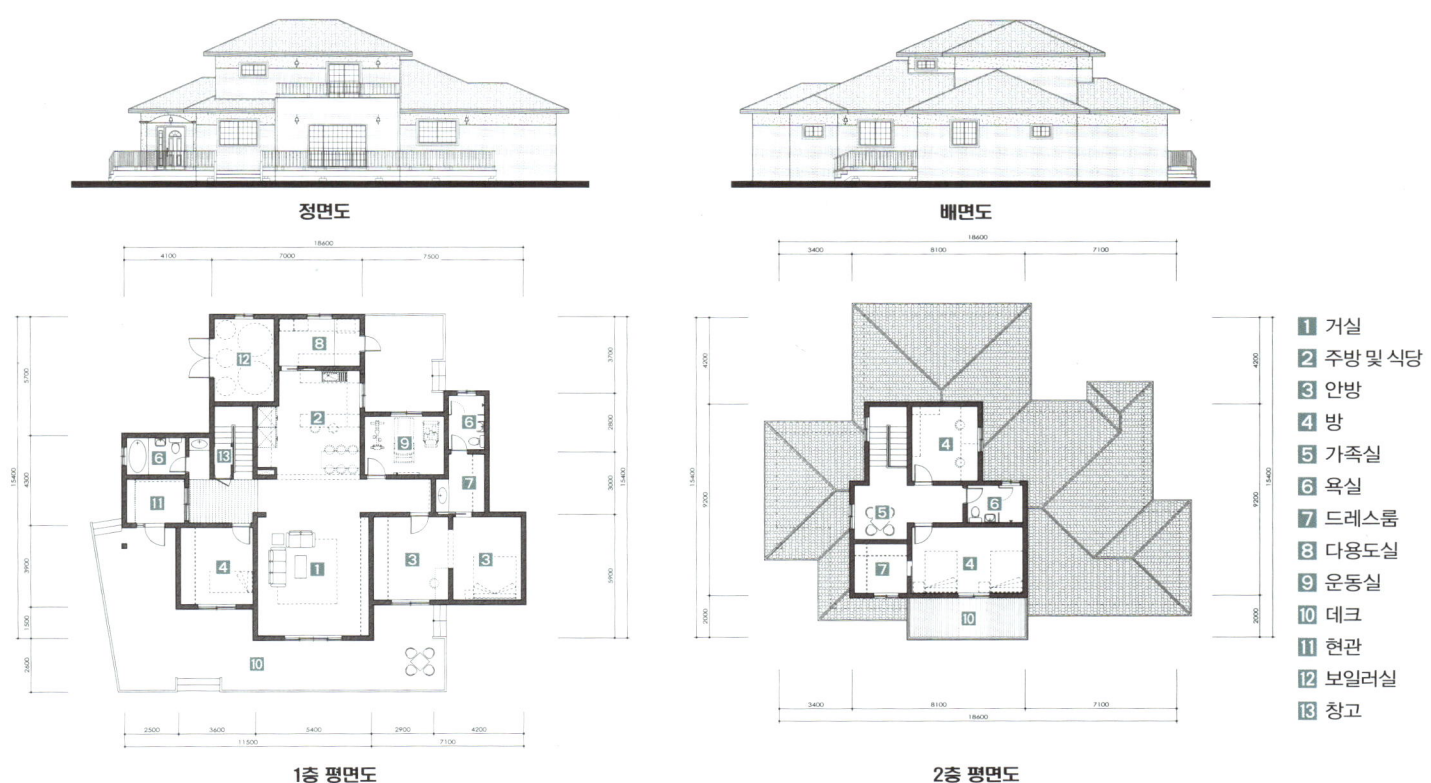

정면도 / 배면도

1층 평면도 / 2층 평면도

1 거실
2 주방 및 식당
3 안방
4 방
5 가족실
6 욕실
7 드레스룸
8 다용도실
9 운동실
10 데크
11 현관
12 보일러실
13 창고

80 py 265.50㎡
경기도 광주시

66. ALC주택
날개형 지붕선으로 대칭을 이룬 주택

모던한 디자인에 현대적인 징크패널로 포인트를 주어 도시주택으로도 손색이 없는 전원주택이다. 자매 부부가 친정 부모님을 모시고 살기 편리하게 계획된 주택으로 3세대가 생활하는 이 집은 범상치 않은 외관으로 날개를 편 듯한 지붕선 아래 공간 역시 독특하게 분할했다. 1층은 부모님 침실과 공용공간인 거실과 식당이 자리하고 있고 2층은 자매가 각각 생활할 수 있도록 평면구성을 했다.

설계개요

위　　치	경기도 광주시
대지면적	661.00㎡(199.95py)
지역지구	계획관리지역
건축면적	185.22㎡(56.02py)
연 면 적	265.50㎡(80.31py)
건 폐 율	28.02%
구　　조	ALC블럭구조
외부마감	스타코플렉스, 징크판넬, 목재패널
설　　계	노블종합건설(주)
시　　공	노블종합건설(주)

1 징크패널로 디자인한 날개를 편 듯한 지붕선의 모던한 주택이다. 2 좌우 형태가 외관이 비슷하듯 2층 내부구조도 대칭을 이룬다. 3 자매가 친정 부모님을 모시고 살기 편리하게 3세대가 생활할 수 있도록 평면구성을 했다. 4 주차장 진입로에서 바라본 주택 측면

1 거실 2 주방 3 식당 4 방 5 욕실 6 드레스룸 7 전실 8 다용도실 9 테라스 10 데크 11 현관 12 보일러실 13 창고

82 py
271.64㎡
서울시 서초구

67. 목조주택
외관 설계가 안정감 있는 주택

텃밭을 지나 현관으로 향하면 건물 외관이 산뜻하면서도 단아한 모습의 전원주택이 한눈에 들어온다. 외벽 1층은 파벽돌을 쌓아 견고성을 높이고 2층은 밝은 흰색톤의 스타코로 처리하고 지붕은 짙은 회색톤의 아스팔트쉥글로 마감해 전체적으로 안정감이 있고 세련된 이미지를 연출했다. 집 안으로 들어서면 거실처럼 넓은 주방이 가장 먼저 눈에 띈다. 종갓집 며느리인 건축주를 배려한 넓은 주방은 새집의 필수 조건이었으며 주방에는 2개의 개수대를 포함한 싱크대를 길게 설치했다.

설계개요

위 치	서울시 서초구
대지면적	259.00㎡(78.34py)
지역지구	제1종 일반주거지역
건축면적	127.66㎡(38.61py)
연 면 적	271.64㎡(82.17py)
건 폐 율	49.29%
구 조	일반목구조
외부마감	스타코플렉스, 파벽돌 아스팔트쉥글
설 계	노블종합건설(주)
시 공	노블종합건설(주)

1 외벽을 파벽돌, 흰색톤의 스타코, 짙은 회색톤의 아스팔트슁글로 마감해 안정감이 있고 세련된 주택이다. 2 텃밭에서 바라본 주택 정면으로 전체적으로 안정감이 있고 단아한 모습의 전원주택이다. 3 2층 거실로 서재 겸 다목적 용도로 활용하고 있다. 4 앤티크한 가구와 클래식한 패턴의 포인트 벽지가 조화로운 메인 침실 5 종갓집 며느리인 건축주를 배려한 넓은 주방에는 2개의 개수대를 포함한 싱크대를 길게 설치했다. 6 색상의 대비로 조화로운 모던 스타일의 거실이다.

좌측면도   **우측면도**

1층 평면도   **2층 평면도**

1 거실 **2** 주방 및 식당 **3** 안방 **4** 방 **5** 가족실 및 서재 **6** 욕실 **7** 드레스룸 **8** 다용도실 **9** 현관 **10** 포치

83 py 272.89㎡
충청북도 옥천군

68. 목조주택
새와 함께하는 생기가 넘치는 집

대문에서 시작되는 몇 갈래의 동선을 따라 원앙, 사슴, 공작과 백공작, 은계와 잉꼬 등 다양한 종류의 조류와 금붕어를 만날 수 있는 새와 함께하는 새를 닮은 집이 있다. 집의 외부마감은 인조석과 스타코가 중심을 이루고 적삼목사이딩으로 포인트를 주었다. 전면에 넓게 자리한 데크와 깔끔한 화이트톤의 인테리어가 인상적인 거실은 오픈천장을 적용했다. 전면부에 경사지게 돌출된 넓은 창은 일조량을 더 풍부하게 할 수 있고 외관을 보다 세련되게 구성할 수 있는 아이템이다.

설계개요

위 치	충청북도 옥천군
대지면적	1620.00㎡(490.05py)
지역지구	농림지역
건축면적	226.75㎡(68.59py)
연 면 적	272.89㎡(82.54py)
건 폐 율	14.00%
구 조	일반목구조
외부마감	스타코플렉스, 인조석
설 계	노블종합건설(주)
시 공	노블종합건설(주)

1 전면에 넓게 자리한 데크와 전면부에 경사지게 돌출된 넓은 창은 외관을 보다 세련되게 하는 아이템이다. **2** 대문에서 바라본 주택 외관 **3** 집 주변에 3개의 작은 연못이 있고 그곳에는 다양한 조류와 금붕어를 만날 수 있다. **4** 화이트의 깨끗함이 느껴지는 거실. 벽난로를 건물 중앙부에 두게 되면 열효율은 높일 수 있지만, 그만큼 화재에 대한 안전에 더 많은 신경을 써야 한다. **5** 아일랜드 테이블이 적용된 화이트톤의 주방. 주방과 이어지는 식당에 TV를 비치하여 기능성을 높였다. **6** 가볍게 와인을 즐길 수 있는 공간. 붙박이형 와인장과 강렬한 인테리어가 인상적이다. **7** 작지만 소중한 공간인 2층 가족실. 붙박이 책장과 걸터앉아 책을 읽거나 휴식을 취할 수 있는 수납장은 공간 활용도를 높이는 효과적인 아이템이다.

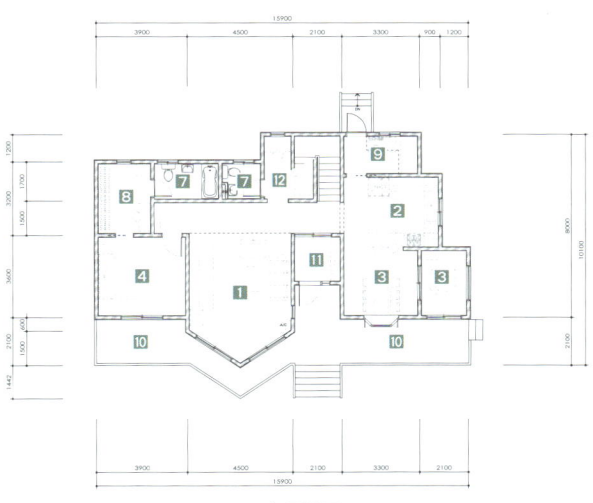

정면도

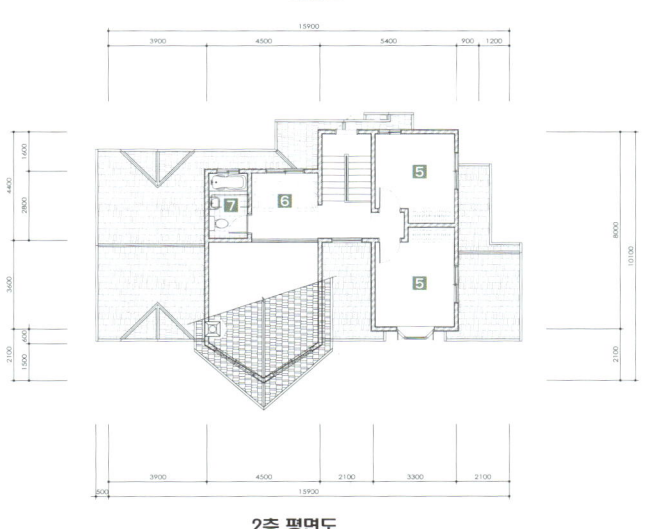

배면도

1층 평면도

2층 평면도

1 거실 **2** 주방 **3** 식당 **4** 안방 **5** 방 **6** 가족실 **7** 욕실 **8** 드레스룸 **9** 다용도실 **10** 데크 **11** 현관 **12** 창고

83 py 275.56㎡
경상북도 경주시

69. 콘크리트라멘조+블럭주택
한옥스타일의 현대식 주택

신라 천 년의 고도, 경주에 전통미와 현대적 감각을 접목시킨 한옥스타일의 현대식 주택이다. 문화재관리지역이나 국가지정문화재가 인접한 대지에 전원주택을 짓게 되면 문화재 심의가 까다로워서 설계단계에 많은 제약이 따른다. 한식기와지붕과 전돌 느낌의 파벽돌을 사용하여 문제를 해결했다. 동시에 1층은 본채와 별채 개념으로 현관을 따로 두어 독립성을 확보하고 건축주가 요구하는 현대적인 취향을 반영하여 외부뿐만 아니라 내부도 전통미와 현대적 감각의 인테리어로 계획하였다.

1

2

설계개요

위 치	경상북도 경주시
대지면적	1,328.00㎡(401.72py)
지역지구	보전녹지지역
건축면적	200.97㎡(60.79py)
연 면 적	275.56㎡(83.35py)
건 폐 율	37.49%
구 조	콘크리트라멘조+블럭조
외부마감	전통한식기와, 스타코플렉스, 파벽돌
설 계	노블종합건설(주)
시 공	노블종합건설(주)

1 한식기와지붕과 전돌 느낌의 파벽돌을 접목한 한옥스타일의 현대식 주택이다. **2** 정원에서 바라본 주택의 측면 모습 **3** 풍혈을 한 계자난간을 두른 육각 모양의 모임지붕이다. **4** 오픈천장이 적용된 거실로 S자형 계단이 공간에 멋스러움을 더한다. **5** 나무와 단조철물로 제작된 S자형의 계단으로 예술적 구조미가 있다. **6** 독립적 공간을 고려한 2층 복도에도 오픈천장을 적용했다. **7** 전통미에 현대적 감각을 조화시킨 꽃문양의 화사한 주방 아트월

정면도

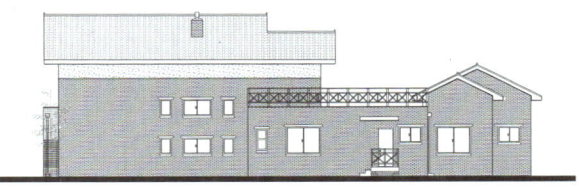

배면도

1층 평면도

2층 평면도

1 거실 **2** 주방 및 식당 **3** 안방 **4** 방 **5** 가족실 **6** 욕실 **7** 드레스룸 **8** 다용도실 **9** 테라스 **10** 데크 **11** 현관

95 py
315.70㎡
경기도 용인시

70. 철근콘크리트주택
기존의 틀에서 벗어난 개성 넘치는 집

계단실이 중심이 되어 좌측과 우측의 층 구분이 엇갈리고 중간 계단에서 마스터 존으로 진입할 수 있는 구조로 1층은 공용공간, 2층은 마스터 존, 3층은 작업실로 공간을 분할하였다. 다큐멘터리 제작, 사진 작업에 종사하는 건축주의 작업실은 작업 이외에는 다른 동선이 생기지 않도록 건축물의 최상층에 자리 잡았다. 거실과 마스터 존의 층고는 좀 더 자유로이 하고 징크를 얹은 경사 지붕에는 천창을 두어 거주자의 감성을 자극하고 건물의 외관은 경사지붕으로 강한 이미지를 준다.

설계개요

위 치	경기도 용인시
대지면적	536.00㎡(162.14py)
지역지구	자연녹지지역
건축면적	106.85㎡(32.32py)
연 면 적	315.70㎡(95.49py)
건 폐 율	19.93%
구 조	철근콘크리트구조
외부마감	스타코플렉스, 화산석
설 계	노블종합건설(주)
시 공	노블종합건설(주)

1 건물의 외관은 경사지붕으로 강한 이미지를 준다. 2 주택의 외관. 외부 마감재는 화산석과 스타코로 마감했다. 3 유리와 청동부식의 자연스러운 느낌을 살린 철재로 마감한 계단실이 눈길을 끈다. 4 자연의 아름다운 풍경이 펼쳐지는 시원한 아이 방이다. 5 건축주의 작업실은 동선을 줄이려 최상층에 자리 잡았다. 6 3층 작업실. 다큐멘터리 제작, 사진 작업에 종사하는 건축주가 가장 소중하게 생각하는 공간이기도 하다.

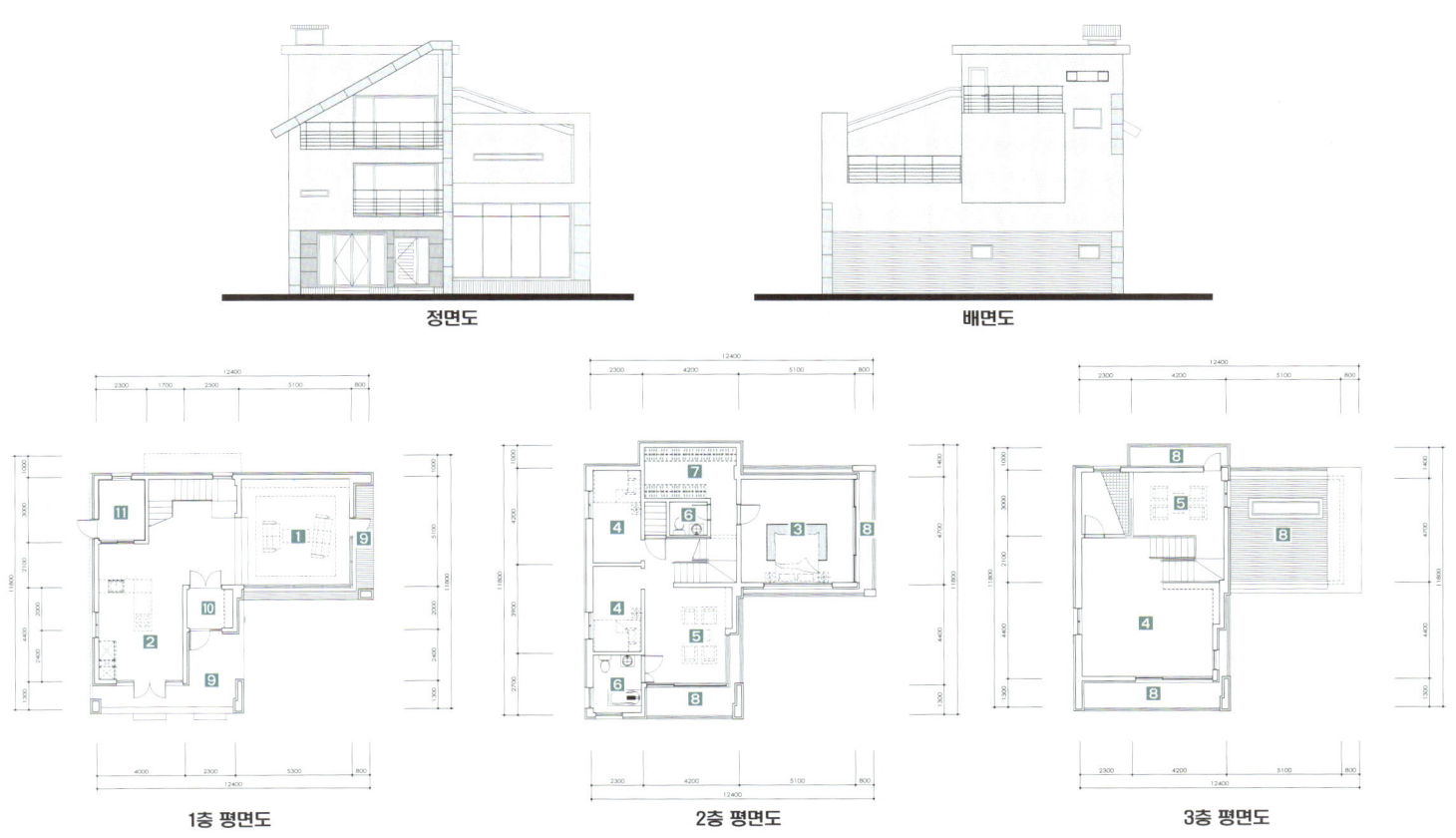

정면도 | 배면도

1층 평면도 | 2층 평면도 | 3층 평면도

1 거실 2 주방 및 식당 3 안방 4 방 5 가족실 6 욕실 7 드레스룸 8 발코니 9 데크 10 현관 11 세탁실

98 py 323.25㎡
경기도 용인시

71. 목조주택

주변 환경과 잘 어울리는 전원주택

주변 환경과 잘 어우러지는 아이보리톤의 스타코와 파벽돌, 점토기와로 외관을 마감해 조경과 조화를 이룬 전원주택이다. 세대 간 독립성을 위해 2층에도 마스터 존을 두고 1층의 마스터 존과 마찬가지로 별도의 파우더룸과 드레스룸, 욕실을 배치했다. 또한, 1층에서부터 자연스럽게 올라오는 경사지붕으로 인해 실질적인 층고가 조금 낮아지는 단점을 보완하기 위해 반자를 설치하지 않고 구조를 그대로 노출시킨 오픈천장으로 했다.

1

2

설계개요

위 치	경기도 용인시
대지면적	690.00㎡(208.72py)
지역지구	자연녹지지역
건축면적	137.52㎡(41.59py)
연면적	323.25㎡(97.78py)
건폐율	19.93%
구 조	일반목구조
외부마감	스타코플렉스, 파벽돌 프랑스산 기와
설 계	노블종합건설(주)
시 공	노블종합건설(주)

1 가까이에 수려한 산세가 보이는 주변 환경과 잘 어우러지는 전원주택이다. 2 진입로에서 바라본 주택 외관으로 동선에 디딤돌을 놓았다. 3 2층 오픈천장이 적용된 거실. 천장은 원목루버로 마감했다. 4 2층에서 내려다본 거실. 화이트톤의 벽과 다양한 브라운톤의 색상 대비가 산뜻하다. 5 붙박이 가구로 빌트인한 주방으로 공간의 효율성을 높였다. 아일랜드 테이블은 식탁, 홈바, 테이블 등 다용도로 사용할 수 있어 선호하는 아이템이다. 6 2층에 마련된 가족실로 천창과 세로띠 벽지로 마감해 좁은 공간이지만 넓어 보이는 밝은 공간이 되었다. 7 계단실 하부에는 창고를 설치해 공간의 효율성을 높였다.

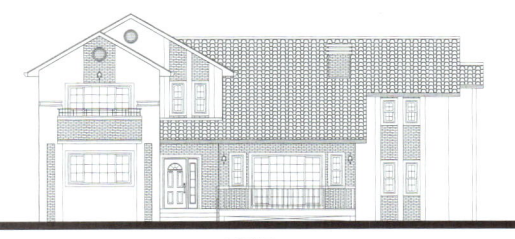

정면도   우측면도

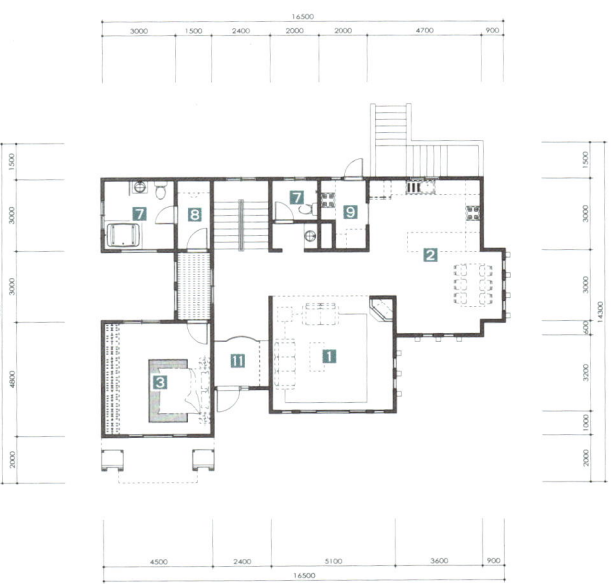

1층 평면도   2층 평면도

1 거실
2 주방 및 식당
3 안방
4 방
5 가족실
6 서재
7 욕실
8 파우더룸
9 다용도실
10 발코니
11 현관

72. 철근콘크리트주택
군더더기 없는 플랫한 스타일의 주택

104py 343.22㎡
서울시 종로구

설계개요	
위 치	서울시 종로구
대지면적	681.00㎡(206py)
지역지구	제1종 전용주거지역
건축면적	198.87㎡(60.15py)
연 면 적	343.22㎡(103.82py)
건 폐 율	29.20%
구 조	철근콘크리트구조
외부마감	노출콘크리트
설 계	노블종합건설(주)
시 공	노블종합건설(주)

전반적으로 갤러리 같은 익스테리어와 인테리어를 계획하였으며 갤러리 같은 실내를 꾸미기 위해 천장 전체에 다운라이트 조명을 적용했다. 주택 내·외부의 노출콘크리트 마감이 가장 까다로운 부분이었다. 일반적으로 외부만 노출 처리하는 경우에 비해 단열처리도 까다롭고 마감에도 더 많은 신경이 쓰이기 때문이다. 군더더기 없는 평면적인 스타일을 좋아했던 건축주의 요구에 따라 계단 난간은 핸드레일 없는 강화유리로 마감했고, 침실의 문 역시 벽체와의 일체감을 부여할 수 있는 유리소재를 적용했다.

1 내·외부 노출콘크리트로 마감한 주택 전경 **2** 군더더기 없는 디자인의 거실. **3** 거실면적에 상응하는 넓은 주방. 와인장과 냉장고 등 모든 가구를 빌트인하여 공간을 더욱 깔끔하게 정리했다. **4** 핸드레일 없이 강화유리로 마감한 계단 난간. **5** 고급 도기가 적용된 욕실. 욕조 옆으로 난 창은 더 여유로운 공간을 제공한다. **6** 모더니즘을 추구했던 몬드리안의 작품이 연상되는 욕실 마감이다.

1 거실 **2** 주방 및 식당 **3** 안방 **4** 방 **5** 서재 **6** 욕실 **7** 드레스룸 **8** 다용도실 **9** 발코니 **10** 현관 **11** 보일러실 **12** 창고

122py 404.31㎡
강원도 강릉시

73. 철근콘크리트+목조주택
사원들을 위한 회사 별장

직원이 많고 가족적인 회사는 휴가 때 고민이 많다. 이런 이유로 사원을 위해 만들어진 건물로 1동은 바다, 1동은 강, 1동은 산을 바라보는 듯한 별장으로 3동이 하나로 연결된 한 동이다. 목구조의 장점을 활용하여 디자인에 반영하였고 다락에서 거실이 보이는 복층구조와 실내계획을 미리 반영한 구조에서 절제미가 돋보인다. 하부 필로티 기둥형식의 주차장은 차후 증축으로 여유로운 공간으로 재탄생할 것이다.

설계개요

위 치	강원도 강릉시
대지면적	1790.0㎡(541.47py)
지역지구	생산관리지역
건축면적	277.27㎡(83.87py)
연면적	404.31㎡(122.30py)
건폐율	15.47%
구 조	철근콘크리트+ 일반목구조
외부마감	아이루프 스타코플렉스 적삼목사이딩, 인조석
설 계	노블종합건설(주)
시 공	노블종합건설(주)

1 1동은 바다, 1동은 강, 1동은 산을 바라보는 듯한 한 동의 건물이다. 2 건물의 측면으로 하부는 필로티 기둥형식의 주차장으로 했다. 3 건물의 후면에는 조경공사가 한창이다. 4 중앙 계단으로 바닥은 검은 대리석을 깔고 벽은 골드톤의 반복되는 문양으로 마감했다. 5 게스트룸의 각 실에는 작은 주방이 있어 취사가 가능하다. 6 복층구조의 거실에 다락방이 있어 동심을 자극한다.

정면도   배면도

1층 평면도   2층 평면도

1 거실   2 주방   3 침실   4 욕실   5 발코니   6 데크   7 실내정원   8 찜질방   9 관리인숙소   10 화장실   11 샤워실   12 현관   13 창고   14 주차장

134 py 442.94㎡
충청남도 공주시

74. ALC근린생활시설
3층 도심형 어린이집

일반적으로 근린생활시설과 다가구주택은 건축주 스스로 임대료만 생각할 뿐, 건물의 가치는 생각하지 못하는 것이 현실이다. 이런 점이 아쉬워 목조를 활용한 디자인으로 경제성이 있는 합리적인 설계를 선보였다. 아이들의 동선을 고려해 생활하는 데 있어 불편함이 없도록 설계를 하였으며, 곳곳에 작은 창을 많이 설치하여 포근한 환경이 될 수 있도록 계획했다. 1층부터 4층까지 전면창을 설치하여 채광과 시각디자인 두 가지 모두를 얻을 수 있었다.

설계개요

위 치	충청남도 공주시
대지면적	243.00㎡(73.50py)
지역지구	제2종 일반주거지역
	최고고도지구
	(16m이하)
건축면적	139.70㎡(42.26py)
연면적	442.94㎡(133.99py)
건폐율	57.49%
구 조	ALC블럭구조
외부마감	파벽돌, 적삼목사이딩
설 계	노블종합건설(주)
시 공	노블종합건설(주)

1 1층부터 4층까지 파벽돌에 적삼목으로 포인트를 주고 전면창을 설치하였다. **2** 아이들이 쉽게 접할 수 있도록 2층에 독서실을 만들었다. **3** 상담실의 공간도 낮은 칸막이로 아이들의 움직임을 항상 지켜볼 수 있도록 고려했다. **4** 아이들이 즐겁게 지낼 수 있는 보육실을 밝은 톤으로 꾸몄다. **5** 일반주택의 거실과 같이 편안하게 꾸민 상담실이다.

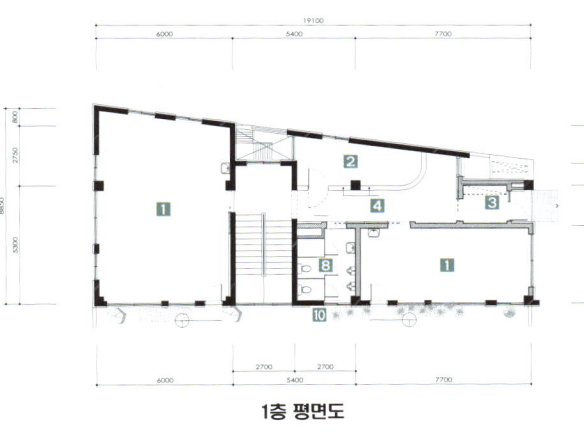

1층 평면도

2층 평면도

3층 평면도

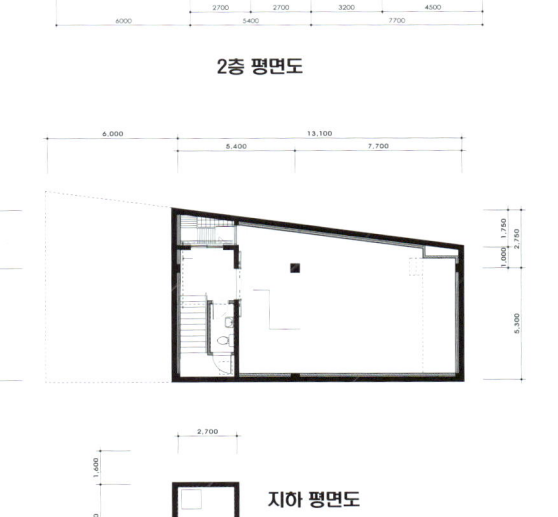

지하 평면도

1 보육실
2 상담실
3 방풍실
4 홀
5 교사실
6 주방
7 식당
8 욕실
9 테라스
10 화단

137 py
453.36㎡
경상북도 울진군

75. 철근콘크리트주택
모던한 스타일의 펜션

펜션은 시간이 지나면서 고급화되는 추세이고 유럽풍에서 지중해풍으로 유행이 변화하고 있다. 지중해풍도 식상한 건축주는 건축가에게 독특한 디자인을 요구하여 모던한 컨셉에 미니멀한 구조로 계획했다. 이 펜션은 전반적인 디자인은 모던하게 계획되었으며 각 실은 컬러별 컨셉으로 하고, 복층형태로 구성하여 공간 활용도를 높였다. 각 실에는 간접조명을 설치하여 분위기를 더욱 아늑하고 포근하게 만드는 효과를 냈다.

1

2

설계개요
위 치	경상북도 울진군
대지면적	475.00㎡(143.68py)
지역지구	도시지역, 제1종 일반주거지역
건축면적	194.10㎡(58.71py)
연 면 적	453.36㎡(137.14py)
건 폐 율	19.99%
구 조	철근콘크리트구조
외부마감	노출콘크리트
설 계	노블종합건설(주)
시 공	노블종합건설(주)

1 펜션 객실 입구로 노출콘크리트구조의 모던한 컨셉에 미니멀한 구조이다. 2 펜션 후면으로 노출콘크리트에 적삼목으로 포인트를 주었다. 3 펜션의 야경 모습 4, 5 각 실은 컬러별 컨셉으로 하고, 복층형태로 구성하여 공간 활용도를 높였다. 6, 7 전반적인 디자인은 모던한 스타일로 구현하였다. 8, 9 침실로 천장에 설치된 간접조명은 분위기를 더욱 아늑하고 포근하게 만드는 효과가 있다.

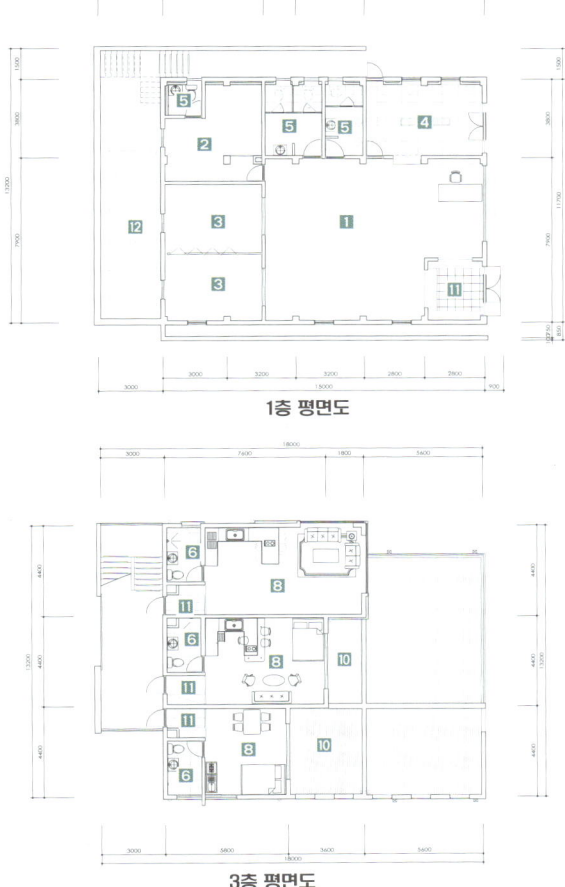

1층 평면도

2층 평면도

3층 평면도

1 홀
2 내실
3 룸
4 주방
5 화장실
6 욕실
7 사무실
8 원룸
9 테라스
10 발코니
11 현관
12 정화조시설

세상을 유혹하는
아름다운 힘

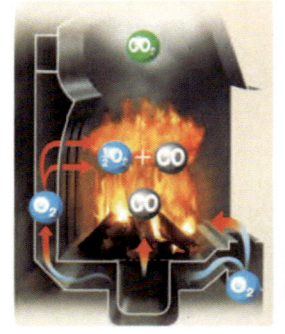
완전연소

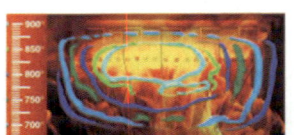
다중연소

연소시간 조절타이머

가습기능 벽난로

세라믹화실

 공냉식에어밴트 시스템
 회전기능 벽난로
 상온손잡이
 리프트업도어

— 이 많은 차별성도 삼진이 가진 수 많은 장점 중의 일부일 뿐입니다...

디자인에 정밀함을 더한 벽난로의 명품 - 노출형 장작 벽난로

삶이 더욱 아름다운 이유
베리타스(Veritas)

럭셔리한 벽난로의 새로운 기준
오벨리스크-화이트(Obelisk-white)

첨단기술과 예술적 감각의 조화
아르테미스(Artemis)

나르시스트
헤리티지(Heritage)

완벽한 테크놀러지의 진수
크레타(Creta)

※ 이외에도 40여가지 모델이 구비되어 있습니다.

굴뚝이 전혀 필요없는 바이오-그린 벽난로

바이오-누보

바이오토템

바이오키세스

바이오-판테

바이오-미노스

합리적인 삶을 위한 아름다운 진보 - 2010년형 **NEW** 전기벽난로 시리즈

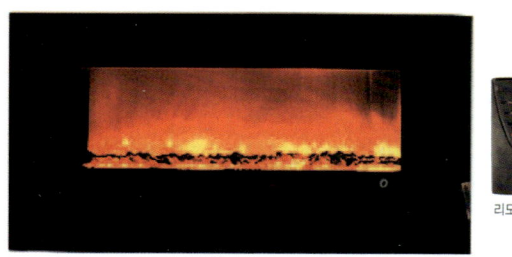

세계 최대크기의 '벽걸이 전기 벽난로'
큐빅 Cubic (리모콘 포함)
사이즈 : 1380(W)×640(H)×139(D)
전기 벽난로, 그 유혹의 결정체

유레카 프리미어  **특별가 295만원** (대리석, 전기벽난로 포함)
사이즈 : 1530(W)×1040(H)×515(D)

※ 이외에도 200여가지 모델이 구비되어 있습니다.

고전과 혁신의 양면성 - 삼진 주물벽난로 시리즈

| 모나코 | 아라미스 | 아도니스 트리 | 아도니스 | 마드모아젤 |

※ 이외에도 200여가지 모델이 구비되어 있습니다.

당신을 빛나게 하는 영원한 클래식 - 삼진 매립형 벽난로 시리즈

| 세라미카 프리미어 | 버티컬 프리미어 | 포르테 | 미르2 | 베리아 A |

※ 이외에도 100여가지 모델이 구비되어 있습니다.

열량과 스타일, 그 진보의 정점 - 바닥난방 겸용 벽난로

데이지 디럭스 아쿠아   쥴리어드 디럭스 아쿠아

겨울을 설레이게 만드는 힘 - 가스벽난로

G1   G2   G3

홈페이지 주소창에 [주소(D)] **삼진벽난로** 또는 **www.samjinfire.co.kr**

대한민국 벽난로를 만듭니다.
삼진벽난로

곤지암 공장 및 국내 최대 규모의 전시 판매장 :
경기도 광주시 초월읍 선동리 199-1
(선동초등학교앞) 대표전화 : 031)797-8185

서울 전시 판매장 : 서울시 강남구 논현동 129-1 다래건축자재백화점2층
(7호선 학동역 4번출구 앞) 대표전화 : 02)547-2003

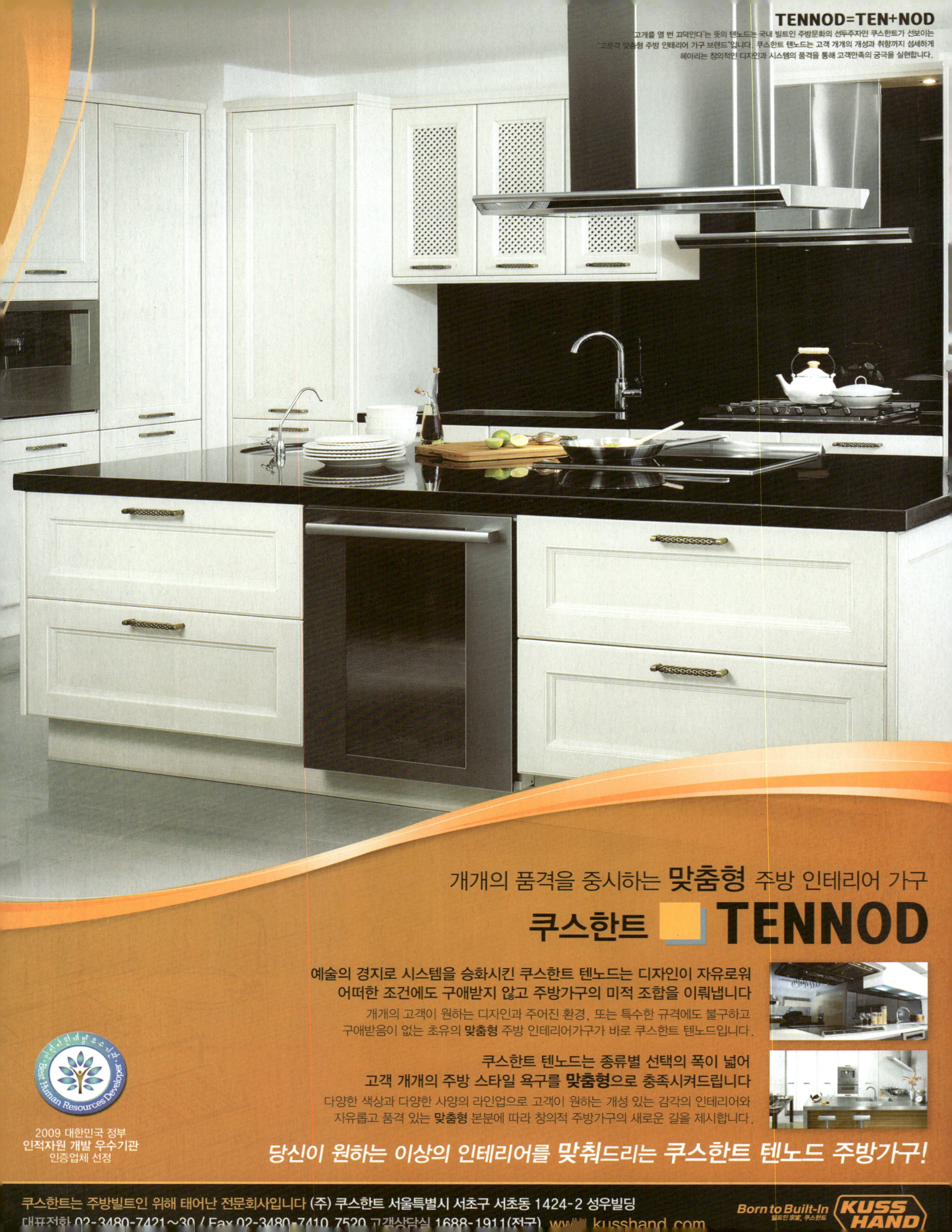

TENNOD = TEN + NOD

"고개를 열 번 끄덕인다"는 뜻의 텐노드는 국내 빌트인 주방문화의 선두주자인 쿠스한트가 선보이는 "고품격 맞춤형 주방 인테리어 가구 브랜드"입니다. 쿠스한트 텐노드는 고객 개개의 개성과 취향까지 섬세하게 헤아리는 창의적인 디자인과 시스템의 품격을 통해 고객만족의 궁극을 실현합니다.

개개의 품격을 중시하는 **맞춤형** 주방 인테리어 가구

쿠스한트 TENNOD

예술의 경지로 시스템을 승화시킨 쿠스한트 텐노드는 디자인이 자유로워
어떠한 조건에도 구애받지 않고 주방가구의 미적 조합을 이뤄냅니다

개개의 고객이 원하는 디자인과 주어진 환경, 또는 특수한 규격에도 불구하고
구애받음이 없는 초유의 **맞춤형** 주방 인테리어가구가 바로 쿠스한트 텐노드입니다.

쿠스한트 텐노드는 종류별 선택의 폭이 넓어
고객 개개의 주방 스타일 욕구를 **맞춤형**으로 충족시켜드립니다

다양한 색상과 다양한 사양의 라인업으로 고객이 원하는 개성 있는 감각의 인테리어와
자유롭고 품격 있는 **맞춤형** 본분에 따라 창의적 주방가구의 새로운 길을 제시합니다.

당신이 원하는 이상의 인테리어를 맞춰드리는 쿠스한트 텐노드 주방가구!

2009 대한민국 정부
인적자원 개발 우수기관
인증업체 선정

쿠스한트는 주방빌트인 위해 태어난 전문회사입니다 (주) 쿠스한트 서울특별시 서초구 서초동 1424-2 성우빌딩
대표전화 02-3480-7421~30 / Fax 02-3480-7410, 7520 고객상담실 1688-1911(전국)   www.kusshand.com

Born to Built-In
KUSS HAND

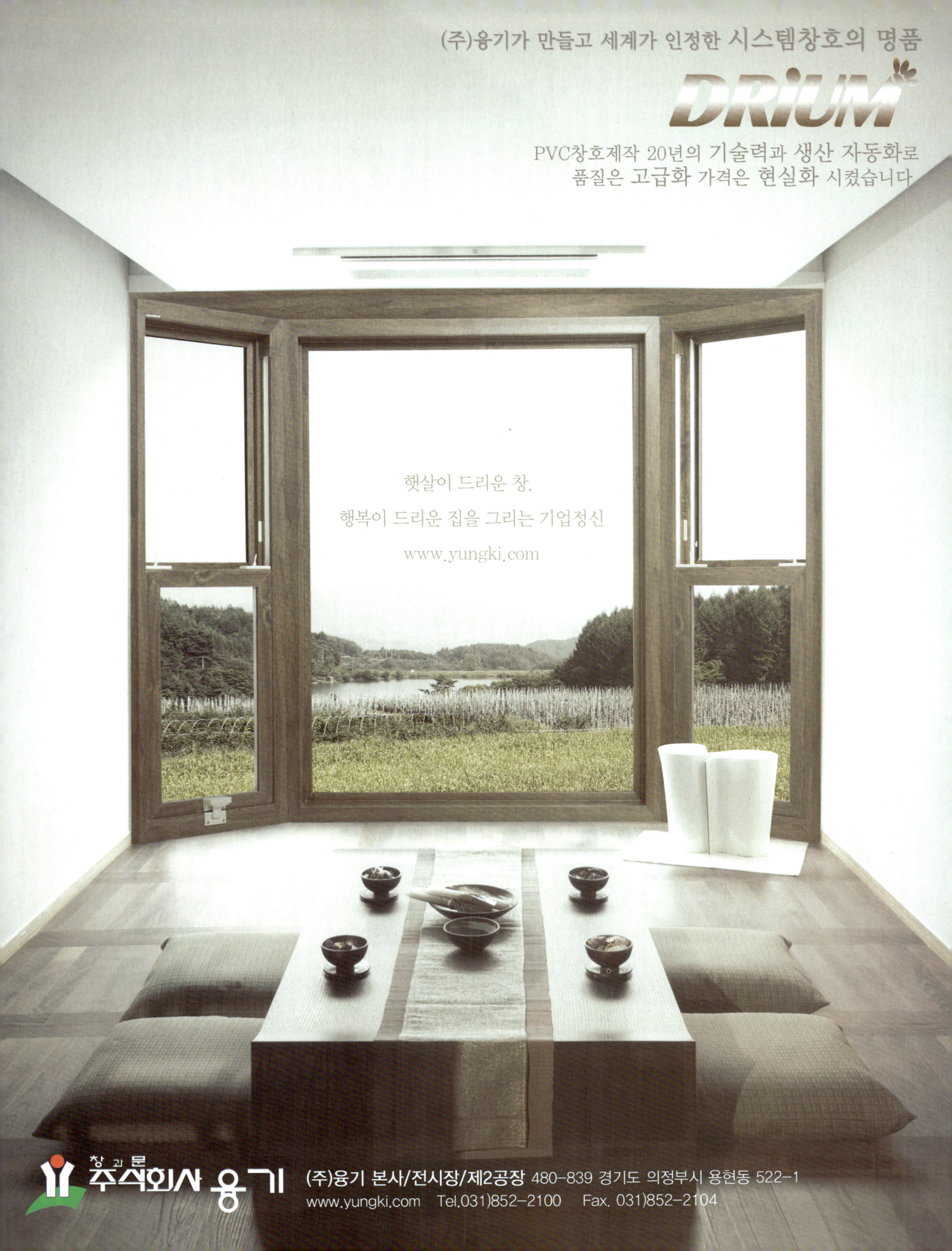
(주)융기가 만들고 세계가 인정한 시스템창호의 명품
DRiUM
PVC창호제작 20년의 기술력과 생산 자동화로
품질은 고급화 가격은 현실화 시켰습니다
햇살이 드리운 창,
행복이 드리운 집을 그리는 기업정신
www.yungki.com
창과문
주식회사 융기
(주)융기 본사/전시장/제2공장 480-839 경기도 의정부시 용현동 522-1
www.yungki.com Tel.031)852-2100 Fax. 031)852-2104

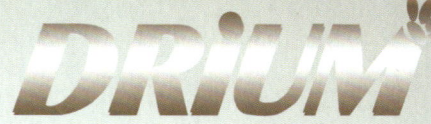

ELVEN DOOR

최고급 현관문 일레븐도어

2011 NEW COLLECTION

"단열이 완벽한 도어", "국내최초 단열문생산"

www.elevendoor.kr

한국건설기술 연구원의 열관류율 시험을 통해
단열도어로서의 성능을 인정받은 **일레븐 단열도어**

일레븐 단열 도어 특징

- 재질 : 알루미늄 + 폴리아미드(나이론) + 알루미늄
- 폴리아미드 사용으로 단열성 향상
- 내·외부 색상을 다르게 선택할 수 있다.
- 국최초 단열현관도어 개발 성공제품
- 본 제품은 특허출원 제품입니다.
- 이중 고무 바킹으로 처리하여 방음이 완벽합니다.
- 235mm 특수후레임 사용으로 방음이 완벽합니다.

Front Door

WYD 2168

WYD 2168

WYD 2168

WYD 2168

진주 / 월넛 / 검정 / 실버

| 단수 | 최소: W1250 x H2180 / 최대: W1480 x H2480 |
| 양수 | 최소: W1510 x H2180 / 최대: W1860 x H2450 |

WYD 2168

WYD 2168

WYD 2168

WYD 2168

| 단수 | 최소: W1250 x H2180 / 최대: W1480 x H2480 |
| 양수 | 최소: W1510 x H2180 / 최대: W1860 x H2450 |

ELVEN DOOR

일레븐도어 ELEVEN DOOR

서울시 서초구 방배3동 608번지
www.elevendoor.kr / elevendoor@nate.com
TEL: (02)582-8300, 3472-8223
FAX: (02)586-3006

www.koinsenc.com

Icynene insulation
(아이씬 단열폼)

● 친환경 에너지 절감

아이씬폼은 발포촉매제가 CHEMICAL BASE가 아닌 WATER BASE로 독성이 없으며 화재시 맹독 GAS분출이 없고 (국립방재연구소 시험합격) 인체에 유해하지 않은 환경 친화적이며 위생적인 재료로 기밀성이 양호하고 틈새를 완벽히 막아주는 SCIENCE에 기초를 둔 첨단재료

● 100배 발포/발포압력 ZERO

아이씬폼은 100배 발포충전되어 단열효과가 탁월하며 기존단열재로는 COVER를 할 수 없는 부분 (틈새,창호주변사출,보이지 않는 부분까지) 완전히 충진되며 대형공간 벽,천장,바닥등에 널리사용되며 일반발포재와 달리 발포압력이 거의 없습니다.

● 순간양생/경제적

아이씬폼은 순간양생(5초이내)재질로서 공기단축에 재대한 역할을 한다. 냄새가 없고 무해 무독성이므로 시공이 매우 빠르고 편리하다.

● 숨쉬는 보온재

기존 단열재와는 단른 첨단기술 제품으로 AIR CONTROL 기능이 있어 BRETHING INSULATION으로 일컬으며 실내에서 곰팡이나 세균의 서식을 방지한다.

주택단열폼 (Icynene Foam)
단열 / 방음 / 결로방지

특징
1. 환경친화적 소재
   VOC'S(휘발성유해물질) 발생이 없음
2. 고효율 에너지절감효과
3. 100배 발포로 인한 완벽한 기밀성
4. 숨쉬는 단열 System

아이씬폼 특징

항목	내용
indoor air Quality (국내-친환경인증서)	최우수(클로바마크-5개)
화염전파 (Flame Spread)	20 이하
연기발생 (Smoke Developed)	400 이하
국내에너지절약마크	Energy Star 마크
indoor air Quality (실내공기환경)	VOCs(유해휘발성물질) 분출없음

GREEN WORLD,
GREEN LIFE.

적용실적
도곡동 대림아크로빌, 삼성타워팰리스, 판교 이노밸리, 당진대한전선 당진 공장, 제주도 핀크스비오토피아타운, 보훈 중앙병원, 칠곡 경북대병원, 양천 메디칼, 한성 백제 박물관, 삼성미술관(리움), KBS본관 및 상담동 미디어센타, 부산 성모병원, 인천도시공항철도 3개 역사, 철도청종합사령실, 국사편찬위원회, 용산 청소년수련원, 송파 광고문화회관, 일산 MBC 사옥, 국회도서관, 제주대학교병원, 은평구청 별관, 주택공사 광주사옥 등

KOINS ENC 주소: 서울시 서초구 양재동 4-3 대흥빌딩
TEL: 02-571-8231 FAX: 02-571-7666

www.ysjokyung.com

미래와 비전이 있는 **여송조경**

장인정신과 자존심으로 최고의 작품을 완성합니다.

여송조경은 눈이 즐거운 정원을 만드는 것에 그치지 않습니다.
삶이 더욱 풍성해지는 정원, 여유로운 휴식이 함께하는 정원, 가족의 사랑이 꽃피는
행복한 정원을 위해 뜨거운 열정을 담습니다. 장인의 혼魂을 담습니다.

고급주택정원   고급별장정원   펜션정원   옥상정원   빌딩정원   실내정원   조경수판매   조경시설물시공

서울 강남구 자곡동(쟁골마을) 246-1 번지   Tel 02)3461-0408 Fax 02)459-0760 Mobile 010-3007-2111

목조건축시장의 발전, 캐나다우드가 함께합니다.

캐나다는 세계 최대의 침엽수 목재, 목재 2차 가공 제품 및 건축 자재의 수출국이며, 친환경적이고 지속가능한 산림 경영을 하고 있습니다. 캐나다 정부의 엄격한 품질 관리 방침에 따라 소비자들은 캐나다 목재 제품에 대해 신뢰를 할 수 있고 산림업계는 친환경적인 산림 경영 기준에 따른 생산을 하고 있습니다.

캐나다우드는 해외에서 캐나다 산림업계를 대표하는 비영리 단체로서 정부를 비롯한 목조건축 관련 협회, 학계 등 다양한 기관들과 협력하여 목조건축에 대한 적절한 건축법규 및 기준들을 개발하여 한국 저층 주택 건설산업 발전과 목조건축의 발전을 지원하고 있습니다.

캐나다우드 한국사무소 _ 대표 정 태 욱

캐나다우드의 주요활동

시장 접근
- 건축법규의 제개정
- 목조공동주택 보급을 위한 내화와 차음 구조 및 내진 설계 기준 확립
- 목조건축자재의 기준 및 인증
- 목조 기술 이전 및 교육

시장 개발
- 산업 전람회 참가, 교역 및 시찰단 활동
- 기술 세미나 개최 및 시장 홍보
- 한국과 캐나다 회사의 연결 및 사업 추진
- 목조 건축 기술자료 번역 및 보급

 캐나다우드 한국사무소   서울시 서초구 양재동 203-7 203빌딩 3층 (137-130)   전화 : 02-3445-3834~5   팩스 : 02-3445-3832